建筑企业专业管理人员岗位资格培训教材

建 筑 力 学

安松柏 编

中国环境科学出版社·北京

图书在版编目（CIP）数据

建筑力学/安松柏编．—2版．—北京：中国环境科学出版社，2007.4（2012.9重印）

建筑企业专业管理人员岗位资格培训教材

ISBN 978-7-80135-352-8

Ⅰ.建…　Ⅱ.安…　Ⅲ.建筑力学－技术培训－教材　Ⅳ.TU311

中国版本图书馆CIP数据核字（2007）第037326号

出版发行　中国环境科学出版社

（100062　北京东城区广渠门内大街16号）

网　　址：http://www.cesp.com.cn

联系电话：010－67112739

010－67112765（总编室）

发行热线：010－67125803

印　　刷　北京中科印刷有限公司

经　　销　各地新华书店

版　　次　2006年10月第二版

印　　次　2012年9月第三十八次印刷

印　　数　255 501—260 500

开　　本　787×1092　1/16

印　　张　14.75

字　　数　365千字

定　　价　22.00元

出 版 说 明

《建筑企业专业管理人员岗位资格培训教材》第一版是在1987年由建设部人事教育劳动司组织编写的。近20年来该教材在建筑企业专业管理人员岗位资格培训中发挥了重要作用，为建筑企业提高技术素质和管理水平作出了很大的贡献。该套教材根据建筑业的技术更新情况曾作过两次修订，修订后的教材满足了当时建筑业岗位资格的需求。随着我国建筑业的不断深化改革，新技术、新规范、新标准、新法规的不断发布，该套教材原有内容已不能适应当前我国建筑企业管理人员培训的要求。因此，我社征求了各地培训机构和广大读者的意见，并且听取了有关方面的专家、教授的建议，决定对这套教材再次进行修订。

本次教材的修订是在总结前几次修订的经验和全国培训机构及广大读者的建议和意见的基础上进行的，贵州省建设教育协会审阅了本套教材，并对本次修订工作提出了宝贵意见。本次修订的内容采用我国最新颁布的标准、规范、法规，基本反映了当前建筑业在生产中采用的新技术、新工艺、新材料和新设备，以及新的管理理念。修订后的教材不仅适合培训机构有组织的培训，也适合建筑企业专业管理人员自学的需求，可操作性更强。

中国环境科学出版社

前　言

本教材是根据 1994 年 5 月在北京召开的建筑企业管理人员岗位资格培训教材修订工作研讨会的精神，在原教材的基础上重新编写的，为质量检查员、安全员的必修课教材。

在修订编写过程中，根据研讨会的精神，对原教材进行了大量的删减，进一步突出了实用性和技能培养，使内容力求少而精，并且根据《建筑力学》课程的特点，尽量保持了本课程的系统性。结合成人教育的特点，避免了繁杂的理论推导过程，加强了定性分析，尽量做到深入浅出，通俗易懂。

在本教材修订编写过程中，得到了王健、徐桂玲两位同志的大力帮助，在此表示衷心感谢。

由于编者水平所限，时间仓促，书中一定还存在不少缺点和错误，恳请读者批评指正。

编　者

1994 年 8 月

目 录

绪　论

一、建筑力学的任务

任何建筑物在施工过程中和建成后的正常使用中，都要受到各种各样的力的作用，例如：建筑物的自重，人、物品和设备的重量，以及风压、雪压、地震力的作用等等。这些力在工程上统称为荷载。

建筑物中支承和传递荷载而起骨架作用的部分称为结构。在房屋建筑中，结构由屋架、梁、板、柱、墙和基础等部件组成，这些组成结构的各个部件称为构件。图 0-1 是一个单层工业场房的结构和构件的示意图。

工程上无论是单层工业厂房，还是各种工业和民用建筑，组成结构的各个构件均相对地面保持静止状态，工程上把这种状态称为平衡。

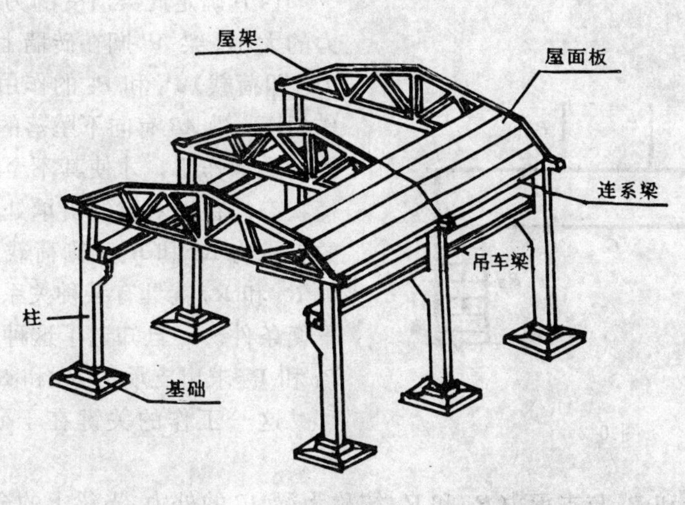

图 0-1

在施工和使用过程中，结构中的各个构件在承受和传递荷载时，必须满足以下两方面基本要求：

（1）结构和构件在荷载作用下不能破坏，同时也不能产生过大的形状改变（变形）。工程上把满足这种要求的条件称为具有承载能力。只有具有承载能力的结构和构件才能使用。这是安全性方面的基本要求。

（2）应使结构和构件所用的材料尽可能地少，工程造价尽可能地低。这是经济性方面的基本要求。

显然，结构和构件的安全性和经济性是矛盾的，前者要求用好的材料、大的截面尺寸，而后者则要求用低廉材料，最经济的截面尺寸。那么怎样才能使两者达到完美的统一呢？这就需要依靠科学理论和实践来探索材料的受力性能、确定构件的受力计算方法，从而使设计出的结构和构件既安全又经济。

研究和解决上述问题的理论基础之一就是建筑力学。所以，建筑力学的任务是：研究作用在结构（或构件）上的力的平衡关系，构件的承载能力及材料的力学性能，为保证结构（或构件）既安全可靠又经济合理而提供计算原理和方法。

二、建筑力学的研究对象

结构和构件是多种多样的。凡是长度方向的尺寸比截面尺寸大得多的构件称为杆件，如梁、柱等。由杆件组成的结构称为杆件结构。这种结构是房屋建筑中应用最广泛的一种结构。

本书所研究的主要对象就是杆件构件和由杆件构件组成的杆件结构。

三、建筑力学研究的内容

为了使大家能够对建筑力学的内容有一个总体概念。下面以图 0-2 所示的梁为例作一简单介绍。

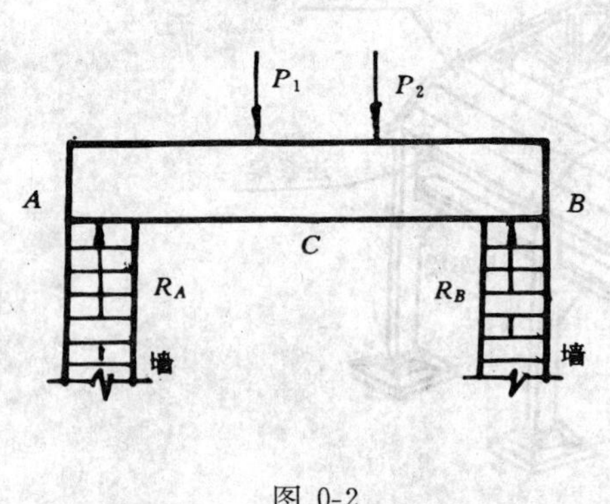

图 0-2

(1) 确定此梁所受的力，并计算出这些力的大小。梁 AB 搁在砖墙上，其上受有已知力（即荷载）$\boldsymbol{P}_1$ 和 $\boldsymbol{P}_2$ 的作用，在这两个力的作用下，梁 AB 有向下坠落的趋势，但由于墙体的支承作用，才使其不至落下，而维持平衡状态。在墙对梁的支承处，墙产生了对梁的支承力 $\boldsymbol{R}_A$ 和 $\boldsymbol{R}_B$。则荷载 $\boldsymbol{P}_1$ 和 $\boldsymbol{P}_2$ 与支承力 $\boldsymbol{R}_A$ 和 $\boldsymbol{R}_B$ 就具有某种关系，这种关系称为平衡条件。一旦知道了这种关系就可由荷载 $\boldsymbol{P}_1$ 和 $\boldsymbol{P}_2$ 求出支承力 $\boldsymbol{R}_A$ 和 $\boldsymbol{R}_B$。

这一工作的关键在于研究力的平衡条件。

(2)荷载 $\boldsymbol{P}_1$ 和 $\boldsymbol{P}_2$ 与支承力 $\boldsymbol{R}_A$ 和 $\boldsymbol{R}_B$ 统称为梁 AB 的外力。当梁上的全部外力求出后，便可进一步研究这些力怎样可以使梁破坏或产生变形。梁 AB 在外力 $\boldsymbol{P}_1$、$\boldsymbol{P}_2$、$\boldsymbol{R}_A$ 和 $\boldsymbol{R}_B$ 的作用下，产生弯曲，同时，梁的内部也将产生一种力抵抗外力，这种力称为内力，例如：梁 AB 在图示荷载作用下，跨中截面 C 很可能首先出现裂缝继而断裂。这就说明，跨中截面 C 处有引起破坏的最大内力存在，是梁的危险截面。

这一工作主要是研究外力与内力的关系，是分析承载能力的关键。

(3) 上述工作相当于找出梁的破坏因素。为了保证梁不发生破坏，就需要进一步研究梁本身抵抗破坏的能力，找出引起梁破坏的因素和梁抵抗破坏能力之间的关系，从而可以选择梁的材料和截面尺寸，使梁既具有足够的承载能力，又使材料用量最少。

各种不同的受力方式会产生不同的内力，相应有不同的计算方法。这些方法就构成了建筑力学的研究内容。这些内容又可划分为三个部分：静力学、材料力学和结构力学。

四、建筑力学与安全、质量的关系

显然，作为结构设计人员，必须掌握建筑力学，否则将无法正确地计算各个构件和结构，设计也就无法进行。

同样，作为一名安全员或质量检查员也需要掌握建筑力学。安全员和质量检查员的主要任务是保证建筑施工过程中的绝对安全和保证结构的施工质量符合要求，这就需要知道结构或构件的受力情况，什么位置是危险截面，各种力的传递途径，以及结构和构件在这些力的作用下将会发生怎样的破坏等等。这样才能制定出合理的安全措施和质量保证措施，做到胸中有数，从而保证建筑施工过程中的绝对安全，保证工程质量，避免发生质量安全事故，使国家财产和人民生命免受损失，确保建筑施工正常地进行。

近年来，在许多建筑施工中，尤其是由某些乡镇集体建筑企业承担的工程中，质量安全事故时有发生。其中许多事故就是由于工地管理人员缺乏或不懂力学知识造成的，例如：由于没有力矩平衡的概念，造成阳台倾覆，塔吊倾翻；不懂内力的分布规律，使雨篷或阳台的受力筋放错，造成雨篷或阳台折断；不懂预应力知识，造成预应力圆孔板在运输、堆放、吊装过程中破坏；不懂几何不变体系的组成规则，少加或拆除必要支撑，使脚手架倒塌等等。

因此，作为一名安全员或质量检查员负有重大的责任与使命。他必须以建筑力学为指南，去指导和改进工作。这正是建筑施工企业对安全员和质量检查员的基本要求之一。

第一章　静力学基本概念及结构受力分析

静力学是研究物体在力的作用下平衡规律的科学。

所谓平衡，就是指物体相对于地面处于静止状态或保持匀速直线运动状态，是机械运动的特殊情况，例如：我们不仅说静止在地面上的房屋、桥梁和水坝是处于平衡状态的，而且也说在直线轨道上作匀速运动的塔吊以及匀速上升或下降的升降台等也是处于平衡状态的。但是，在本书中没有特殊说明时所说的平衡，系单指物体相对于地面处于静止状态。

这里一再强调相对于地面，是因为实际上，宇宙空间中的任何物体都处在永恒的运动之中，所以说静止、平衡都是相对的。例如，在地面上看来是静止的建筑物，实际上随着地球的自转和公转在太阳系中不停地运动。因此，我们所说的平衡只有相对于被选作参照的物体而言才有意义。通常把地面选作参照系。

在工程实际中，平衡问题的研究有着广泛的应用，特别是建筑工程。由于相对于地面，建筑物是处于静止状态的，对于这些建筑物进行设计和施工时，就必须分析其在力的作用下平衡的规律，即进行静力学分析，例如：在设计单层工业厂房结构时，首先需要分析和计算各种构件所受的力，然后再根据受力情况和所选用的材料确定构件尺寸，以满足安全和经济的要求。前者是静力学要解决的问题，后者是材料力学及工程结构学科要解决的问题。此外，各种建筑机械的设计，也都离不开静力学知识。同时，静力学也是建筑力学其它章节内容的基础。

一般情况下，一个物体总是同时受到许多力的作用，例如：单层工业厂房结构中的屋架就受到屋面材料重量及屋架自重等重力以及风雪压力的作用。我们将作用在物体上的一群力，称为力系。

为了便于研究各种力系对物体作用的效应，导出力系的平衡条件，在静力学中，将研究两类基本问题：

1. 力系的简化

就是将作用在物体上的复杂力系，用一个最简单的与原力系作用效果完全相同的力系来代替。

2. 力系的平衡条件

即物体处于平衡状态时，作用在物体上的力系所应满足的条件。

在静力学中，将所研究的物体都视为刚体。所谓刚体，就是指在任何外力作用下，其大小和形状绝对不改变的物体。也就是说，物体内任意两点间的距离是绝对不变的。显然这样的物体在自然界中是不存在的。因为任何物体在受到外力的作用后，尽管某些物体的变形可能极其微小，但都将发生变形，所以，刚体是一种理想化的力学模型。但是，这种理想化的力学模型是满足工程实际的精度要求的。

实践证明，在工程实际中，结构或构件的变形都是很微小的。例如：房屋建筑中的钢筋混凝土大梁，设计时工程师通常将梁中央处的最大挠度控制在跨度的 1/500～1/

200。在一般情况下，物体的这些微小变形对平衡问题的研究影响很小，完全可以忽略不计，而将物体视为刚体。将实际物体抽象成为理想化的刚体后，会使静力学所研究的问题大为简化。

第一节　力的基本概念

力的概念是人类在长期的生产劳动和生活实践中逐步形成的。在建筑工地上劳动，人们在挑担、推车、制做钢筋时，不仅能通过筋肉紧张收缩的感觉感受到力的存在，而且，还可以看到，由于人们推力，车会运动起来，由于人们制做钢筋，钢筋会改变形状。同时人们也发现，力总是出现在两个物体之间，例如：人与车之间，人与钢筋之间，经过长期的实践和总结，人们将这些感性认识，加以归纳、概括和科学地抽象，逐渐地上升到了理性认识，这样就形成了力的科学概念，即力是物体与物体间的相互机械作用，这种作用效果或者使物体的运动状态改变（力的运动效应或外效应），如图 1-1（a）所示；或者使物体的形状发生改变（力的变形效应或内效应），如图 1-1（b）所示。

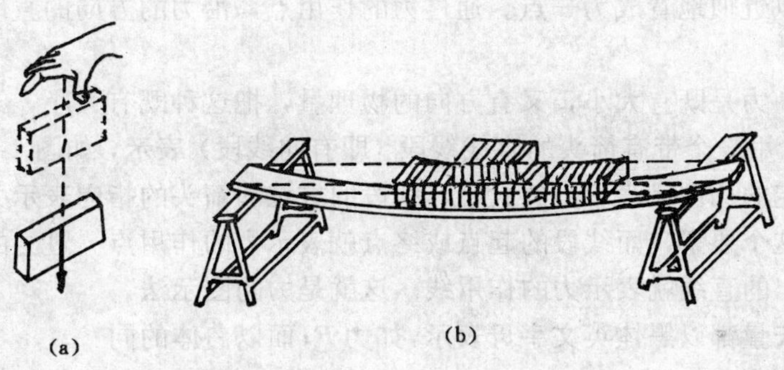

图 1-1

两物体间力的作用即可以是直接的、互相接触的，例如，塔吊吊装楼板时，钢丝绳对楼板的拉力作用使其上升，放在梁上的机械设备对梁的压力作用使其弯曲等等；也可以是间接的，互相不接触的，例如：建筑物所受的地心引力（也称重力）等。因此，可以将力分为两类：前者称为接触力，后者称为非接触力。

力对物体的作用效果取决于力的大小、方向和作用点三个因素，例如：要想打开围墙的铁门，就必须对铁门施以足够大的力，并使施力的方向与门面垂直；另外还应使施加的力尽可能地作用在远离门轴的位置上。否则，用力不够、用力方向不对（如施以足够大的力，但其方向平行于门面）或者力的作用位置（即力的作用点）不对（如施一个足够大的垂直于门面的作用在门轴上的力）都不可能使铁门顺利地打开。

将力的大小、方向和作用点称为力的三要素，三要素中的任何一个因素发生了改变，力的作用效果也就会随之改变。因此，要表达一个力，就要把力的三要素都表示出来。

1. 力的大小

它反映了物体间相互作用的强弱程度。通常可以由数量表示出来，力的度量单位，本书采用国际单位制（SI）。在国际单位制中，力的单位用牛顿或千牛顿，简称牛（N）或千牛（kN）。其换算关系为：

1 千牛顿（kN）＝1000 牛顿（N）

目前在工程实际中，国际单位制正在推广实行，力的单位正由一直延用至今的工程单位制向国际单位制过渡。在工程单位制中，力的单位用千克力（kgf）或吨力（tf），两种单位的换算关系为：

$$1\text{kgf}=9.80665\text{N}$$

$$1\text{tf}=9.80665\text{kN}$$

2. 力的方向

通常包括指向和方位两个含义，例如，说重力的方向是“铅垂向下”，“铅垂”是力的方位，“向下”则是力的指向。

3. 力的作用点

指物体受力作用的地方。实际上，作用点并非是一个点，而是一块面积。当作用面积很小时，可以近似地看成为一点。通过力的作用点，沿力的方向的直线，称为力的作用线。

由此可知，力是既有大小，又有方向的物理量，把这种既有大小，又有方向的量称为矢量。它可以用一个带有箭头的直线线段（即有向线段）表示，如图 1-2 所示。其中线段的长短按一定的比例尺表示力的大小，线段的方位和箭头的指向表示力的方向。另外力还有作用点这个要素，而线段的起点或终点就表示力的作用点。过力的作用点，沿力的矢量方位画出的直线就表示力的作用线。这就是力的图示法。

本书凡是矢量都以黑体英文字母表示，如力 $\boldsymbol{F}$；而以白体的同一字母表示其大小，如 F。

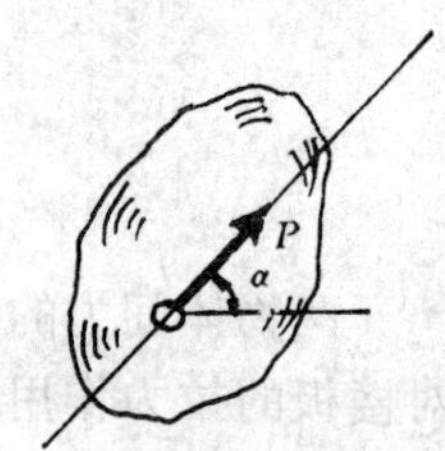

图 1-2

第二节　静力学基本公理

静力学基本公理是人们在长期的生产活动和生活实践中，经过反复观察和实践总结出来的客观规律，它正确地反映了作用在物体上的力的基本性质。这些基本公理只能在实践中得到验证，而不可能通过简单的理论进行推导证明。以静力学基本公理为基础，可以引出静力学的全部理论。

一、二力平衡公理

当刚体在某力系作用下处于平衡状态时，该力系必须满足一定的条件，这个条件被称为力系的平衡条件。

如图 1-3 所示，吊车起重重物，重物受到自重 $\boldsymbol{W}$ 和吊车绳索的拉力 $\boldsymbol{T}$ 的作用，这两个力组成了最简单的力系。由牛顿运动定律可知，如果重物处于平衡状态（即加速度为零），则外力 $\boldsymbol{W}$ 和 $\boldsymbol{T}$ 的合力必须等于零，即：

$$T-W=0$$
$$T=W$$

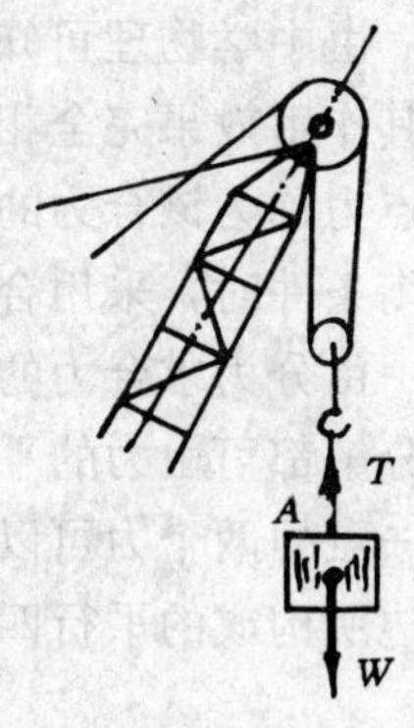

图 1-3

也就是说，作用于同一刚体上的两个力，使刚体平衡的必要与充分条件是：这两个力的大小相等，方向相反，且在同一直线上。

这个公理总结了作用于物体上最简单的力系平衡时必须满足的条件。所以强调刚体，是因为对于刚体来说，这个条件即必要又充分；而对于非刚体，这个条件虽然必要却不充分，例如：一条软绳在受到一对等值、反向的拉力作用时，可以平衡，但在受到一对等值、反向的压力作用时，就不能平衡了。我们将处于平衡状态的力系称为平衡力系。

二、加减平衡力系公理

平衡力系也就是合力等于零的力系，根据牛顿运动定律，它不会改变刚体原有的运动状态。由此可得如下公理：可以在作用于刚体上的任一力系上，加上或减去任意的平衡力系，而不改变原力系对刚体的作用效果。也就是说，相差一个或几个平衡力系的两个力系，其作用效果完全相同，可以互相代替。这种对于刚体作用效果完全相同的力系，称为等效力系。

应用这个公理可以推导出静力学中一个重要的定理——力的可传性原理，即作用在刚体上的力，可沿其作用线移动，而不改变该力对刚体的作用效果。

现证明一下这个原理的正确性。

设力 $\boldsymbol{F}$ 作用于刚体的 A 点，如图 1-4 (a) 所示。在力 $\boldsymbol{F}$ 的作用线上任取一点 B，加上两个等值、反向，并与力 $\boldsymbol{F}$ 共线的力 $\boldsymbol{F}_1$ 和 $\boldsymbol{F}_2$，如图 1-4 (b) 所示，并使力 $\boldsymbol{F}_1$、$\boldsymbol{F}_2$ 和力 $\boldsymbol{F}$ 大小相等，即 $\boldsymbol{F}_1=\boldsymbol{F}_2=\boldsymbol{F}$。由加减平衡力系公理可知，这并不影响力 $\boldsymbol{F}$ 对刚体的作用效果，即力系（$\boldsymbol{F}$、$\boldsymbol{F}_1$、$\boldsymbol{F}_2$）与原力系 $\boldsymbol{F}$ 等效。在新的力系中，$\boldsymbol{F}$ 与 $\boldsymbol{F}_2$ 也可构成一个平衡力系，再由加减平衡力系公理，减去由 $\boldsymbol{F}$ 和 $\boldsymbol{F}_2$ 所构成的平衡力系，就只剩下力 $\boldsymbol{F}_1$，如图 1-4 (c) 所示，力 $\boldsymbol{F}_1$ 与力 $\boldsymbol{F}$ 等效。于是，就把原来作用在 A 点上的力 $\boldsymbol{F}$ 沿其作用线移到了 B 点。原理证毕。

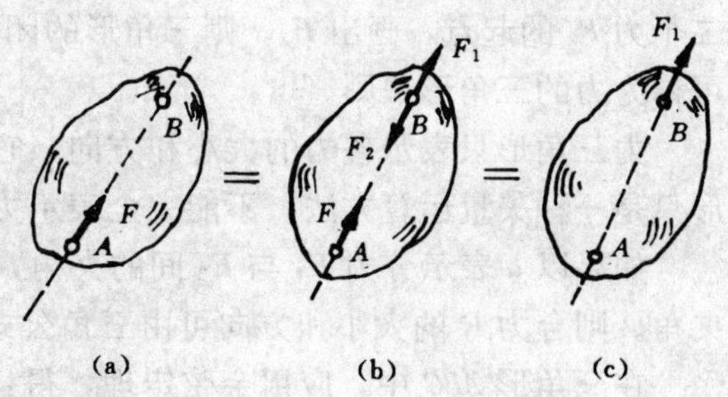

图 1-4

由力的可传性原理可知，力在刚体上的作用点可由其作用线代替。因此，作用在刚体上力的三要素又可表示为：大小、方向和作用线。

为加深印象，这里再次指出，无论加减平衡力系公理，还是力的可传性原理，都只适用于刚体，即只有研究刚体的平衡和运动时，它们才是正确的。

三、力的平行四边形法则

由中学物理可知：作用在刚体同一点、方向不同的两个力（也称共点力系），可以由与其作用效果完全相同、作用在该点的一个力来代替。将这个力称为两共点力的合力，两共点力称为该合力的分力。也可以说，合力是两分力的等效力系。显然，在讨论力系的平衡条件时，采用合力更为方便。

由分力求合力的过程称为力的合成，由合力求分力的过程称为力的分解。力的合成和分解都可由力的平行四边形法则完成。力的平行四边形法则的内容是：作用在刚体上同一点的两个力可以合成为作用于该点的一个合力，它的大小和方向可由以这两个力为邻边所构成的平行四边形的对角线表示，如图 1-5（a）所示。

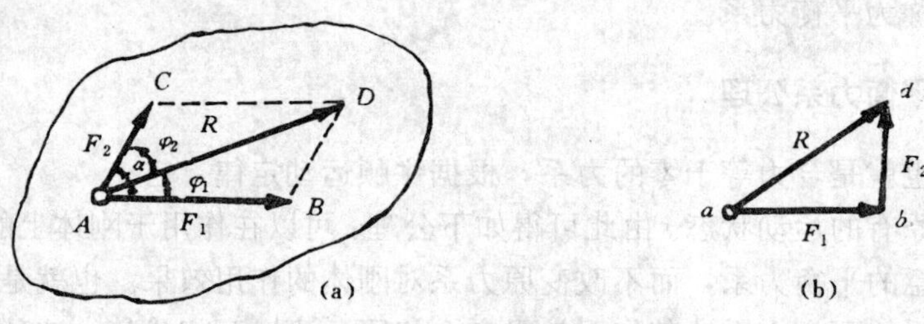

图 1-5

力的平行四边形也可以简化成为力的三角形，即用力的平行四边形的一半来表示，如图 1-5（b）所示。仍以 AB 表示力 $\boldsymbol{F}_1$，将力 $\boldsymbol{F}_2$ 移到 BD 位置，三角形 ABD 的第三边 AD 就是力 $\boldsymbol{F}_1$ 和 $\boldsymbol{F}_2$ 的合力 $\boldsymbol{R}$。作图时，先通过 a 点画出第一个力 $\boldsymbol{F}_1$，再以 $\boldsymbol{F}_1$ 的终点 b 作为第二个力 F_2 的起点，画出 $\boldsymbol{F}_2$，则三角形的闭合边 ad 就代表合力 $\boldsymbol{R}$ 的大小和方向。此法也可称为力的三角形法则。

力三角形只表示各力的大小和方向，它并不表示各力作用线的位置。因此，力三角形只是一种矢量运算方法，不能完全表示力系的真实作用情况。

如果以 α 表示分力 $\boldsymbol{F}_1$ 与 $\boldsymbol{F}_2$ 间的夹角，再以 φ_1 和 φ_2 分别表示合力 $\boldsymbol{R}$ 与两分力间的夹角。则合力 $\boldsymbol{R}$ 的大小和方向可由三角公式求得。

在三角形 ABC 中，应用余弦定理，得：

$$R^2=F_1^2+F_2^2-2F_1F_2\cos\ (180°-\alpha)$$

$$\because \cos\ (180°-\alpha)\ =-\cos\alpha$$

$$\therefore R=\sqrt{F_1^2+F_2^2+2F_1F_2\cos\alpha} \tag{1-1}$$

由式（1-1）可确定合力 $\boldsymbol{R}$ 的大小。

再在三角形 ABC 中应用正弦定理，得：

$$\frac{F_1}{\sin\varphi_2}=\frac{F_2}{\sin\varphi_1}=\frac{R}{\sin\ (180°-\alpha)}$$

$$\because \sin(180°-\alpha)=\sin\alpha$$

$$\left.\begin{aligned}\therefore \sin\varphi_1=\frac{F_2}{R}\sin\alpha\\ \sin\varphi_2=\frac{F_1}{R}\sin\alpha\end{aligned}\right\} \tag{1-2}$$

式中 $\alpha=\varphi_1+\varphi_2$。由式（1-2）可以确定合力 $\boldsymbol{R}$ 的方向。

当 $\alpha=90°$时，式（1-1）、（1-2）分别为：

$$R=\sqrt{F_1^2+F_2^2} \tag{1-3}$$

$$\left.\begin{aligned}\sin\varphi_1=\frac{F_2}{R}\\ \sin\varphi_2=\frac{F_1}{R}\end{aligned}\right\} \tag{1-4}$$

应用力的平行四边形法则不仅可以将两个力合成为一个合力，而且也可以将一个力分解成为两个分力。但是，两个已知力的合力是唯一的，而将一个已知力分解为两个分力却能有无穷多种结果。这是因为用两个力为邻边构成的平行四边形只有一个，而以一个力为对角线的平行四边形就不是唯一的了，如图 1-6（a）所示，力 $\boldsymbol{F}$ 既可分解为 $\boldsymbol{F}_1$ 和 $\boldsymbol{F}_2$，也可分解为 $\boldsymbol{F}_3$ 和 $\boldsymbol{F}_4$ 等等。要想得到唯一的结果，就必须给以附加的条件，例如：可将一个已知力分解成为两个方向已知的力，或将一个已知力分解成为两个大小已知的力等等。特别是在解决工程实际问题时，经常需将一个力 $\boldsymbol{F}$ 沿两个直角坐标轴方向分解成两个相互垂直的力 $\boldsymbol{F}_x$ 和 $\boldsymbol{F}_y$，如图 1-6（b）所示，其大小可由三角公式确定：

$$\left.\begin{aligned}F_x=F\cos\alpha\\ F_y=F\sin\alpha\end{aligned}\right\}$$

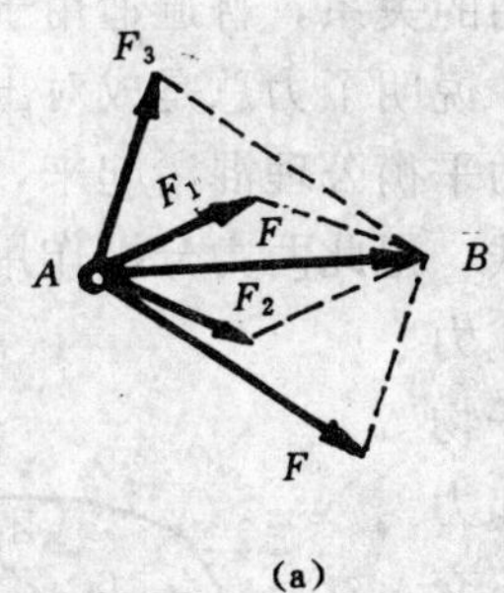

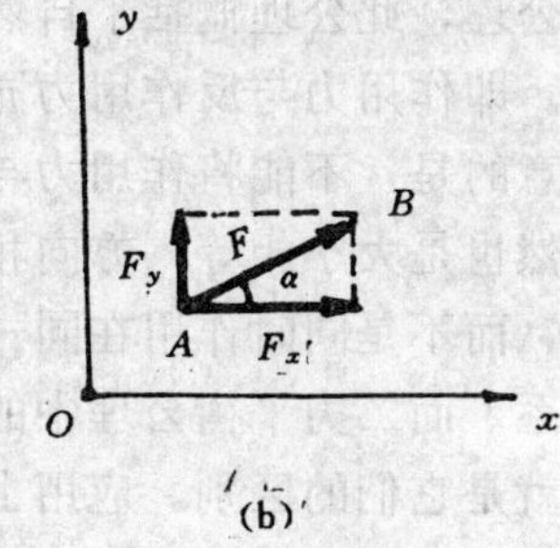

图 1-6

四、作用力与反作用力公理

现举几个例子来说明。如图 1-7（a），人水平推车前进，要向前对车施加力 $\boldsymbol{P}$，同时，车也向后对人施加力 $\boldsymbol{P}'$。又如图 1-7（b），楼板对梁施加向下的压力 g，梁对楼板则施加

向上的支承力 g'；梁对墙施加向下的压力 $\boldsymbol{R}_A$ 和 $\boldsymbol{R}_B$，同时，墙对梁也作用向上的支承力 $\boldsymbol{R'}_A$ 和 $\boldsymbol{R'}_B$。再如图 1-7（c）所示，提升一根柱时，吊钩对钢索施加向上的拉力 $\boldsymbol{T}$，钢索对吊钩也施加向下的拉力 $\boldsymbol{T'}$。总之，当一物体对另一物体施加作用力时，另一物体必定同时对此物体也施加相应的反作用力，即任意两物体间的作用力都是相互地、成对地出现的。

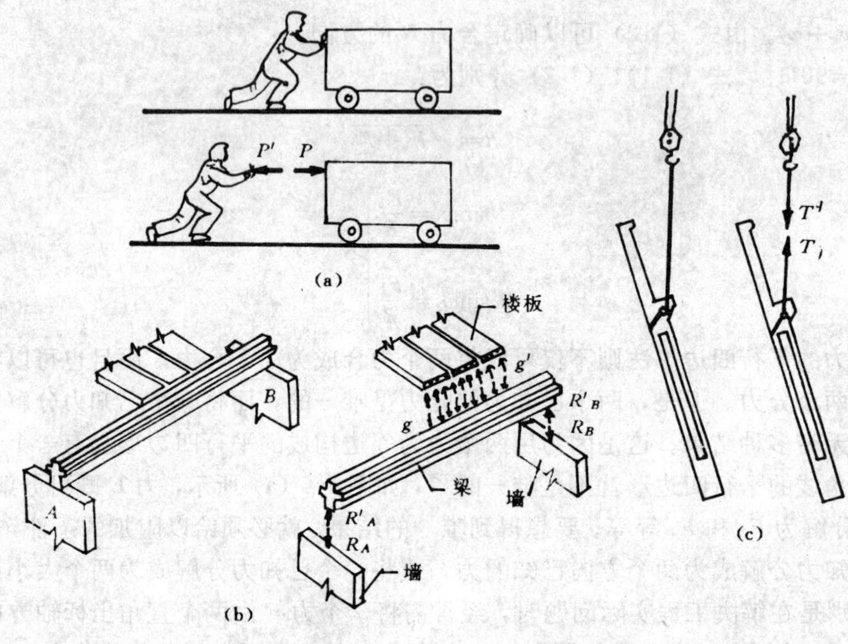

图 1-7

无数事实证明：当一个物体给另一个物体一个作用力时，另一物体也同时给该物体以反作用力。作用力与反作用力大小相等，方向相反，且沿着同一直线。这就是作用力与反作用力公理，此公理概括了自然界中物体间相互作用的关系，普遍适用于任何相互作用的物体。即作用力与反作用力同时出现，同时消失，说明了力总是成对出现的。

值得注意的是，不能将作用力与反作用力公理和二力平衡公理混淆起来，作用力与反作用力虽然也是大小相等，方向相反，且沿着同一直线，但此两力分别作用在两个不同的物体上，而不是同时作用在同一物体上，故不能构成力系或平衡力系。而二力平衡公理中的两个力是作用在同一物体上的。这就是它们的区别。应用上述静力学基本公理和力的可传性原理可以证明静力学的一个基本定理——三力汇交定理。

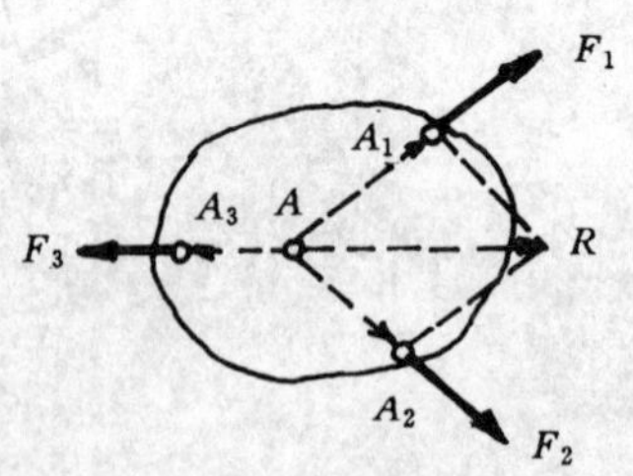

图 1-8

在刚体上作用着三个相互平衡的力 $\boldsymbol{F}_1$、$\boldsymbol{F}_2$ 和 $\boldsymbol{F}_3$，若其中两个力 $\boldsymbol{F}_1$ 和 $\boldsymbol{F}_2$ 的作用线相交于点 A，则第三个力 $\boldsymbol{F}_3$ 的作用线必通过汇交点 A，如图 1-8 所示。

证明：由力的可传性原理可知，可将力 $\boldsymbol{F}_1$ 和 $\boldsymbol{F}_2$ 移到这两力作用线的交点 A，再由力的平行四边形法则，将力 $\boldsymbol{F}_1$ 和 $\boldsymbol{F}_2$

合成为一个力 $\boldsymbol{R}$。这样原来三力平衡的问题就变成了二力平衡问题。根据二力平衡公理可知，这两个力 $\boldsymbol{F}_3$ 和 $\boldsymbol{R}$ 的大小相等，方向相反，且在一条直线上。因此，力 $\boldsymbol{F}_3$ 一定通过力 $\boldsymbol{F}_1$ 和 $\boldsymbol{F}_2$ 的交点 A。证毕。

第三节　力的投影及合力投影定理

一、力在坐标轴上的投影

如图 1-9 所示，设力 $\boldsymbol{F}$ 从 A 指向 B，通过力 $\boldsymbol{F}$ 所在的平面内任一点 O，做直角坐标系，水平轴以 x 表示，铅垂轴以 y 表示。从力 $\boldsymbol{F}$ 的起点 A 和终点 B 分别做 x 轴和 y 轴的垂线，交点分别为 a_1、b_1 和 a_2、b_2，线段 a_1b_1 和 a_2b_2 的长度与它们的正负号一起称为力 $\boldsymbol{F}$ 在 x 轴和 y 轴上的投影，分别以 $\boldsymbol{F}_x$ 和 $\boldsymbol{F}_y$ 表示，则：

$$\left.\begin{aligned} F_x &= \pm F\cos\alpha \\ F_y &= \pm F\sin\alpha \end{aligned}\right\} \qquad (1\text{-}5)$$

式中 $\boldsymbol{F}$ 为力的大小，α 为力 $\boldsymbol{F}$ 与 x 轴所夹的锐角，正负号由下述规定确定，当线段 a_1b_1 从 a_1 到 b_1 的顺序与 x 轴的方向一致时，其投影 $\boldsymbol{F}_x$ 取正号，反之取负号。同理，也可以确定投影 $\boldsymbol{F}_y$ 的正负号。因此，力在坐标轴上的投影是代数量。

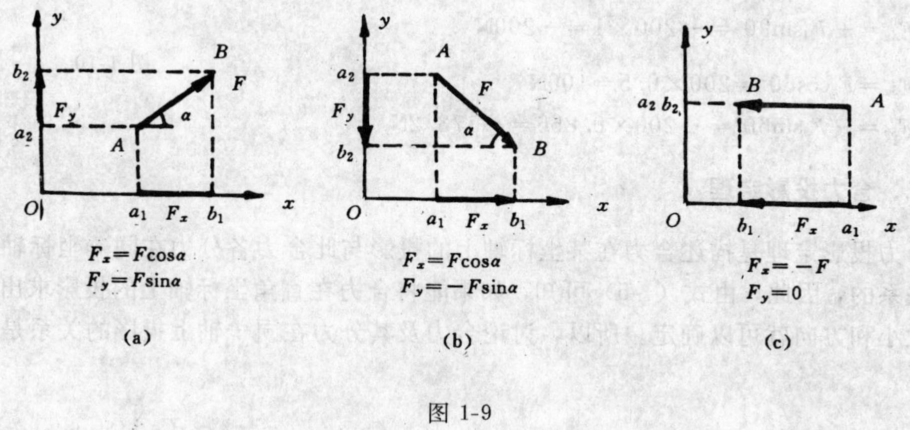

图 1-9

由图 1-9 可看出，力在坐标轴上投影的大小是有一定规律的，即平行投影长不变，倾斜投影长缩短，垂直投影聚为点。

如果已知力 $\boldsymbol{F}$ 的投影 $\boldsymbol{F}_x$ 和 $\boldsymbol{F}_y$，则可由式（1-6）确定力 $\boldsymbol{F}$ 的大小和方向。

$$\left.\begin{aligned} F &= \sqrt{F_x^2+F_y^2} \\ \mathrm{tg}\alpha &= \left|\frac{F_y}{F_x}\right| \end{aligned}\right\} \qquad (1\text{-}6)$$

式中 α 是力 $\boldsymbol{F}$ 与 x 轴所夹的锐角，力 $\boldsymbol{F}$ 所属象限可根据 $\boldsymbol{F}_x$、$\boldsymbol{F}_y$ 的正负号按表 1-1 确定。

表 1-1

F 所属象限	F_x 符号	F_y 符号
Ⅰ	+	+
Ⅱ	−	+
Ⅲ	−	−
Ⅳ	+	−

〔例 1-1〕 试分别求出图 1-10 中各力在 x 轴和 y 轴上的投影。已知 $F_1=F_2=100\text{N}$，$F_3=150\text{N}$，$F_4=F_5=200\text{N}$，各力的方向如图所示。

解：由式（1-5）可得出各力在 x、y 轴上的投影分别为：

$$F_{1x}=F_1\cos45°=100\times0.707=70.7\text{N}$$

$$F_{1y}=F_1\sin45°=100\times0.707=70.7\text{N}$$

$$F_{2x}=-F_2\cos60°=-100\times0.5=-50\text{N}$$

$$F_{2y}=F_2\sin60°=100\times0.866=86.6\text{N}$$

$$F_{3x}=-F_3\cos30°=-150\times0.866=-129.9\text{N}$$

$$F_{3y}=-F_3\sin30°=-150\times0.5=-75\text{N}$$

$$F_{4x}=F_4\cos90°=0$$

$$F_{4y}=-F_4\sin90°=-200\times1=-200\text{N}$$

$$F_{5x}=F_5\cos60°=200\times0.5=100\text{N}$$

$$F_{5y}=-F_5\sin60°=-200\times0.866=-173.2\text{N}$$

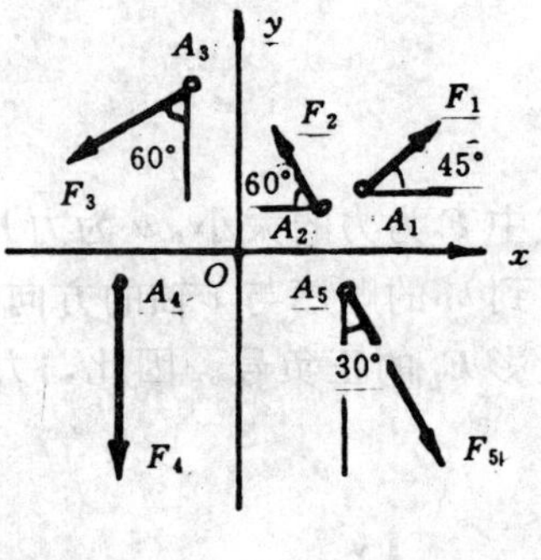

图 1-10

二、合力投影定理

合力投影定理是描述合力在某坐标轴上的投影与此合力各分力在同一坐标轴上投影间的关系的，因此，由式（1-5）可知，如果能将合力在直角坐标轴上的投影求出，则合力的大小和方向就可以确定。所以，讨论合力及其分力在同一轴上投影的关系是十分必要的。

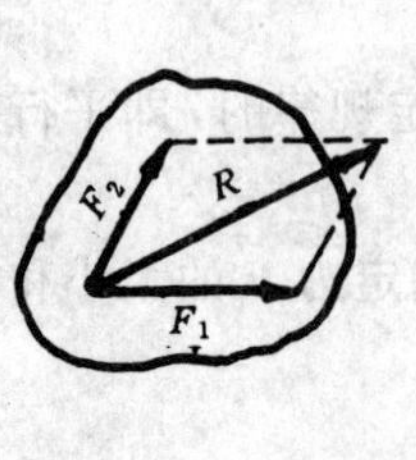

(a)

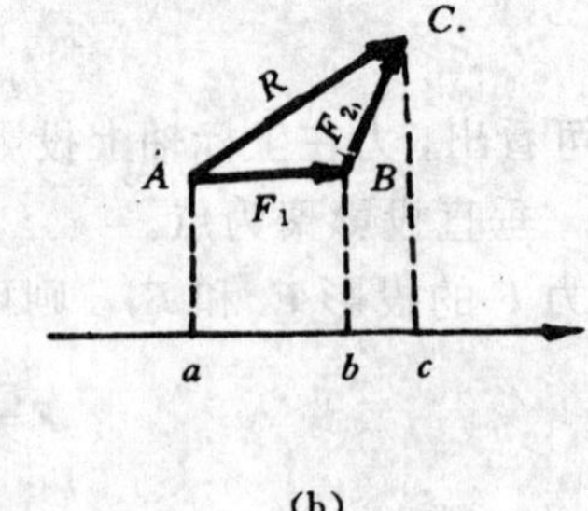

(b)

图 1-11

设有两个力 $\boldsymbol{F}_1$ 和 $\boldsymbol{F}_2$ 作用在刚体上的一点 O，如图 1-11（a）所示。从任一点 A 作力三角形 ABC，如图 1-11（b）所示，则线段 AC 的长和指向分别表示合力 $\boldsymbol{R}$ 的大小和方向，任取一轴 x，将各力都投影到 x 轴上，并以 $\boldsymbol{F}_{1x}$、$\boldsymbol{F}_{2x}$和 $\boldsymbol{R}_x$ 分段表示分力 $\boldsymbol{F}_1$、$\boldsymbol{F}_2$ 和合力 $\boldsymbol{R}$ 在 x 轴上的投影，由图 1-11（b）可以看出：

$$F_{1x}=ab$$

$$F_{2x}=bc$$

$$R_x=ac$$

$$\text{而 } ac=ab+bc$$

$$\therefore R_x=F_{1x}+F_{2x}$$

如果作用在刚体 O 点上的力有几个，则上式可以直接推广为：

$$\left.\begin{aligned} R_x=F_{1x}+F_{2x}+\cdots\cdots+F_{nx}=\Sigma F_x \\ \text{同理：} R_y=F_{1y}+F_{2y}+\cdots\cdots+F_{ny}=\Sigma F_y \end{aligned}\right\} \quad (1\text{-}7)$$

式中希腊字母 Σ 用来表示求和的意思，所以：

$$\Sigma F_x=F_{1x}+F_{2x}+\cdots\cdots+F_{nx}$$

表示作用于刚体 O 点上的各力在 x 轴上投影的代数和。

式（1-7）表明：合力在任意轴上的投影，等于各分力在该轴上投影的代数和。

由式（1-7）求出合力在坐标轴上的投影，然后再根据式（1-6）就可以求出合力的大小和方向，即：

$$\left.\begin{aligned} R=\sqrt{R_x^2+R_y^2}=\sqrt{(\Sigma F_x)^2+(\Sigma F_y)^2} \\ \text{tg}\alpha=\left|\frac{R_y}{R_x}\right|=\left|\frac{\Sigma F_y}{\Sigma F_x}\right| \end{aligned}\right\} \quad (1\text{-}8)$$

式中 α 的意义与式（1-6）中的 α 的意义完全相同。

〔例 1-2〕 设有三个力作用于一点。已知：$F_1=200\text{N}$，$F_2=250\text{N}$，$F_3=150\text{N}$，其方向如图 1-12 所示，求三力的合力。

解：由式（1-7）得：

$$\begin{aligned} R_x &=\Sigma F_y=F_{1x}+F_{2x}+F_{3x} \\ &=F_1\cos0°+F_2\cos90°-F_3\cos45° \\ &=200\times1+250\times0-150\times0.707 \\ &=93.95\text{N} \end{aligned}$$

$$\begin{aligned} R_y &=\Sigma F_y=F_{1y}+F_{2y}+F_{3y} \\ &=F_1\sin0°+F_2\sin90°-F_3\sin45° \end{aligned}$$

$$=200\times0+250\times1-150\times0.707$$

$$=143.95\text{N}$$

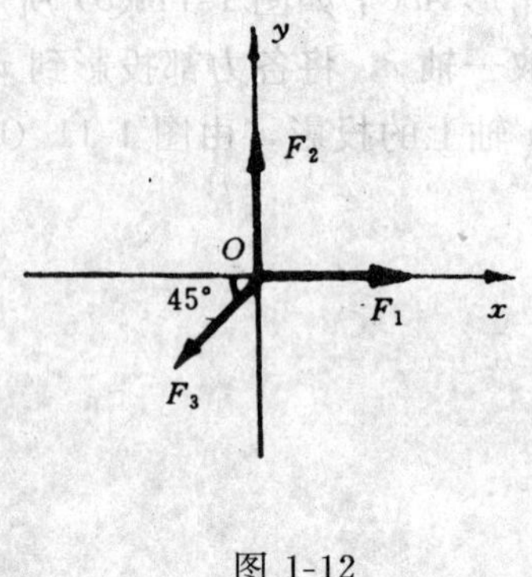

图 1-12

再由式（1-8）得：

$$R=\sqrt{R_x^2+R_y^2}$$

$$=\sqrt{93.95^2+143.95^2}$$

$$=171.9\text{N}$$

$$\text{tg}\alpha=\left|\frac{R_y}{R_x}\right|=\left|\frac{143.95}{93.95}\right|=1.532$$

$$\alpha=56.87°$$

由表 1-1 可知，合力 R 在第Ⅰ象限。

第四节　力矩的概念及合力矩定理

一、力矩的概念

由本章第一节可知，力是物体间的相互机械作用，这种作用可以使物体的运动状态发生改变。例如，塔吊向上吊起楼板时，塔吊通过绳索对楼板施加了力，由于此力的作用，使楼板沿垂直方向产生了上升运动，从低处移到高处，即力使物体沿着某一方向发生了移动。此外，力还可以使物体绕某点发生转动。例如，在搭设脚手架时，如图 1-13 所示，工人用扳手拧螺母时，对扳手施加的力 $\boldsymbol{F}$ 会使扳手和螺母一起绕螺母的轴心 O 发生转动。现将力 $\boldsymbol{F}$ 对某一点 O 的转动效应就称为力 $\boldsymbol{F}$ 对 O 点的矩，简称力矩。点 O 称为矩心，点 O 到力 $\boldsymbol{F}$ 作用线的距离称为力臂，以字母 d 表示。力 $\boldsymbol{F}$ 对点 O 的矩可以表示成为 m_O（$\boldsymbol{F}$）。

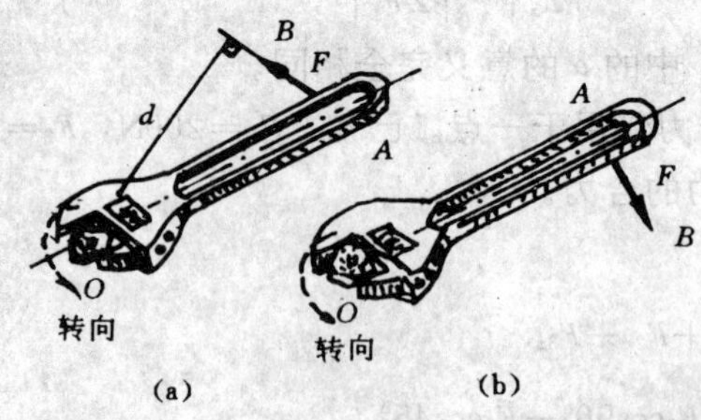

图 1-13

力矩的大小，反映了力使刚体绕某点转动的能力，它不仅取决于力的大小，而且还取决于力臂的长短。在力臂保持不变的情况下，力越大，力矩也就越大；同样，在力的大小保持不变的情况下，力臂越长，力矩就越大。这就说明为什么用柄长的扳手拧螺母要比用柄短的扳手拧螺母省力。

由上面的讨论可知，力矩的大小由下式进行计算：

$$m_O(\boldsymbol{F}) = \pm F \cdot d \tag{1-9}$$

力使刚体绕矩心转动的方向，称为力矩的转向，它可以是逆时针的，也可以是顺时针的。为了区别其转向，以正负号来表示。正负号的规定可以任意选择，习惯上是以逆时针转向为正，顺时针转向为负。在平面力系中，力矩只有正、负两种情况。因此，力矩是代数量。

力矩的单位是牛·米（N·m）或千牛·米（kN·m）。

由力矩的定义可知，在下列两种情况下，力矩等于零：

（1）力 $\boldsymbol{F}$ 的大小等于零；

（2）力 $\boldsymbol{F}$ 的作用线通过矩心 O，即力臂 d 等于零。

例如：直接以手用力去推或拉螺母，由于力的作用线通过螺母中心，力臂 d 等于零。因此，力矩等于零，不能使螺母转动。

在计算力矩时，要注意矩心和力臂的确定。根据计算的需要，矩心不一定取在使刚体绕其转动的固定点，刚体上的任何一点都可以取为矩心。确定力臂必须要从矩心到力的作用线作垂线，这样求出矩心到垂足的距离才是力臂。

〔例 1-3〕 已知：$F_1=2\text{kN}$，$F_2=10\text{kN}$，$F_3=5\text{kN}$，作用方向如图 1-14 所示，求各力对 O 点的矩。

解：由力矩的定义可知：

$m_O(\boldsymbol{F}_1)=F_1d_1=2\times1=2\text{kN}\cdot\text{m}$

$m_O(\boldsymbol{F}_2)=-F_2d_2=-10\times2\cdot\sin30°=-10\text{kN}\cdot\text{m}$

$m_O(\boldsymbol{F}_3)=F_3\cdot d_3=5\times0=0$

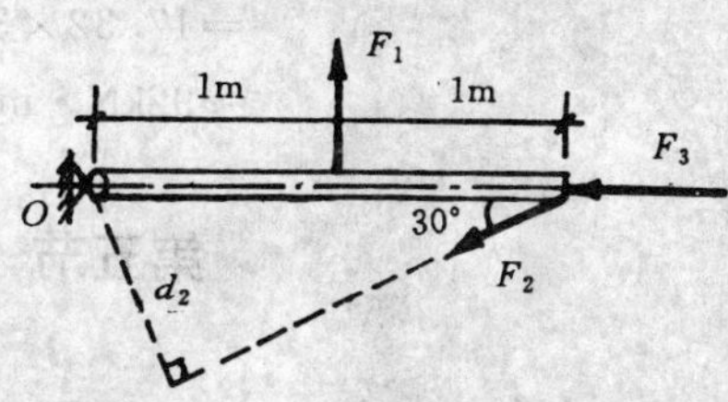

图 1-14

二、合力矩定理

如图 1-15 所示，在刚体上的点 O 作用着两个力 $\boldsymbol{F}_1$ 和 $\boldsymbol{F}_2$，其合力为 $\boldsymbol{R}$，如 A 是力所在平面内的任意一点，现求 $m_A(\boldsymbol{F}_1)$、$m_A(\boldsymbol{F}_2)$ 和 $m_A(\boldsymbol{R})$ 的关系。点 A 到三个力作用线的距离分别为 d_1、d_2 和 d。建立以 OA 为 x 轴的直角坐标系，$\boldsymbol{F}_1$、$\boldsymbol{F}_2$ 和 $\boldsymbol{R}$ 与 x 轴间的夹角依次为 α_1、α_2 和 α。

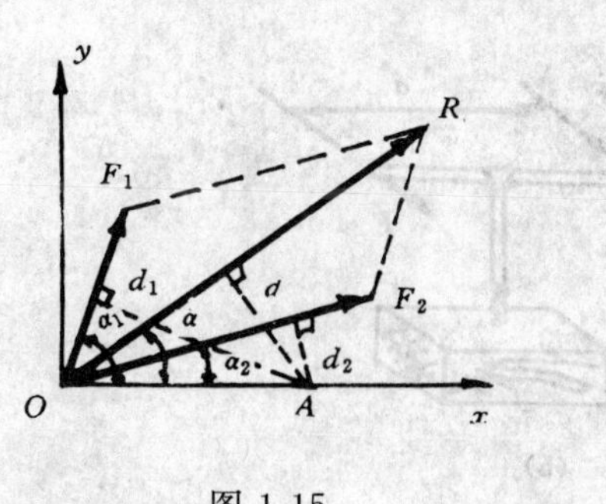

图 1-15

根据力矩定义有：$m_A(\boldsymbol{F}_1)=-F_1d_1$

$m_A(\boldsymbol{F}_2)=-F_2d_2$

$m_A(\boldsymbol{R})=-R\cdot d$

由合力投影定理得：$R_y=F_{1y}+F_{2y}$

即 $R_{\sin\alpha}=F_{1\sin\alpha_1}+F_{2\sin\alpha_2}$

等式两边同乘以长度 OA 得：

$R\cdot OA\cdot\sin\alpha=F_1\cdot OA\cdot\sin\alpha_1+F_2\cdot OA\cdot\sin\alpha_2$

而 $OA\cdot\sin\alpha=d$

$$OA \cdot \sin\alpha_1 = d_1$$

$$OA \cdot \sin\alpha_2 = d_2$$

∴ $$R \cdot d = F_1 \cdot d_1 + F_2 \cdot d_2$$

或 $-R \cdot d = -F_1 \cdot d_1 - F_2 \cdot d_2$

即 $m_A(\boldsymbol{R}) = m_A(\boldsymbol{F}_1) + m_A(\boldsymbol{F}_2)$

如果合力 $\boldsymbol{R}$ 是由作用在 O 点的任意 n 个力 $\boldsymbol{F}_1$，$\boldsymbol{F}_2$……$\boldsymbol{F}_n$ 合成的，上式可以推广为：

$$m_A(\boldsymbol{R}) = m_A(\boldsymbol{F}_1) + m_A(\boldsymbol{F}_2) + \cdots\cdots + m_A(\boldsymbol{F}_n) = \Sigma m_A(\boldsymbol{R}) \tag{1-10}$$

此即合力矩定理：合力对平面内任意一点的矩，等于各分力对该点力矩的代数和。

〔例 1-4〕 图 1-16 是卷扬机竖立塔架示意图。求钢丝绳拉力 $\boldsymbol{T}$ 对转动中心 A 点的矩。已知：$T=20\text{kN}$，与水平线的夹角为 30°，尺寸如图 1-16 所示。

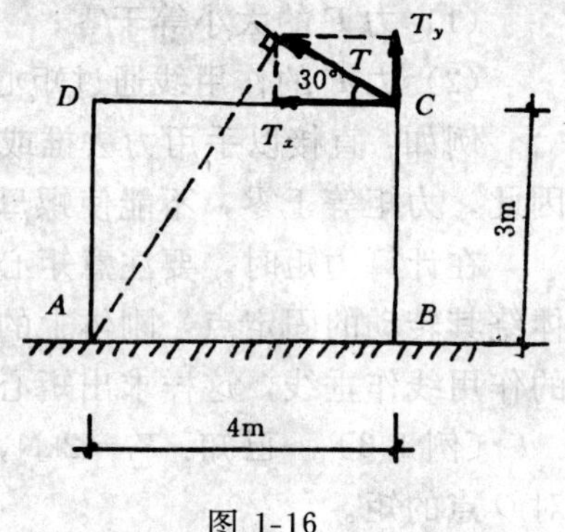

图 1-16

解：求拉力 $\boldsymbol{T}$ 对 A 点的矩，关键是确定力臂 d，不难看出力臂 d 的确定是比较麻烦的。因此，可以应用合力矩定理解题，先将拉力 $\boldsymbol{T}$ 分解为 T_x 和 T_y。

$$T_x = T\cos 30° = 20 \times 0.866 = 17.32\text{kN}$$

$$T_y = T\sin 30° = 20 \times 0.5 = 10\text{kN}$$

根据合力矩定理：

$$\begin{aligned} m_A(\boldsymbol{T}) &= m_A(\boldsymbol{T}_x) + m_A(\boldsymbol{T}_y) \\ &= T_x \cdot AD + T_y \cdot AB \\ &= 17.32 \times 3 + 10 \times 4 \\ &\approx 92\text{kN} \cdot \text{m} \end{aligned}$$

第五节 力偶的概念及其性质

一、力偶的概念

上节论述了力使物体绕某点转动的效应，并由此引出了力矩的概念。但是，在生产实践和日常生活中，经常是通过施加等值、反向、不共线的两个平行力，而使物体转动的，例如：司机用双手操纵方向盘（1-17a），木工用丁字头螺丝钻钻孔（图 1-17b），以及用母指和食指开自来水龙头或拧钢笔套等等。

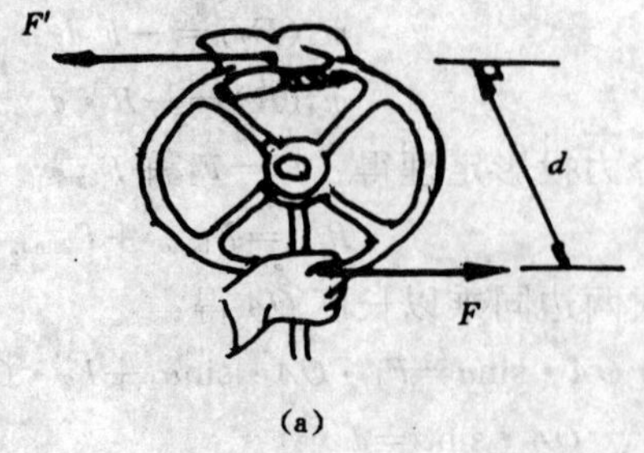

图 1-17

当大小相等，方向相反、不共线的两个平行力 $\boldsymbol{F}$ 和 $\boldsymbol{F}'$ 作用于同一物体时，会发生什么样的效应呢？一方面由于合力为零（$R=0$），物体不会发生移动。另一方面，由于两力不共线，所以也不能平衡。因此，这样的两个力仅能使物体发生转动。现将这样大小相等，方面相反，不共线的两个平行力，称为力偶，并用符号（$\boldsymbol{F}$，$\boldsymbol{F}'$）表示由力 $\boldsymbol{F}$ 和 $\boldsymbol{F}'$ 所组成的力偶。两力作用线的距离，称为力偶臂，以字母 d 表示，力偶中的两力所在的平面，称为力偶的作用面。由于力偶不能再简化，所以力偶和力都是组成力系的基本元素。

力偶能使刚体发生转动，对其转动效果的度量（即使物体发生转动的程度）称为力偶矩。实践证明：力偶中的力 $\boldsymbol{F}$ 越大，或力偶臂 d 越大，则力偶使物体转动的效果就越强；反之，就越弱。因此，与力矩类似，用力 $\boldsymbol{F}$ 的大小与力偶臂 d 的乘积来度量力偶对刚体的转动效果，并将这个乘积冠以正负号，就是力偶矩，以字母 m 表示，即：

$$m=\pm F\cdot d \tag{1-11}$$

习惯上，力偶使刚体作逆时针转动时，力偶矩为正，反之为负。所以力偶矩和力矩一样是代数量。

力偶矩的单位与力矩的单位相同。

二、力偶的基本性质

1. 力偶在任一轴上的投影恒为零

如图 1-18 所示，在直角坐标系中，力偶中的两力与 x 轴的夹角为 α。由于 $F=F'$，则它在 x 轴和 y 轴上的投影分别为：

$$-F\cos\alpha+F'\cos\alpha=0$$

$$-F\sin\alpha+F'\sin\alpha=0$$

因此，力偶对刚体只有转动效果。而不通过刚体重心的一个力对刚体既有转动又有移动两种效果，如图 1-19 所示。力 $\boldsymbol{F}$ 使构件绕 O 点发生转动，同时向上又发生移动。

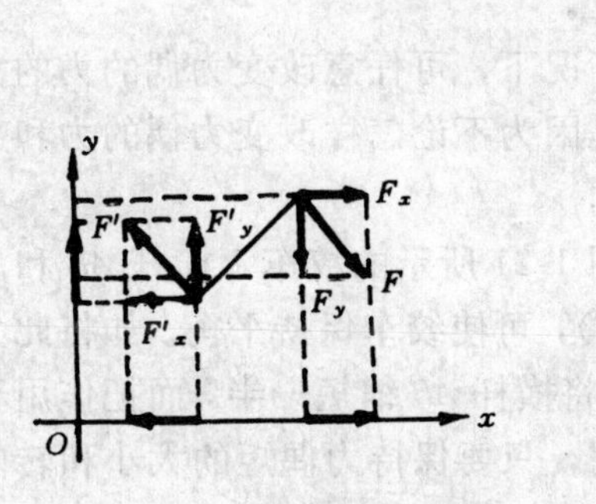

图 1-18

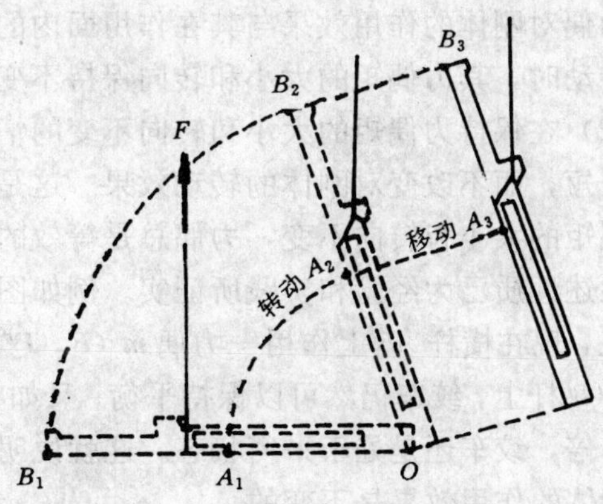

图 1-19

由于力偶没有合力，即不能用一个力代替，也不能和一个力平衡。因此，力偶只能和力偶平衡。

2. 力偶对作用面内任一点的矩都相等，就等于力偶矩

设有一个图 1-20 所示的力偶（$\boldsymbol{F}$，$\boldsymbol{F}'$），其力偶矩为 $m=Fd$。在力偶的作用面内，任取一点 O 为矩心，显然力偶对 O 点的力偶矩应等于力偶中的两力分别对 O 点矩的代数和。以 x 表示从 O 点到力 $\boldsymbol{F}$ 的垂直距离，则力偶的两力对 O 点距的代数和为：

$$
\begin{aligned}
m_O(\boldsymbol{F},\boldsymbol{F}') &= F'(d+x)-F_x \\
&= F(d+x)-F \\
&= Fd
\end{aligned}
$$

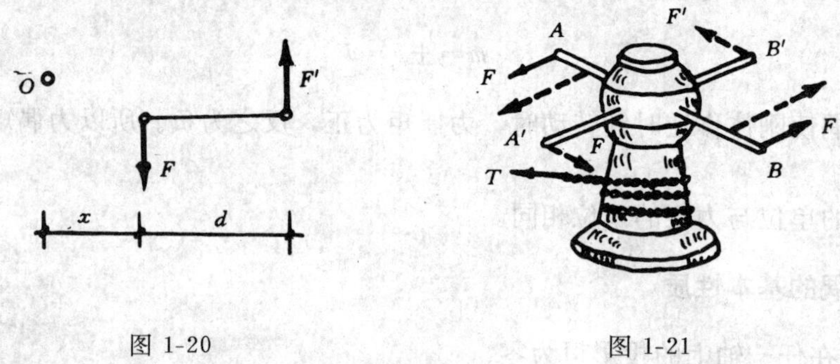

图 1-20　　图 1-21

此值就是力偶矩。任意改变 O 点的位置，其结果不变。这说明力偶对其作用平面内任一点的矩恒等于力偶矩，而与矩心位置无关。

3. 力偶的等效性

上面论述，说明了力偶对刚体的转动效果完全取决于力偶矩。由此可见，如果两个力偶的力偶矩大小相等，转向相同，则这两个力偶互等，其作用也相同。现将这样的两个互等的力偶称为等效力偶。

由此可以得出如下结论：

(1) 力偶可在其作用面内任意移动和转动，而不改变其对刚体的作用效果。也就是说，力偶对刚体的作用效果与其在作用面内的位置无关。因为力偶在其作用面内任意移动和转动时，其力偶矩的大小和转向保持不变。

(2) 在保持力偶矩的大小和转向不变的情况下，可任意改变力偶的力的大小和力偶臂的长短，而不改变对刚体的转动效果。这是因为不论怎样改变力偶的力和力偶臂，只要力偶矩的大小和转向不变，力偶总是等效的。

上述性质已为经验和实践所证实。例如图 1-21 所示的绞车，横杆 AB 和 $A'B'$ 同在一平面上，现在横杆 AB 上作用一力偶 m（$\boldsymbol{F}$，$\boldsymbol{F}'$），可使绞车保持平衡。如将此力偶改为作用在 $A'B'$ 杆上，绞车仍然可以保持平衡；又如将横杆 AB 缩短一半，而把作用于杆端的力增大 1 倍，绞车还是处于平衡状态。这就说明，只要保持力偶矩的大小和转向不变，力偶对刚体的作用效果是不变的。

由于力偶对刚体的作用效果完全取决于力偶矩的大小和转向，而不必论及力偶中力的大小和力偶臂的长短，所以，在今后的力学分析和计算中，一般用一带箭头的弧线表

示力偶，并在其附近标记 m、m' 等字样，如图 1-22 所示。其中，m、m' 表示力偶矩的大小，箭头表示力偶的转向。

在一个刚体上，作用在同一平面上的几个力偶，可合成为一个合力偶。因为力偶的矩有正负是代数量，所以合力偶矩应该等于各分力偶矩的代数和，即：

$$M = m_1 + m_2 + \cdots\cdots + m_n = \Sigma m \tag{1-12}$$

式中：M 表示合力偶矩。

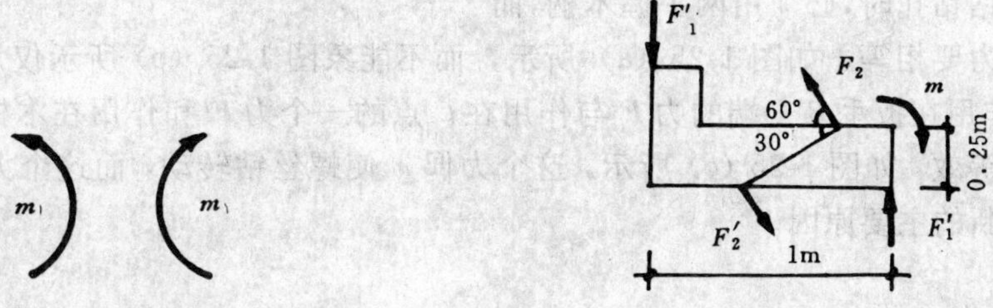

图 1-22　　图 1-23

〔例 1-5〕　如图 1-23 所示，在刚体某平面上，作用三个力偶。已知：$F_1 = 200\text{N}$，$F_2 = 600\text{N}$，$m_3 = 100\text{N}\cdot\text{m}$，力偶臂如图，求其合力偶矩。

解：用 d_1、d_2 分别表示力偶 m_1（$\boldsymbol{F}_1$，$\boldsymbol{F}_1'$）和 m_2（$\boldsymbol{F}_2$，$\boldsymbol{F}_2'$）的力偶臂，则：

$$\begin{aligned} M &= m_1 + m_2 - m_3 \\ &= F_1 \cdot d_1 + F_2 \cdot d_2 - m_3 \\ &= 200 \times 1 + 600 \times \frac{0.25}{\sin 30^\circ} - 100 \\ &= 400\text{N}\cdot\text{m} \end{aligned}$$

第六节　力的平移定理

根据前面所述，已知力可沿其作用线在刚体上任意移动，而不改变它对刚体的作用效果，那么可否平行移动（简称平动）呢？关于这个问题，可以用力的平移定理来解答。可把作用在刚体上的力 $\boldsymbol{F}$ 平行移动到任一点，但必须同时附加一个力偶（称为附加力偶）、附加力偶的矩就等于原来的力 $\boldsymbol{F}$ 对新作用点的矩。

下面给予证明。

如图 1-24 (a) 所示，力 $\boldsymbol{F}$ 作用于点 A。在刚体上任取一点 B，并在 B 点加上两个等值反向，且作用线与力 $\boldsymbol{F}$ 作用线平行的平衡力 $\boldsymbol{F}'$ 和 $\boldsymbol{F}''$，并使 $\boldsymbol{F} = \boldsymbol{F}' = \boldsymbol{F}''$，如图 1-24 (b) 所示。根据加减平衡力系公理，可知由三个力 $\boldsymbol{F}$、$\boldsymbol{F}'$ 和 $\boldsymbol{F}''$组成的新力系与原来的力 $\boldsymbol{F}$ 等效。亦可将这三个力看作是一个作用在点 B 的力 $\boldsymbol{F}'$ 和一个力偶（$\boldsymbol{F}$，$\boldsymbol{F}''$）。于是，原来作用在点 A 的力 $\boldsymbol{F}$，现在被一个作用在点 B 的力 $\boldsymbol{F}'$ 和一个力偶（$\boldsymbol{F}$，$\boldsymbol{F}''$）所代替。于是，可把作用于点 A 的力 $\boldsymbol{F}$ 平移到另一点 B，但必须同时附加一个相应的力偶，即附加力偶，

如图 1-24 (c) 所示。显然，附加力偶的矩 m 就等于原来的力 $\boldsymbol{F}$ 对新作用点 B 的矩，即：

$$m=m_B\ (\boldsymbol{F})\ =F\cdot d \qquad (1\text{-}13)$$

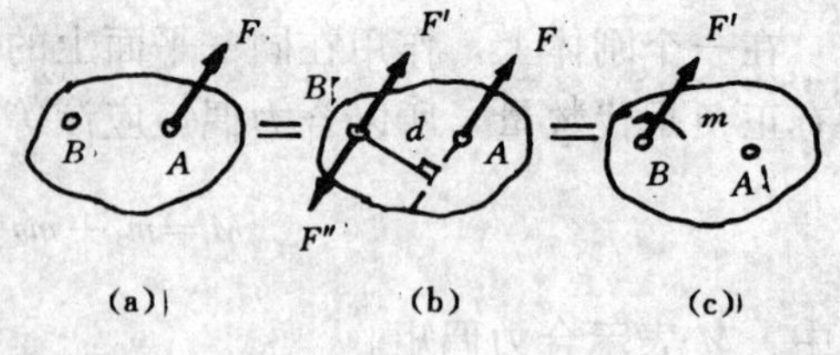

图 1-24

根据力的平移定理，除了可对平面力系进行简化以外，也可以解释一些现实生活和生产中的力学现象，例如：木工用丁字头螺丝钻钻孔时，必须用两手握木柄，而且双手用力要相等，如图 1-25 (a) 所示，而不能象图 1-25 (b) 所示仅用一只手扳动木柄。因为作用在扳手 B 一端的力 $\boldsymbol{F}$ 与作用在 C 点的一个力 $\boldsymbol{F'}$ 和作用在木柄上的力偶 m 组成的力系等效，如图 1-25 (c) 所示，这个力偶 m 使螺丝钻转动，而这个力 $\boldsymbol{F'}$ 却是使螺丝钻发生折断的主要原因。

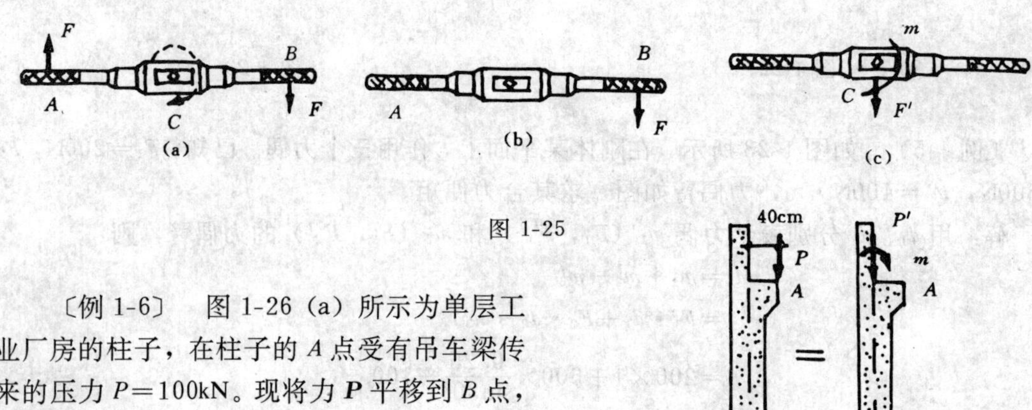

图 1-25

〔例 1-6〕　图 1-26 (a) 所示为单层工业厂房的柱子，在柱子的 A 点受有吊车梁传来的压力 $P=100\text{kN}$。现将力 $\boldsymbol{P}$ 平移到 B 点，求附加力偶矩。

40cm
P
A
P'
m
A
(a)
(b)

图 1-26

解：由力的平移定理，力 $\boldsymbol{P}$ 由 A 点平移到 B 点，必须附加一力偶，如图 1-26 (b) 所示。此力偶矩 m 就等于力 $\boldsymbol{P}$ 对 B 点的矩，即：

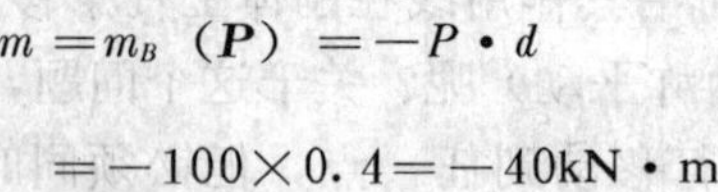

$$m=m_B\ (\boldsymbol{P})\ =-P\cdot d$$

$$=-100\times0.4=-40\text{kN}\cdot\text{m}$$

第七节　荷载及其简化

从广义上讲，荷载是使结构或构件产生内力和变形的任何作用，例如：重力、压力、温度变化、基础沉降和材料收缩等。从狭义上讲，荷载就是主动地作用在结构上的外力。本书在未说明的情况下，所说的荷载都是狭义的。荷载的简化是将真实的工程结构抽象为理想计算模型的重要工作之一。

确定作用在结构上的荷载，是一项细致而又复杂的工作，说它细致，在确定荷载时，需要经过周密的调查和细致的分析。因为荷载是进行结构计算的初始数据，如果将荷载估计过大，会使结构设计用料过多，造成浪费；反之，如果将荷载估计过小，又会影响结构的安全，甚至会造成结构破坏事故。说它复杂，其建筑物在建造和使用的过程中，结构和构件所受的荷载不仅都是具体而复杂的，而且还存在着许多设计计算时预估不到的因素。直接按它计算，往往比较困难，甚至是不可能办到的。所以在结构或构件进行力学分析和计算时，必须根据荷载的具体情况加以简化，略去次要和影响不大的因素，突出本质因素，在保证计算精度的条件下，方便分析和计算。

根据我国现行《工业与民用建筑结构荷载规范》（TJ9—74）（以下简称《荷载规范》）的规定，在结构设计中，需采用标准荷载。标准荷载就是指建筑物在正常使用情况下，有可能出现的最大荷载。它通常略高于建筑物使用期间实际所受荷载的平均值。

结构承受的荷载是多种多样的，《荷载规范》中，根据荷载作用时间的性质，将荷载分为两大类：恒载和活载。

1. 恒载

恒载指长期作用在结构上的不变荷载。也就是在建筑物建成后，荷载的大小、位置都不随时间而改变的荷载，例如：结构自重、土的压力等等。结构的自重，可以根据其外形尺寸和材料容重计算确定；对于标准预制构件，也可以由构件标准图集、构件索引直接查用。一般常用材料的容重可由《荷载规范》的附录查得。容重的单位通常是千牛每立方米（kN/m^3），以希腊字母 γ 表示。

例如，已知钢筋混凝土的容重为 $\gamma=25kN/m^3$，则计算截面为 20×50cm，长为 6m 的钢筋混凝土梁的自重为：

$$W=25\times(0.2\times0.5\times6)=15kN$$

将总重除以梁长，就是每一米长该梁的重量。通常用字母 q 标记单位长度上的荷载，所以，对此梁有：

$$q=\frac{15}{6}=2.5kN/m$$

又如，楼板的自重，可用一平方米楼板的重量来表示，通常用字母 p 标记单位面积上的荷载，对厚 10cm 的楼板来说，由自重引起的单位面积上的荷载为：

$$p=25\times0.1=2.5kN/m^2$$

2. 活载

活载指作用在结构上的可变荷载。也就是指建筑物在施工和使用过程中有时存在，有时不存在，其作用位置可能是固定，也可能是移动的荷载。如楼面活荷、屋面活荷、施工和检修荷载、雪荷载、风荷载、吊车荷载等等。在《荷载规范》中，对各种活荷载的标准值都作了规定，计算时可直接查用。

其次，荷载按其分布情况，又可分为集中荷载和分布荷载两种。

1. 集中荷载

在荷载作用面积相对于结构或构件的尺寸比较小时，可将其简化为集中地作用在某一点上，称为集中荷载，例如，屋架传给柱子的压力，吊车轮传给吊车梁的压力等等，都属于集中荷载。单位是牛（N）或千牛（kN）。

2. 分布荷载

连续地分布在一块面积上的荷载称为面荷载，其单位是牛顿每平方米（N/m^2）或千牛每平方米（kN/m^2）；当作用面积的宽度相对于其长度较小时，就可将面荷载简化为连续分布在一段长度上的荷载，称为线荷载，其单位是牛顿每米（N/m）或千牛每米（kN/m）。另外，根据荷载分布是否均匀，又可将分布荷载分为均布荷载和非均布荷载，如前面计算的梁的自重 $q=2.5kN/m$ 是均布线荷载，板的自重 $p=2.5kN/m^2$ 是均布面荷载。如图 1-27（a）、（b）所示。

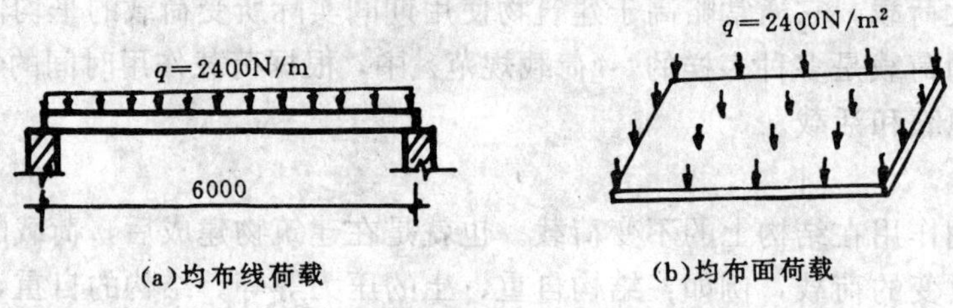

(a)均布线荷载　(b)均布面荷载

图 1-27

集中荷载和均布线荷载将是今后经常碰到的。

根据荷载随时间变化的特点，还可将不同荷载分为静力荷载和动力荷载两种，静力荷载是缓慢地加到结构上的荷载，它由零缓慢地增至最后确定值之后，其大小、位置和方向不再随时间而变化。结构自重及一般需要考虑的活荷载都属于这类荷载。动力荷载是指其大小、位置和方向随时间而急剧变化的荷载。在这种荷载作用下，结构会产生振动。因此，需要考虑加速度的影响。如地震、机器的振动、风荷载等都属于这类荷载。结构和构件在动力荷载作用下的力学分析与计算是结构动力学研究的问题。本书仅就结构或构件在静力荷载作用下的力学分析和计算问题进行讨论。

第八节　约束与约束反力

在工程实践中，有些物体，如飞行的飞机、炮弹和火箭等等，它们在空间中的位置发生移动不会受任何限制。这种位移不受限制的物体称为自由体。另外，还有一些物体，例如：塔吊、房屋结构中的梁、板，吊车钢索上的预制构件等等，这些物体在空间的位移都受到了一定的限制。象轨道对塔吊的限制，墙体对梁、板的限制，钢索对预制件的限制等等。这种位移受到限制的物体称为非自由体。对某物体起限制作用的另一物体称为某物体的约束，例如：轨道对塔吊，墙体对梁、板，钢索对预制构件等等，都是约束。既然约束限制了物体的位移或阻碍了物体的运动，这也就是说约束改变了物体的运动状态。因此，约束对物体的作用实际上就是力，我们称这种力为约束反力，简称反力。

当物体处于平衡状态时，约束反力的大小和方向随物体的受力情况而定，例如：吊车匀速吊起构件时，钢索对构件的约束反力的大小由构件的自重决定，构件自重越大，约束反力就越大，反之亦然。因此，约束反力也经常被称为被动力，而其它的已知力也就是上节所说的荷载，称为主动力。在静力学中，作用于同一物体上的荷载与约束反力组成平衡力系。

既然约束能够阻碍物体的运动，而这种阻碍作用就是约束反力，因此，约束反力的方向必与该约束所能阻碍的运动方向相反。用这个准则，可确定约束反力的方向和作用点位置。但约束反力的第三要素，即大小仍是未知的，这需要利用平衡条件来确定。

下面介绍在工程实践中经常遇到的几种简单的约束类型及其约束反力。

一、柔性软约束

用绳索、链条、皮带等软体构成的约束都属于柔性软约束。由于柔性软约束只能限制物体沿绳索方向背离绳索的运动，所以绳索对物体的约束反力的方向必然是沿绳索而背离物体的。因此，绳索只能给物体以拉力的作用。这种约束反力通常用 $\boldsymbol{T}$ 表示，如图 1-28 所示。

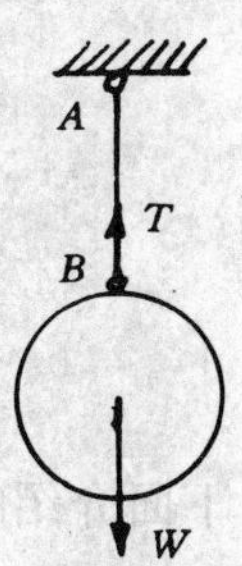

图 1-28

二、光滑接触面约束

当物体与光滑支承面接触时，不论支承面的形状如何，光滑支承面只能限制物体沿着接触面的公法线、指向约束内部的运动，而不能限制物体沿着接触面或背离接触面指向约束外部的运动。因此，光滑接触面的约束反力必然通过接触点，方向沿着接触表面的公法线指向受力物体。这种约束反力也称为法向反力，或正压力，通常以 $\boldsymbol{N}$ 表示。如图 1-29 所示。

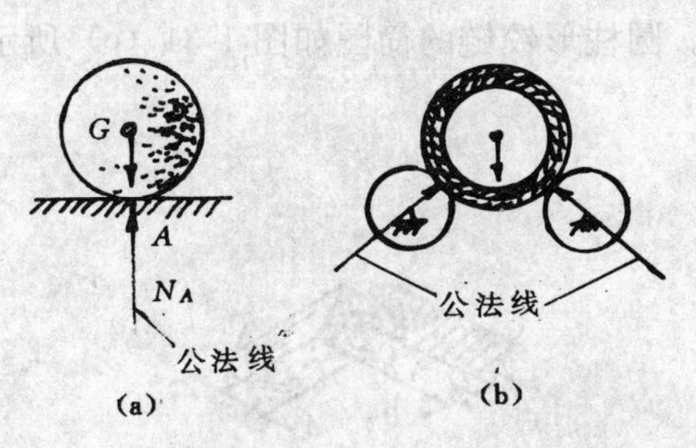

图 1-29

支承桌椅的地面，支持火车轮的钢轨等，表面非常光滑，摩擦可以忽略不计时，都属于这种约束。

初学者往往对光滑接触面的反力方向感到难以确定。一般可将光滑接触面分为三种类型：

1. 面与面接触

反力方向垂直于公切面，如图 1-30（b）的 $\boldsymbol{N}_1$。

2. 点与面接触

反力方向垂直于面，如图 1-30（a）的 $\boldsymbol{N}_1$ 和图 1-30（b）的 $\boldsymbol{N}_2$。

3. 点与线接触

反力方向垂直于线，如图 1-30（a）的 $\boldsymbol{N}_2$。

柔性软约束和光滑接触面约束既有相同点，又有不同点，共同点是它们都只能限制一个方向的运动。因此，反力方向都可据此确定，这样的约束称为单向约束。不同点是反力指向不同，柔性软约束反力的方向是背离受力物体，而光滑接触面反力的方向却是指向受力物体。

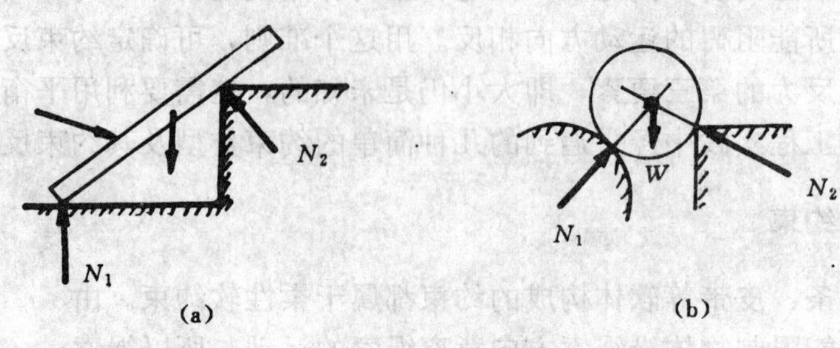

图 1-30

下面介绍的几种约束只能确定约束反力作用线的位置，而不能确定其指向。

三、圆柱形铰链

圆柱形铰链又称铰链，在工程结构和机械设备中，常用它来联接构件或零部件。理想的圆柱形铰链是由一个圆柱形销钉插入两个物体的圆孔中所构成的，如图 1-31（a）、（b）所示。门窗用的合页、活塞销都是铰链。圆柱形铰链的简图如图 1-31（c）所示。

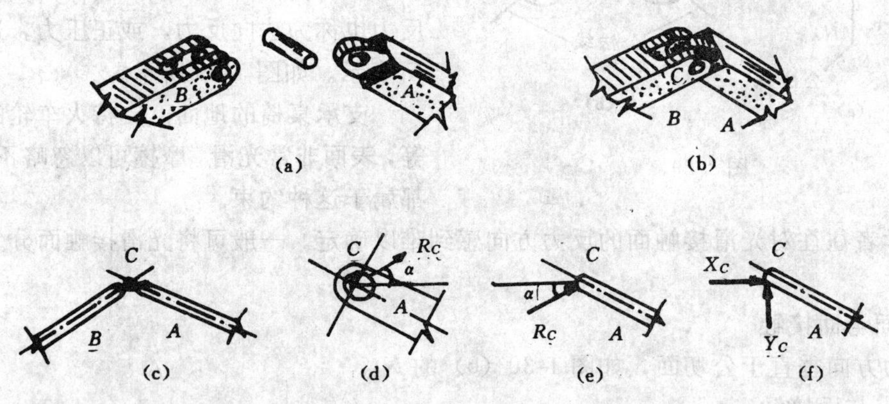

图 1-31

如果销钉与圆孔接触是光滑的，这种约束就能够限制被约束物体在垂直于销钉轴线的平面内的任何方向的移动，但是，它却不能限制物体绕销钉的转动和沿销钉轴线方向滑动。因此，无论铰链的约束反力方向如何，其作用线必然垂直于铰链销钉的轴线，并通过接触点和铰链轴心（铰心），如图 1-31（d）所示的反力 $\boldsymbol{R}_C$。由于这种约束反力的大小和方向均为未知，需根据具体情况，利用平衡条件确定。所以，在实际分析中，通常用两个相互垂直且通过铰心的分力 X_C 和 Y_C 来代替，如图 1-31（f）所示。两个分力的指向可任意假定，反力 R 的真实方向，可由计算结果确定。通常将 X_C 定为水平方向，Y_C 定为铅直方向，表明分别阻止物体沿水平和铅直两个方向的运动，称为水平反力和铅直反力。

四、固定铰支座

工程上常用铰链将结构或构件与地基或静止的结构物联接起来，这样就构成了固定铰支座。图 1-32（a）所示为一理想的固定铰支座示意图，它限制了物体沿垂直于销钉轴线的所有方向的移动，即限制了物体水平方向和铅直方向的两个运动。但不能限制物体绕销钉的转动。其简图如图 1-32（b）、（c）所示。因此，与铰链相同，固定铰支座有一个约束反力 R_A，如图 1-32（d）所示，同圆柱形铰链一样，R_A 可以用一个水平反力 X_A 和一个铅直反力 Y_A 代替，如图 1-32（e）所示。

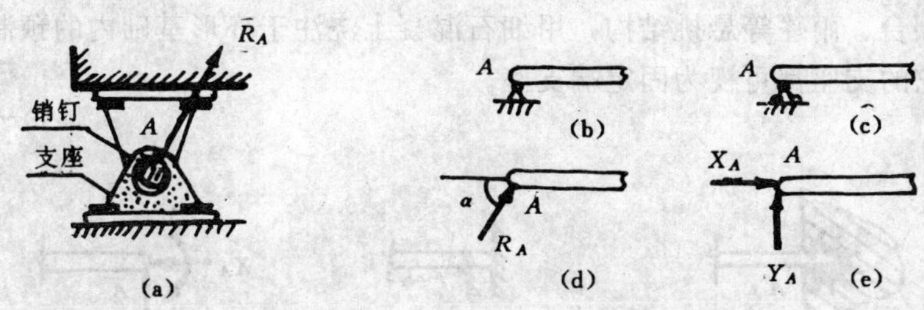

图 1-32

在工程中，钢结构桥梁的固定支座，机器中的轴承等等都属于比较理想的固定铰支座。

五、可动铰支座

对于大跨度的桥梁、屋架，为了保证在温度变化时，桥梁或屋架沿跨度或长度方向能够自由地伸缩，常在其一端采用固定铰支座，而在另一端采用可动铰支座。可动铰支座是用几个辊轴将固定铰支座支承在平面上而构成的，如图 1-33（a）所示，图 1-33(b)

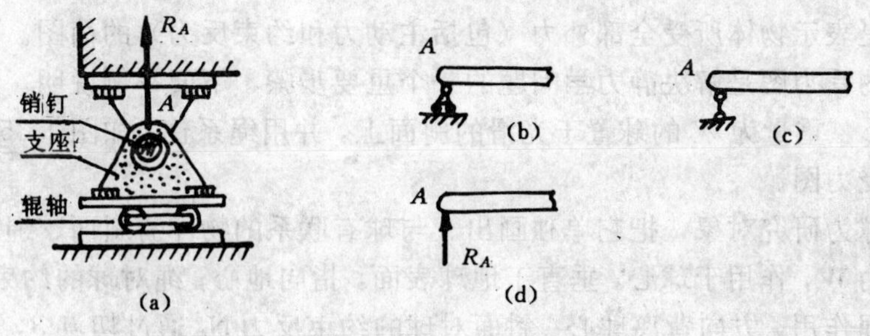

图 1-33

是可动铰支座的简图。这种支座的约束性质与光滑接触面相同，只能限制物体沿支承面法线方向指向约束内部的运动，不能限制物体沿支承面方向的运动和背离支承面的运动，同时，也不能限制物体绕铰心的转动。因此，它的反力方向必通过铰心 A、垂直于支承面、指向受力物体，如图 1-33（c）所示。

在建筑结构中，墙体对混凝土大梁、过梁或单向板的约束也可视为可动铰支座约束，这种约束反力的方向可能垂直向上，也可能垂直向下。因此，这种约束的反力方向通过支承点，垂直于支承面，指向未定，其简图如图 1-33（d）所示。

六、固定端支座

即能限制物体移动，又能限制物体转动的约束，称为固定端支座。图 1-34（a）所示的梁，其一端插入墙内，使梁固定，墙即为梁的固定端支座。图 1-34（b）为其简图。当物体受到荷载作用时，这种支座除了产生水平反力 $\boldsymbol{X}_A$ 和铅垂反力 $\boldsymbol{Y}_A$ 外，还将产生一个限制物体转动的反力偶 m_A。如图 1-34（c）所示。

房屋的阳台、雨篷等悬挑结构，用细石混凝土浇注于环形基础内的预制钢筋混凝土柱子等等，它的支座都可视为固定端支座。

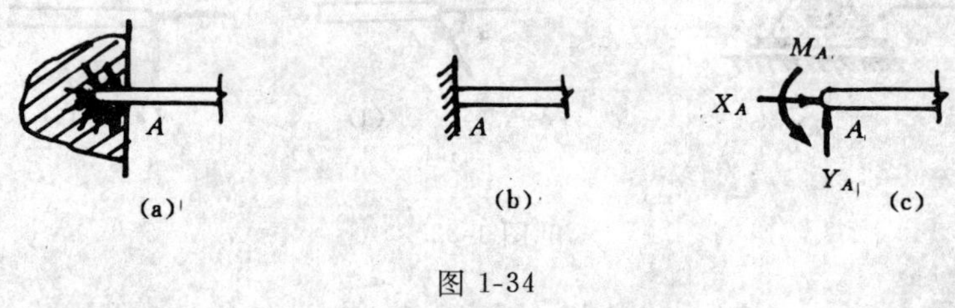

图 1-34

第九节　物体的受力分析及受力图

上节研究了一些约束的约束性质及其约束反力，约束反力都是未知力。在实际分析中，为了求出未知的约束反力，需要根据已知的主动力（荷载）情况，应用平衡方程来解题。因此，为能清晰地表示物体的受力情况，通常将要研究的物体（称为受力体）从与其联系的周围物体（称为施力体）中分离出来，单独画出其简单的轮廓图形，把施力物体对它的作用分别用力表示，并标于其上。这种简单的图形，称为受力图或分离体图。物体的受力图是表示物体所受全部外力（包括主动力和约束反力）的简图。

画物体的受力图是解决静力学问题的一个重要步骤，下面举例说明。

〔例 1-7〕　重量为 $\boldsymbol{W}$ 的球置于光滑的斜面上，并用绳系住，如图 1-35（a）所示。试画出圆球的受力图。

解：取球为研究对象，把它单独画出。与球有联系的物体有斜面、绳和地球。球受到地球的引力 $\boldsymbol{W}$，作用于球心，垂直于地球表面，指向地心；绳对球的约束反力 $\boldsymbol{T}_A$ 通过接触点 A 沿绳作用，方向背离球心；斜面对球的约束反力 $\mathbf{N}_B$ 通过切点 B，垂直于斜面指向球心。于是便画出了球的受力图，如图 1-35（b）所示。

图 1-35

〔例 1-8〕 如图 1-36 (a) 所示，杆件支承于一方槽内，支承面为光滑的，试画出杆件的受力图。

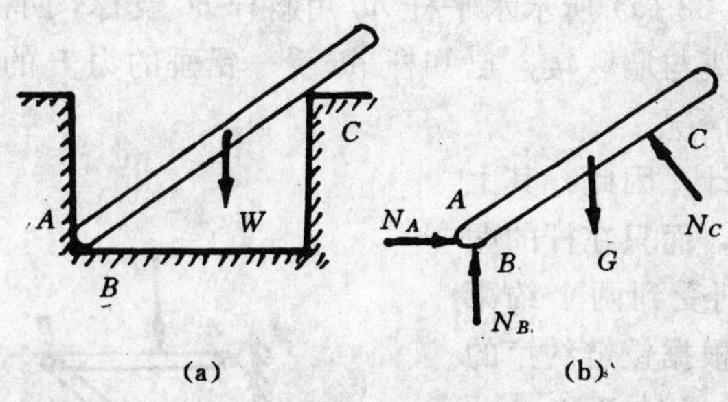

图 1-36

解：取杆件为研究对象，画出其轮廓图。与此杆件有联系的物体有接触点为 A、B、C 的方槽和地球。杆件受到地球的引力 W 作用于杆件的重心（形心），垂直于地球表面，指向地心。点 A 与点 B 是点与面接触，其反力 $\boldsymbol{N}_A$ 和 $\boldsymbol{N}_B$ 垂直于接触面，背离接触面。点 C 是点与线接触，其反力 $\boldsymbol{N}_C$ 垂直于杆的轴线，指向杆件。受力图如图 1-36 (b) 所示。

〔例 1-9〕 图 1-37 (a) 所示为一管道支架，其自重为 $\boldsymbol{W}$，迎风面所受的风力简化成沿架高均匀分布的线荷载，其集度为 q，支架上还受有由于管道受到风压而传来的集中荷载 $\boldsymbol{P}$，以及由于管道重量而造成的铅垂压力 $\boldsymbol{W}_1$ 和 $\boldsymbol{W}_2$。试画出支架的受力图。

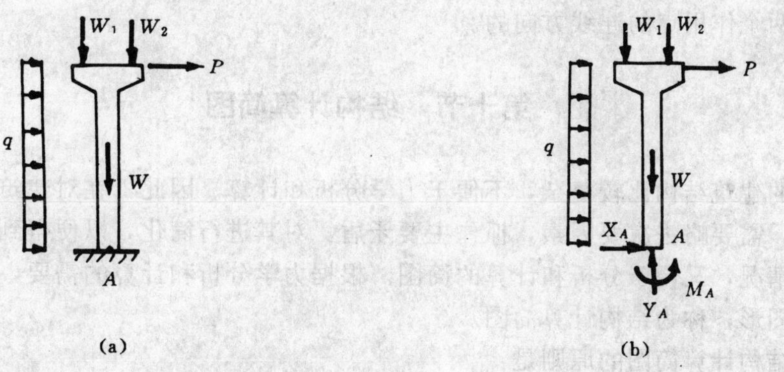

图 1-37

解：取管道支架为研究对象。

(1) 单独画出管道支架的轮廓。

(2) 管道支架受到荷载或主动力有自重 $\boldsymbol{W}$。风压 q，管道压力 $\boldsymbol{W}_1$ 和 $\boldsymbol{W}_2$，以及管道传给支架的风压力 $\boldsymbol{P}$，将这些力按规定的作用位置和方向标出。

(3) 管道支架在其根部 A 受固定端支座的约束，有一对正交垂直的反力 $\boldsymbol{X}_A$、$\boldsymbol{Y}_A$，以及一个反力偶 M_A，于是画出管道支架的受力图如图 1-37 (b) 所示。

通过上面三个例子不难看出，画物体的受力图可分为以下三个步骤：

(1) 画出受力物体的轮廓。

(2) 将作用在受力物体上的荷载或主动力照抄。

(3) 根据约束的性质，画出受力物体所有约束的反力。

下面继续举例。

〔例 1-10〕 如图 1-38 (a) 所示水平杆 AB 用斜杆 BC 支撑，两杆在 B 处用铰链联接，它的另一端由固定铰支座与墙联接。已知杆 AB 受一铅垂的力 $\boldsymbol{P}$ 的作用，若忽略杆的自重，试分析斜杆的受力情况。

解：斜杆的自重不计。因此，其上没有任何主动力的作用，而只在杆的两端通过铰链 B 和 C 分别受到两个约束反力 $\boldsymbol{R}_B$ 和 $\boldsymbol{R}_C$ 的作用。根据铰链约束的性质，这两个反力必然通过 B 和 C 两点，但方向不能确定。由于 BC 杆只在 $\boldsymbol{R}_B$ 和 $\boldsymbol{R}_C$ 两个力作用下处于平衡，根据二力平衡公理可知，这两个力必共线，且等值、反向。由此可知，反力 $\boldsymbol{R}_B$ 和 $\boldsymbol{R}_C$ 的作用线应沿 B、C 两点的连线，也就是 BC 杆的轴线方向，或者指向杆端（压力），或者背离杆端（拉力）。其受力图如图 1-38 (b) 所示。

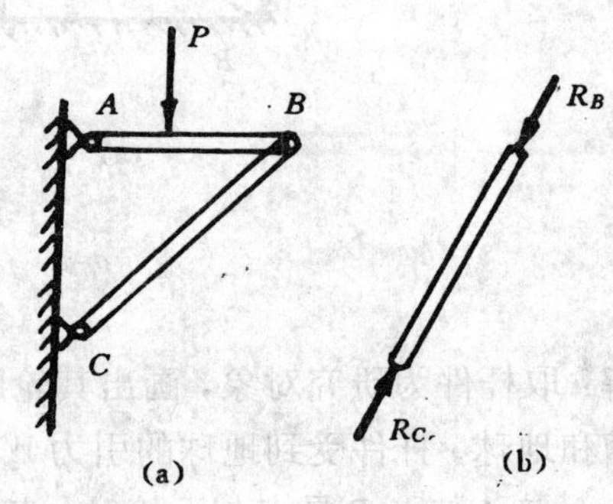

图 1-38

这种只受两个力作用而处于平衡的杆件称为二力杆。在两个力作用下处于平衡的构件称为二力构件，二力杆或二力构件最主要的受力特征是：杆件两端约束反力的方向一定是沿着两个作用点的连线方向的。

第十节 结构计算简图

实际的建筑结构比较复杂，不便于力学分析和计算。因此，在对建筑结构进行分析和计算时，需要略去次要因素，抓住主要矛盾，对其进行简化，以便得到一个既能反映结构受力情况，又便于分析和计算的简图。根据力学分析和计算的需要，从实际结构简化而来的图形，称为结构计算简图。

确定结构计算简图的原则是：

(1) 能基本反映结构的实际受力情况。

（2）能使计算工作简便可行。

简化过程一般包括三个方面：

（1）构件简化：将细长构件用其轴线表示。

（2）荷载简化：将实际作用在结构上的荷载以集中荷载或分布荷载表示。

（3）支座简化：根据支座和结点的实际构造，用典型的约束加以表示。

此外，计算简图的选择与简化时，还可能遇到其它各种因素的影响，对于这些因素，要善于抓主要矛盾，忽略次要因素。下面举例说明。

〔例 1-11〕　如图 1-39（a）所示木屋盖结构，试画出其中的屋架结构的计算简图。

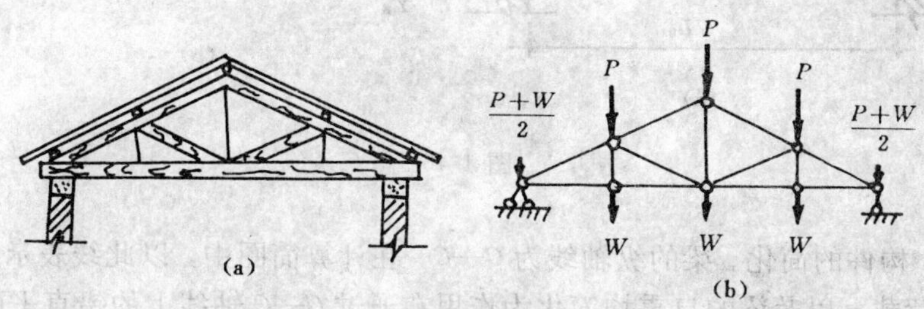

图 1-39

解：（1）构件的简化。屋架由细长的杆件组成，可用轴线表示各杆件。

（2）联接点的简化。木屋架的联接点可能是榫接的，也可能是螺栓联接的。榫接只能限制杆件之间的相对线位移，但不能限制杆件之间的微小的相对角位移。因此，可将其简化成为铰链。螺栓联接虽然对杆件之间的相对角位移有一定的约束作用，但这种约束作用是很微弱的，略去这种影响，将其简化成为铰链所得的计算结果与真实情况十分接近。因此，通常也将其简化成为铰链。

（3）支座简化。屋架的两端通过螺栓与混凝土块连在一起，砌于墙内，或直接放置在墙上，或柱子上。这种支座是不能抵御屋架在平面内做微小的角位移和沿水平方向可能产生的微小线位移。因此，可以把屋架的一端视为固定铰支座，另一端视为可动铰支座。

（4）荷载的简化。屋架承受的荷载主要有屋面材料、檩条、室内天棚重量及自重。另外，还有风、雪荷载，除屋架自重外，这些荷载统称为屋面荷载。这些荷载是由许多榀屋架共同承担的，通常认为两个相邻屋架间的全部屋面荷载由两个屋架平均承担。对三榀以上的屋架。其中间屋架需要承担两侧相邻屋架间屋面荷载的各一半，也就是当屋架间距均等时，中间屋架实际承担的荷载正好等于两相邻屋架间全部的屋面荷载。这些荷载通过檩条分配到屋架的各个结点上。当檩条放置间距相等时，分配于中间结点上的荷载，正好等于两结点间的全部荷载，中间结点的荷载是端部结点荷载的 2 倍。

室内天棚一般悬挂于屋架下弦杆的结点上，其荷载可视为集中作用于下弦杆各个结点上。同理，中间结点的荷载是端部结点的荷载的 2 倍。

屋架的自重可按上、下弦杆各承担一半分配，并与上述同样的方式分配到各个结点上，当下弦结点无荷载时，也可视为全部自重集中于上弦杆进行分配。

通过上述的简化，即可得到屋架的计算简图，如图 1-39 (b) 所示。

〔例 1-12〕 图 1-40 (a) 所示为钢筋混凝土楼盖，它由预制钢筋混凝土空心板和梁组成，试选取梁的计算简图。

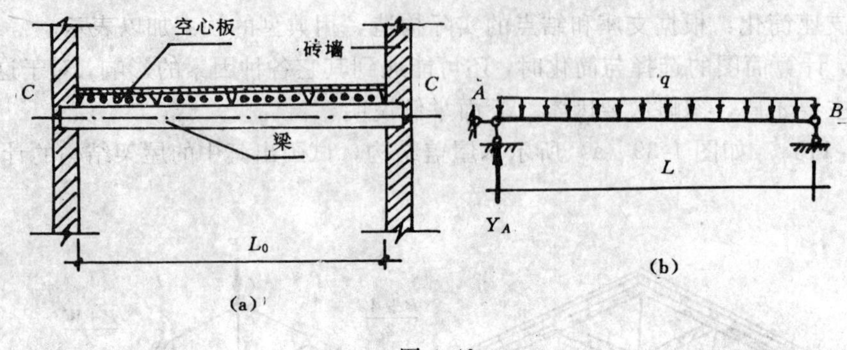

图 1-40

解：(1) 构件的简化。梁的纵轴线为 $C—C$，在计算简图中，以此线表示梁 AB，由板传来的楼面荷载，以及梁的自重均简化为作用在通过 $C—C$ 轴线上的铅直平面内。

(2) 支座的简化。由于梁端嵌入墙内的实际长度较短，加以砂浆砌筑的墙体本身坚实性差，所以在受力后，梁端有产生微小松动的可能，即由于梁受力变弯，梁端可能产生微小转动，所以起不到固定端支座的作用，只能将梁端简化成为铰支座。另外，考虑到作为整体，虽然梁不能水平移动，但又存在着由于梁的变形而引起其端部有微小伸缩的可能性。因此，可把梁两端支座简化为一端固定铰支座，另一端为可动铰支座。这种形式的梁称为简支梁。

(3) 荷载的简化。将楼板传来的荷载和梁的自重简化为作用在梁的纵向对称平面内的均布线荷载。

经过以上简化，即可得图 1-40 (b) 所示的计算简图。

上述两例，简单地说明了建立结构计算简图的过程。实际上，作出一个合理的结构计算简图是一件及其复杂而重要的工作。需要深入学习，掌握各种构造知识和施工经验，才能提高确定计算简图的能力。

小 结

本章介绍了一些静力学的基本名词和基本概念，讨论了静力学的基本公理，以及力和约束的基本性质，推导和证明静力学的基本定理。本章不仅是静力学的基础，而且是整个建筑力学的基础。

(一) 基本名词

1. 刚体：在任何外力作用下，不发生变形的物体。
2. 力系：作用于一物体上的一群力。
3. 平衡：指物体处于静止或匀速直线运动状态。
4. 平衡条件：当物体处于平衡时，作用于其上的力系所应满足的条件。
5. 自由体：位移不受任何限制的物体。

6．非自由体：位移受到某种限制的物体。

7．约束：起限制位移作用的物体。

（二）基本概念

1．力：力是物体与物体间的相互机械作用，这种作用可使物体的运动状态改变，或使物体产生变形。

力的三要素是大小、方向、作用线。

2．力对点的矩：力可使刚体绕某点转动。对其转动效果的度量称为力对点的矩，简称力矩。

3．力偶：大小相等，方向相反、作用线平行且不共线的一对力。力偶只能使刚体转动，对其转动效果的度量称为力偶矩。

力偶有如下基本性质：

(1) 力偶在任何轴上的投影均为零。

(2) 力偶对其作用面内任一点的矩都相等，即等于力偶矩。

(3) 两力偶的矩相等，两力偶等效。

4．约束反力：约束对物体的作用。

（三）基本公理与定理

1．二力平衡公理：作用于同一刚体上的两个力，使刚体处于平衡的充分且必要条件是：这两个力的大小相等，方向相反，且在同一直线上。

2．加减平衡力系公理：可以在作用于刚体上的任一力系上，加上或减去任意的平衡力系，而不改变原力系对刚体的作用效果。

3．力的平行四边形法：作用于刚体上同一点的两个力可合成为作用于该点的一个合力，其大小和方向可由以这两个力为邻边所构成的平行四边形的对角线来确定。

4．作用力与反作用力公理：作用力与反作用力总是同时存在，两力的大小相等，方向相反，且沿着同一直线分别作用在相互作用的两个不同的物体上。

5．力的可传性原理：作用在刚体上的力，可沿其作用线任意移动，而不改变该力对刚体的作用效果。

6．三力汇交定理：一个刚体受不平行的三个力作用而平衡时，此三力的作用线必然共面且汇交于一点。

7．合力投影定理：合力在某一轴上的投影，等于各分力在该轴上投影的代数和，即：

$$R_x=\Sigma F_x$$
$$R_y=\Sigma F_y$$

8．合力矩定理：合力对平面内任一点 O 的矩，等于各分力对该点矩的代数和，即：

$$m_O(\boldsymbol{R})=\Sigma m_O(\boldsymbol{F})$$

9．力的平移定理：将作用于刚体 A 点上的力 $\boldsymbol{F}$ 平行移动到任一点 B，但必须同时附加一个力偶，这个力偶的矩等于原来的力 $\boldsymbol{F}$ 对新作用点 B 的矩，即：

$$m=m_B(\boldsymbol{F})$$

（四）基本约束类型

序号	约束类型	简图	反力
1	柔性约束	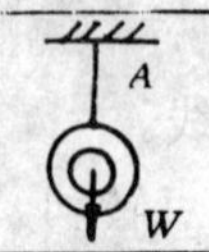 A W	 A T
2	光滑约束	 A N	 A N
3	光滑铰支座	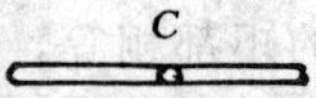 C	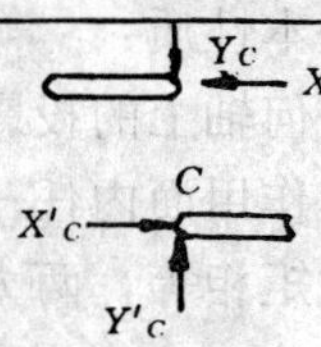 Y_C X_C C X'_C Y'_C
4	可动铰支座	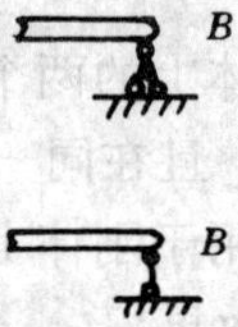 B B	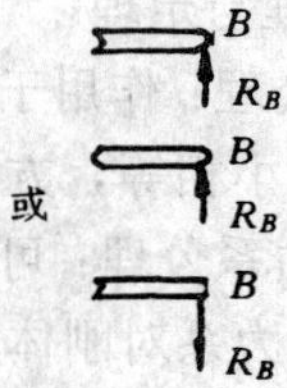 B R_B 或 B R_B B R_B
5	固定铰支座	 A	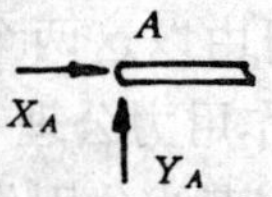 A X_A Y_A
6	固定端支座	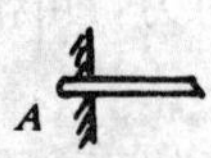 A	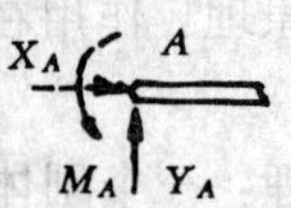 X_A A M_A Y_A

思考题

1. 什么是刚体？为什么在静力学中将物体都看作为刚体？

2. 作用力与反作用力公理、二力平衡公理讲的都是等值反向、共线的两个力的问题，两者有什么不同？为什么？

3. 如图 1-41 所示，设绳的下端悬挂一重 P 的桶，桶中放有一重为 W 的球。试分析：(1) 绳受哪几个力的作用？这些力的反作用力各是什么？(2) 桶中球受哪几个力的作用？这些力的反作用力各是什么？(3) 作用在桶上的力是否是一平衡力系？为什么？

4. 什么叫平衡力系、等效力系？

5. “合力一定比分力大”这句话对吗？为什么？

6. 图 1-42 中的 AC 和 BC 是绳索，在 C 点加一向下的力 P，问当 α 角增大还是缩小时，绳索受的力增大？为什么？

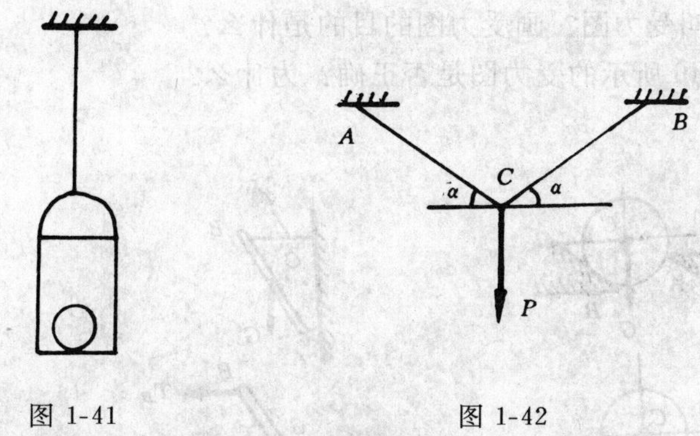

图 1-41　　图 1-42

7. 在什么情况下，力在一个轴上的投影等于力本身的大小？在什么情况下，力在一个轴上的投影等于零？

8. 设力 $\boldsymbol{F}_1$、$\boldsymbol{F}_2$ 在同一个轴上的投影相等，这两力是否一定相等？

9. 当力沿其作用线移动时，力对一定点的矩会不会改变？为什么？

10. 用手拔钉子拔不出来，为什么用羊角锤一下子能拔出？手握钢丝钳，为什么不要很大的握力即可将钢丝剪断？

11. 试比较力偶矩和力矩的异同点。

12. 力偶不能和一个力平衡，为什么图 1-43 中的轮子又能平衡呢？

13. 如图 1-44 所示，两轮半径都是 r，在这两种情况下，力对轮的作用有何不同？

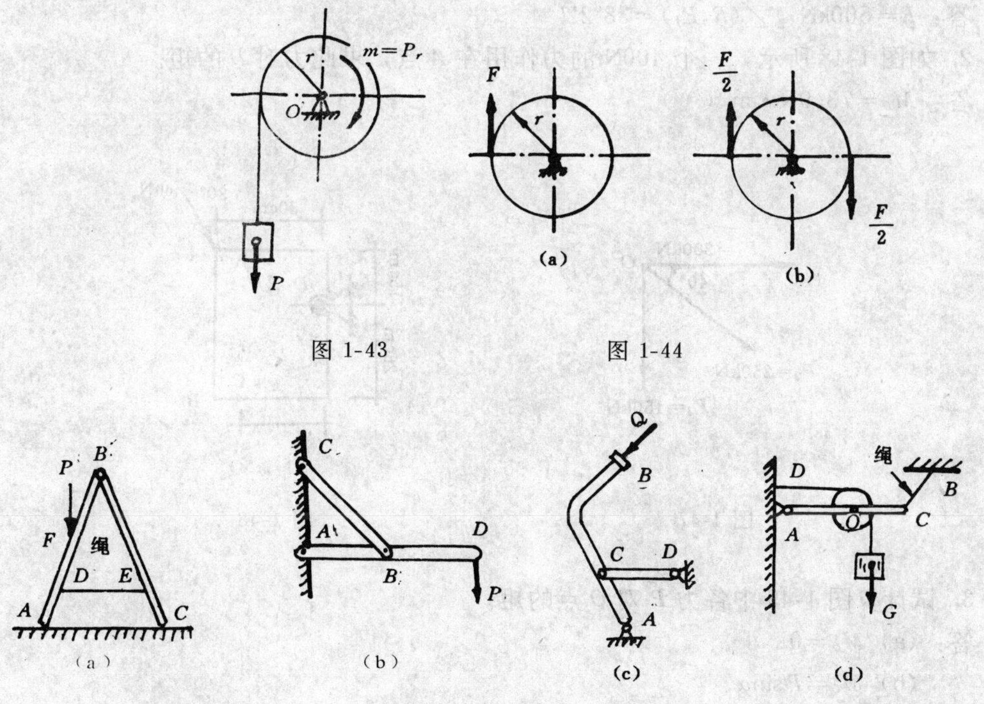

图 1-43　　图 1-44

图 1-45

14. 什么叫约束？常见的约束类型有哪些？各类约束反力方向如何？

15. 什么叫二力杆？指出图 1-45 中哪些杆是二力杆？

16. 什么叫受力图？画受力图的目的是什么？

17. 图 1-46 所示的受力图是否正确？为什么？

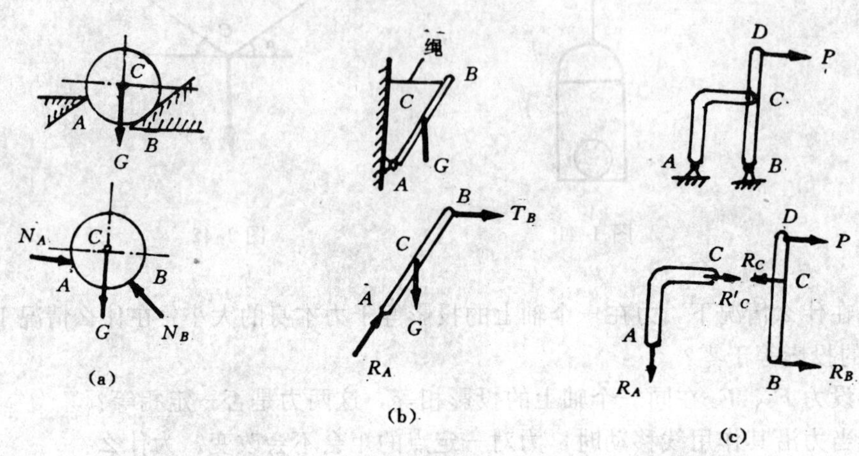

图 1-46

习　题

1. 求图 1-47 所示力系的合力。

答：$R=500\text{kN}$　$\angle(R,P_1)=38°22'$

2. 如图 1-48 所示，一个 400N 的力作用在 A 点，求此力对 D 的矩。

答：$M_D=73.9\text{N}\cdot\text{m}$（↓）

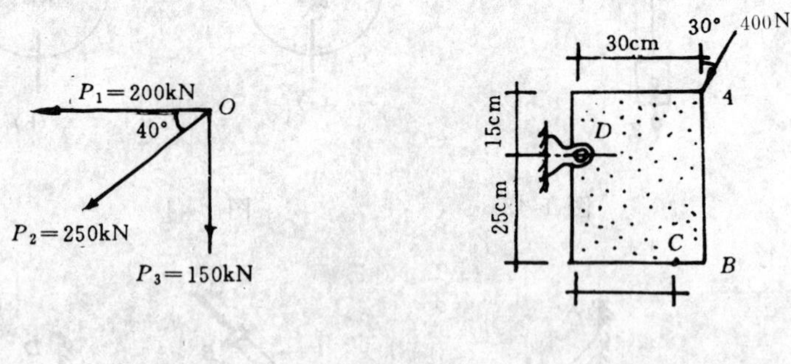

图 1-47　　　　图 1-48

3. 试计算图 1-49 中各力 $\boldsymbol{P}$ 对 O 点的矩。

答：(a) $M_O=0$

(b) $M_O=Pl\sin\alpha$

(c) $M_O=Pl\sin(\theta-\alpha)$

(d) $M_O = Pa$

(e) $M_O = P\ (l + r)$

(f) $M_O = P\ \sqrt{l^2 + b^2}\sin\alpha$

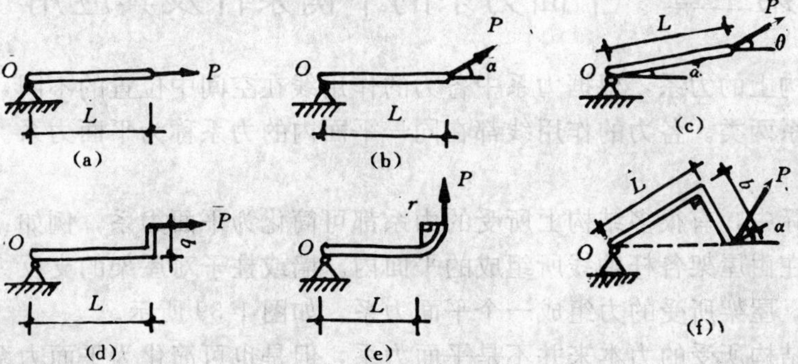

图 1-49

4. 如图 1-50 所示，试分别作出各物体的受力图。假定所有接触面都是光滑的，除注明以外，物体的自重都不计。

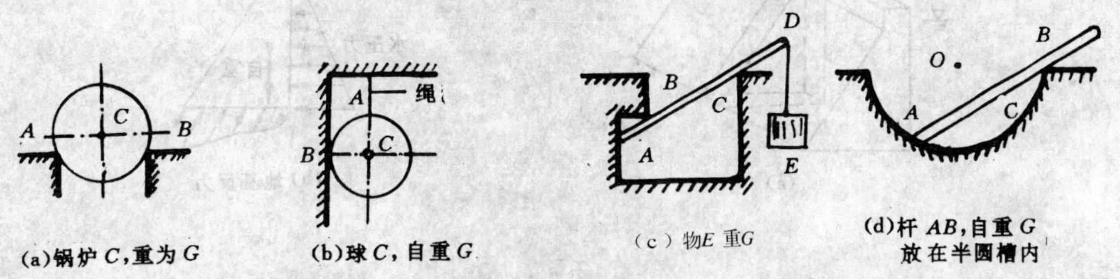

图 1-50

5. 试作图 1-51 所示梁的受力图，自重不计。

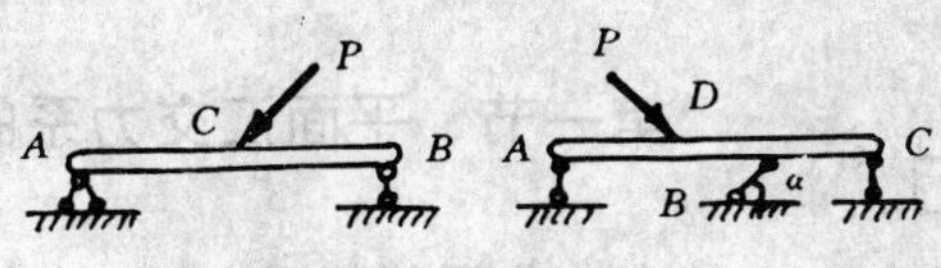

图 1-51

第二章　平面力系的平衡条件及其应用

作用在结构上的力系，根据力系中各力的作用线在空间中位置的不同，可分为平面力系和空间力系两类。各力的作用线都在同一平面内的力系称为平面力系。否则称为空间力系。

在工程实际中，有很多结构上所受的力系都可简化为平面力系，例如：屋面荷载是通过檩条作用在由屋架各杆轴线所组成的平面内。墙或柱子对屋架的支反力也作用在该平面内。因此，屋架所受的力组成一个平面力系。如图 1-39 所示。

还有一些结构所受的力本来并不是平面力系，但是也可简化为平面力系或近似地作为平面力系考虑。如水坝、挡土墙，以及雨篷、阳台悬挑结构等等，因为它们沿长度方向的受力情况基本相同，通常就沿它的长度方向取出单位长度（1m）的一段结构为研究对象，忽略其它结构段对所研究段的影响，这样，它们所受的力就形成平面力系，如图 2-1 所示。

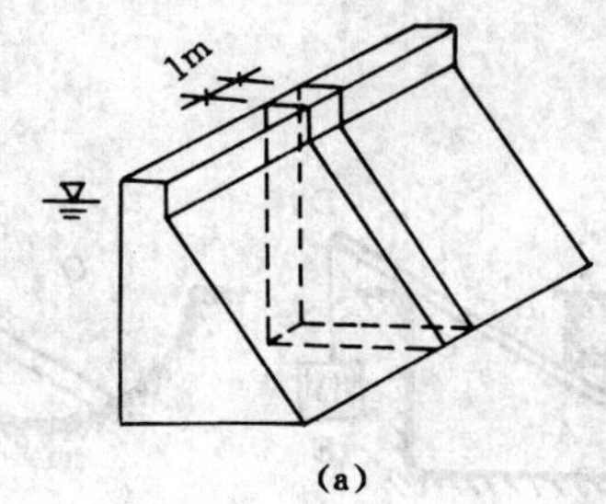

(a)

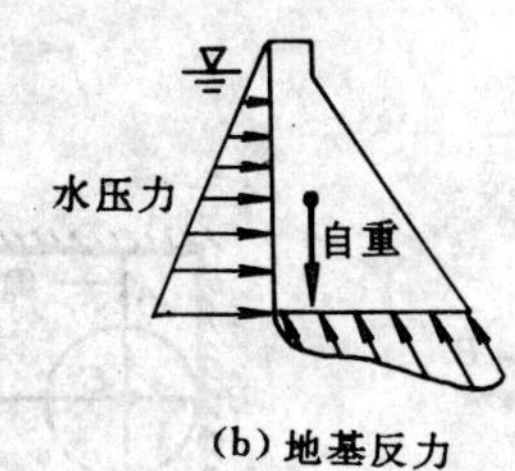

(b) 地基反力

图 2-1

总之，在建筑工程中，经常而大量遇到的结构受力分析问题，一般都可作为或近似地作为平面力系处理。

本章将研究平面力系的简化与平衡条件及其应用。

图 2-2

第一节　平面汇交力系的合成与平衡条件

各力作用线都汇交于一点的平面力系，称为平面汇交力系。在工程实际中，经常会遇到平面汇交力系问题，例如：塔吊吊装构件时（如图 2-2 (a) 所示），吊钩上受到各绳索的拉力 $\boldsymbol{T}$，$\boldsymbol{T}_1$ 和 $\boldsymbol{T}_2$，都在同一平面内，且汇交于 C 点，这样就组成一个平面汇交力系，如图 2-2 (b) 所示。又如图 2-3 (a) 所示的平面屋架，如将杆件的联接点视为铰链，荷载都作用在杆件联接点上，且不计各杆自重，则各杆对联接点的作用力，也都汇交于一点，同样也组成一个平面汇交力系。图 2-3（b）所示为联接点 D 的受力图。

本节将研究平面汇交力系的合成与平衡条件。

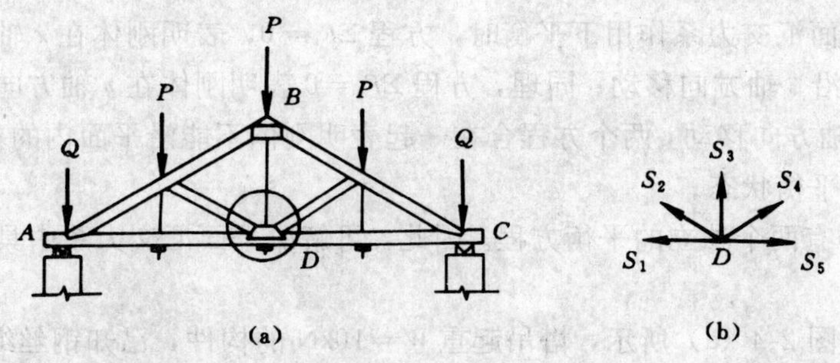

图 2-3

一、平面汇交力系的合成

通过第一章可知，对于一个平面共点力系，其合力可由式（1-8）求得。如果应用力的可传性原理将平面汇交力系中的各力作用点沿其作用线都移到汇交点，平面汇交力系即变成平面共点力系。不论力系中有几个力，合力 **R** 的作用线一定通过力系的汇交点，且合力 **R** 的大小和方向为：

$$\begin{cases} R=\sqrt{R^2{}_x+R^2{}_y} \\ \text{tg}\alpha=\dfrac{R_y}{R_x} \end{cases}$$

其中： R ——合力 **R** 的大小。

α ——合力 **R** 与 x 轴间的夹角。

R_x、R_y ——合力 **R** 分别在 x、y 轴上的投影。其大小可由合力投影定理确定：

$$\begin{cases} R_x=\Sigma F_x \\ R_y=\Sigma F_y \end{cases}$$

二、平面汇交力系的平衡条件

平面汇交力系最终可合成为一个合力，如果力系的合力为零，由牛顿定律可知，力系必然处于平衡状态。反之，如果力系处于平衡状态，则力系的合力一定等于零。因此，平面汇交力系平衡的必要和充分条件是该力系的合力等于零，即：

$$R=0$$

因为 $$R=\sqrt{R^2{}_x+R^2{}_y}=\sqrt{(\Sigma F_x)^2+\ (\Sigma F^2{}_y)}$$

所以必有$\begin{cases}\Sigma F_x=0\\ \Sigma F_y=0\end{cases}$ (2-1)

也就是说，平面汇交力系平衡的充分与必要条件是：力系的各力在两坐标轴上的投影的代数和分别等于零。式（2-1）称为平面汇交力系的平衡方程。

当刚体在平面汇交力系作用下平衡时，方程 $\Sigma F_x=0$，表明刚体在 x 轴方向受到的合外力为零，不能沿 x 轴方向移动；同理，方程 $\Sigma F_y=0$ 表明刚体在 y 轴方向受到的合外力为零，不能沿 y 轴方向移动，两个方程合在一起表明刚体不能沿平面内的任何方向移动。因此，必然处于平衡状态。

式（2-1）中有两个独立的平衡方程。因此，可解决平面汇交力系中具有两个未知力的平衡问题。

［例 2-1］ 图 2-4（a）所示，塔吊起重 $W=10\text{kN}$ 的构件，已知钢丝绳与水平线成 $\alpha=45°$的夹角，在构件匀速上升时，求钢丝绳 AC 和 BC 所受的拉力。

解：构件在匀速上升时处于平衡状态。

先取构件和吊钩为研究对象。受力图如图 2-4（a）所示。

构件和吊勾受两个力的作用，一个是构件的重力 $\boldsymbol{W}$，一个是钢丝绳的拉力 $\boldsymbol{T}$，由二力平衡公理得

$$T=W=10\text{kN}$$

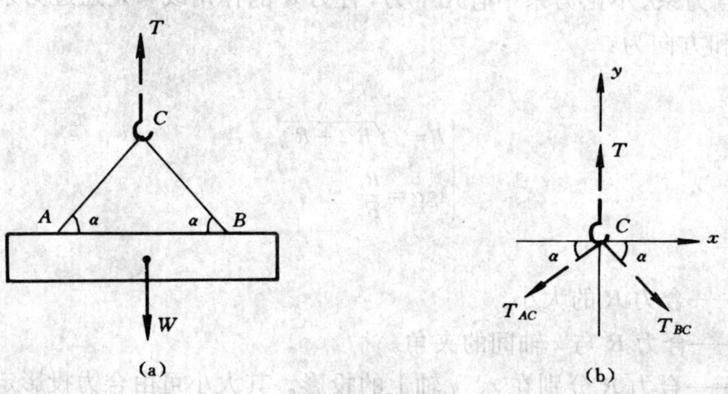

图 2-4

方向垂直向上。

再取吊钩 C 为研究对象。

吊钩 C 受三个柔性约束的作用，其受力图如图 2-4（b）所示，其中 $\boldsymbol{T}$ 为已知力，$\boldsymbol{T}_{AC}$、$\boldsymbol{T}_{BC}$为未知力，建立如图所示的直角坐标系，应用式（2-1）得：

$$\Sigma F_x=0 \qquad T_{BC}\cos\alpha-T_{AC}\cos\alpha=0 \tag{1}$$

$$\Sigma F_y=0 \qquad T-T_{BC}\sin\alpha-T_{AC}\sin\alpha=0 \tag{2}$$

联立求解方程（1）、（2），由式（1）有 $T_{AC}=T_{BC}$，代入式（2）可得

$$T_{AC}=T_{BC}=\frac{T}{2\sin\alpha} \tag{3}$$

所以 $$T_{AC}=T_{BC}=\frac{10}{2\sin 45°}=7.07\text{kN}$$

由式（3）可知，夹角 α 越小，则拉力 $\boldsymbol{T}_{AC}$、$\boldsymbol{T}_{BC}$就越大。例如：当 $\alpha=15°$时，$T_{AC}=T_{BC}=19.32\text{kN}$，几乎等于构件自重的 2 倍。同时，还可得知，夹角 α 越小，构件所受的轴向压力也就越大，这对于细长构件的吊装是极为不利的，有时甚至是危险的；如果夹角 α 过大，虽然构件所受的轴向压力以及钢丝绳所受的拉力会大大降低，但吊装时吊索过长，构件在移动时不易稳定，可能造成意外事故，而且吊装高度也会受影响。因此，在吊装构件时，夹角既不能太小，也不易过大，一般采用 $\alpha=45°\sim60°$。对于细长构件或抵抗侧向变形能力极差的构件，如大跨度屋架等，采用铁扁担起吊为宜，如图 2-5 所示。

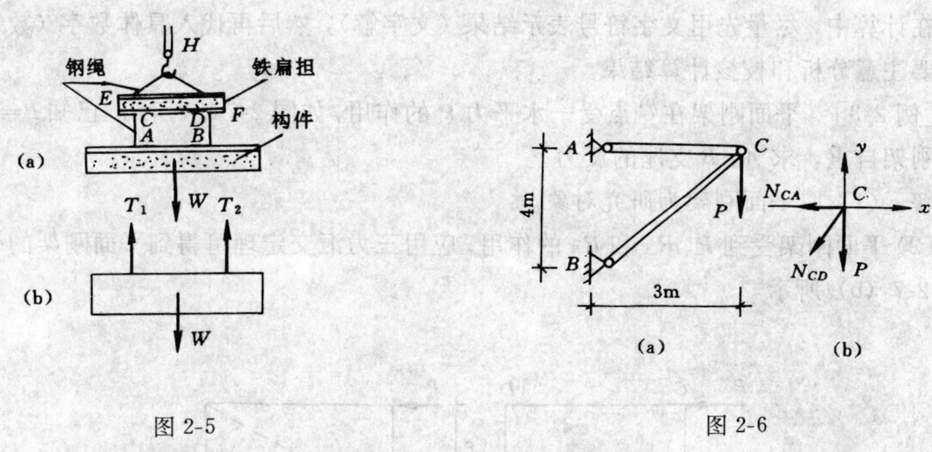

图 2-5　　　　图 2-6

在工程实际中，当求出钢丝绳的拉力后，就可根据不同直径的钢丝绳所能承受的拉力大小来选择所用钢丝绳的直径了。

［例 2-2］　求图 2-6（a）所示三角支架杆 AC 和 BC 所受的力，已知节点 C 受到铅垂力 $P=1000\text{N}$ 的作用。

解：取结点 C 为研究对象

由于杆 AC、BC 均为二力杆，所以未知力 $\boldsymbol{N}_{CA}$和 $\boldsymbol{N}_{CB}$的方位为已知，分别沿着杆 AC 和杆 BC 的轴线。但两力的指向还不能确定，先假设均为拉力。受力图如图 2-6（b）所示，并建立图示直角坐标系。由方程（2-1）得

$$\begin{matrix}\Sigma F_x=0\\ \Sigma F_y=0\end{matrix}\quad\begin{cases}-N_{CA}-N_{CB}\sin\alpha=0\\ -N_{CB}\cdot\cos\alpha-P=0\end{cases} \tag{1}$$

解得 $$\begin{cases}N_{CA}=P\text{tg}\alpha\\ N_{CB}=-\dfrac{P}{\cos\alpha}\end{cases} \tag{2}$$

由图 2-6（a）可知：$\text{tg}\alpha=\frac{3}{4}$　$\cos\alpha=\frac{4}{5}$，将其代入（2）式得

$$N_{CA}=\frac{3}{4}P=\frac{3}{4}\times1000=750\text{N}$$

$$N_{CB}=-\frac{5}{4}P=-\frac{5}{4}\times1000=-1250\text{N}$$

计算结果 N_{CA}为正值，说明假定的方向与实际方向相同；N_{CB}为负值，说明假定的方向与实际方向相反。

通过上面两个例题可看出，应用平衡方程解题的步骤如下：

（1）选取研究对象。

（2）画出研究对象的受力图并建立直角坐标系①。

（3）列平衡方程。

（4）解方程求解未知力。

在计算中，尽量先用文字符号表示结果（文字解），然后再代入具体数字（数字解），最后要注意分析和校核计算结果。

［例 2-3］　平面刚架在 C 点受一水平力 $\boldsymbol{P}$ 的作用，如图 2-7（a）所示。已知 $P=30\text{kN}$，不计刚架自重，求 A、B 支座的反力。

解：（1）取平面刚架为研究对象。

（2）平面刚架受到 $\boldsymbol{P}$、$\boldsymbol{R_A}$ 和 $\boldsymbol{R_B}$ 的作用，应用三力汇交定理可得到平面刚架的受力图如图 2-7（b）所示。

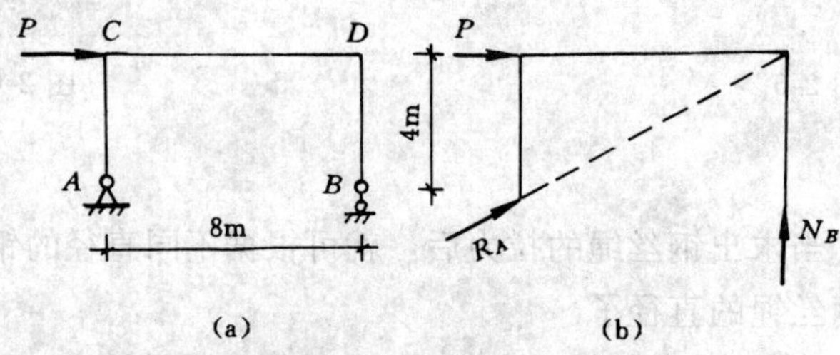

图 2-7

（3）建立平衡方程。由式（2-1）得

$$\Sigma F_x=0\qquad P+R_A\cos\alpha=0$$

$$\Sigma F_y=0\qquad R_B+R_A\sin\alpha=0$$

（4）解得：

① 直角坐标系的原点可选在力系的汇交点。坐标轴可根据具体题目选定，一般以水平方向为 x 轴，垂直方向为 y 轴，熟练后亦可不必在图中标出坐标系，只在大脑中想象就行了。

$$R_A = -\frac{P}{\cos\alpha} = 30 \times \frac{\sqrt{5}}{2} = -33.5\text{kN}$$

$$R_B = -R_A \sin\alpha = P\text{tg}\alpha = 30 \times \frac{1}{2} = 15\text{kN}$$

第二节　平面力偶系的合成与平衡条件

所谓平面力偶系是指仅由力偶所组成的平面力系。根据力偶的性质可知，平面力偶系的合成结果仍为一力偶，即合力偶。合力偶矩的大小可由式（1-12）确定，即：

$$M = \Sigma m$$

既然平面力偶系合成的结果是一个合力偶，可见，要使力偶系平衡，就必须使合力偶的矩等于零。因此，平面力偶系平衡的充分和必要条件是：力偶系中所有各力偶的矩的代数和等于零，即：

$$\Sigma m = 0 \tag{2-2}$$

［例 2-4］　在梁 AB 的两端各作用一力偶，其力偶矩的大小分别为 $m_1 = 150\text{kN}\cdot\text{m}$，$m_2 = 275\text{kN}\cdot\text{m}$，力偶转向如图 2-8（a）所示。梁长为 $l = 5\text{m}$，梁的重量不计，求支座 A、B 的反力。

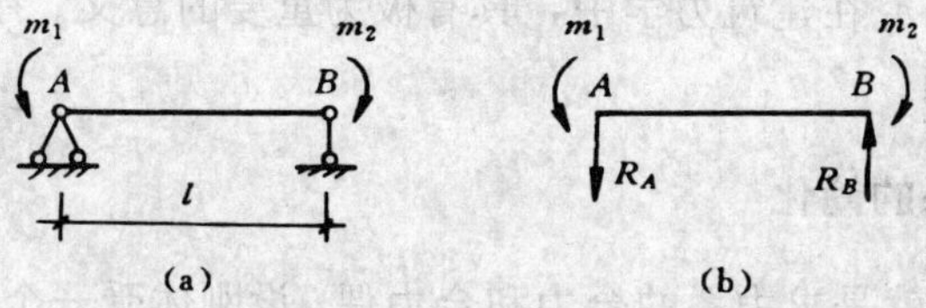

图 2-8

解：取梁 AB 为研究对象

作用于梁上的力有两个已知力偶 m_1，m_2 和支座 A、B 的约束反力 $\boldsymbol{R_A}$、$\boldsymbol{R_B}$ 组成。B 为可动铰支座，$\boldsymbol{R_B}$ 的方向为铅垂方向；**A** 为固定铰支座，因梁上的荷载只有力偶，由力偶的性质可知，$\boldsymbol{R_A}$ 和 $\boldsymbol{R_B}$ 必组成一力偶，所以 $\boldsymbol{R_A}$ 的方向也应是铅垂的。假定 R_A 与 R_B 的指向如图 2-8（b）所示，则由平面力偶系的平衡条件得

$$\Sigma m = 0 \qquad m_1 - m_2 + R_A l = 0$$

$$R_A = \frac{m_2 - m_1}{l} = \frac{275 - 150}{5} = 25\text{kN}$$

$$R_B = R_A = 25\text{kN}$$

第三节 平面一般力系的合成与平衡条件

如果一个平面力系中的各力作用线不汇交于一点，而且在平面内任意分布，这种力系称为平面一般力系。

在工程实际中遇到的大量力学问题，常常都是平面一般力系的问题，例如：图 2-9 (a) 所示的旋转式起重机，作用在横梁 *AB* 上的力有重力 $\boldsymbol{W}$、轮压 $\boldsymbol{P}$、钢丝绳的拉力 $\boldsymbol{T}$，以及铰链支座 *A* 的约束反力 $\boldsymbol{X}_A$、$\boldsymbol{Y}_A$，这些力构成了一个平面一般力系，如图 2-9 (b) 所示。又如图 2-10 (a) 所示的楼梯板，沿斜面长度作用的均布荷载 q，两端的约束反力 $\boldsymbol{X}_A$、$\boldsymbol{Y}_A$ 和 $\boldsymbol{Y}_B$，即可简化为在楼板的中心对称平面内的平面一般力系，如图 2-10 (b) 所示。

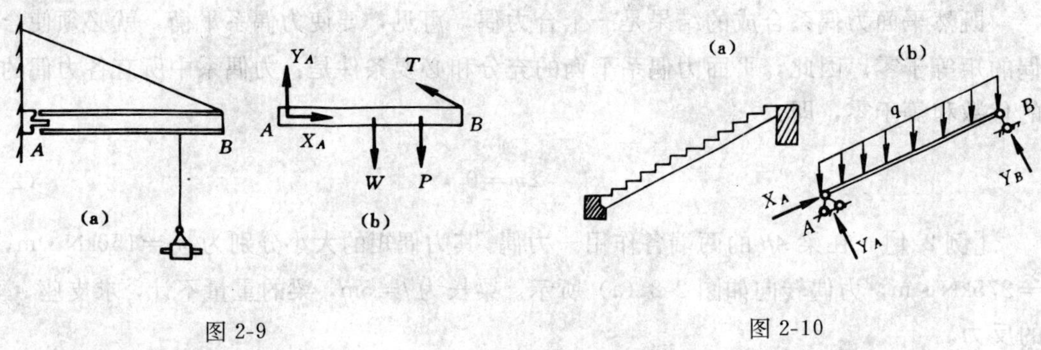

图 2-9　　图 2-10

平面一般力系的研究在建筑力学中，具有极为重要的意义。本节主要讨论平面一般力系的简化与平衡问题。

一、平面一般力系的简化

所谓力系的简化，就是求力系的合力和合力偶。设刚体受一个平面一般力系的作用。现采用向一点简化的方法来简化这个力系。在平面上任取一点 *O* 称为简化中心，应用力的平移定理，把各力平移到该点。于是便得到一个平面汇交力系和一个平面力偶系。分别合成这个平面汇交力系和平面力偶系，就可得到一个合力和一个合力偶，如图 2-11 所示。

用 $\boldsymbol{R}'$ 表示合力，称为力系的主矢，它作用在简化中心 *O* 点上。其大小和方向仍可由式 (1-8) 求得：

$$\begin{cases} R' = \sqrt{R'^2_x + R'^2_y} \\ \mathrm{tg}\alpha = \dfrac{R'_y}{R'_x} \end{cases} \tag{2-3}$$

其中：　R' ——主矢 $\boldsymbol{R}'$ 的大小。

α ——主矢 $\boldsymbol{R}'$ 与 x 轴间的夹角。

R'_x、R'_y ——主矢 $\boldsymbol{R}'$ 分别在 x、y 轴上的投影，其大小可由合力投影定理确定。

$$\begin{cases} R'_x = \Sigma F_x \\ R'_y = \Sigma F_y \end{cases} \tag{2-4}$$

从式（2-3）和（2-4）可看出，不论如何选择简化中心，**R**′、α的值是固定不变的。

合力偶矩以M_O表示，称为力系的主矩。主矩等于力系中各力对简化中心O点矩的代数和，即

$$M'_O = \Sigma m_O(\boldsymbol{F}) \tag{2-5}$$

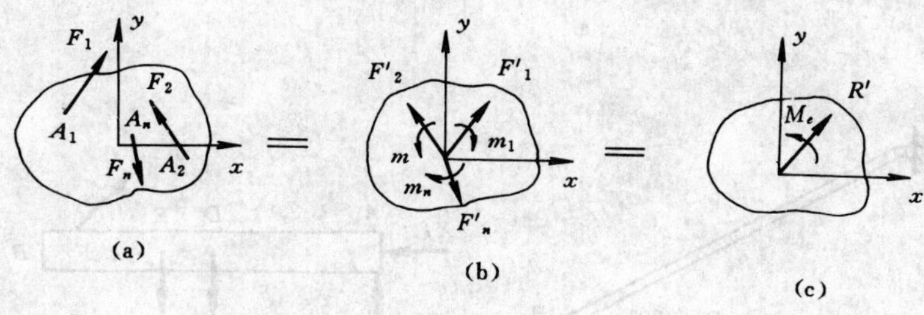

图 2-11

显然，取不同的点为简化中心，各力的力臂将会发生改变，主矩M'也将随之改变。因此，主矢与简化中心的选择无关，主矩与简化中心的选择有关。

二、平面一般力系的平衡条件

由平面一般力系向平面内任一点简化可知，力系的主矢和主矩这两个量决定了原力系对物体的作用效果。在主矢的作用下，刚体发生移动，在主矩的作用下，刚体发生转动。如果主矢和主矩都等于零，则刚体既不移动，也不转动，说明原力系是平衡的；反之，若力系平衡，则主矢、主矩也一定为零。因此，平面一般力系平衡的充分和必要条件是：力系的主矢和主矩必同时为零，即

$$R' = \sqrt{R'^2_x + R'^2_y} = \sqrt{(\Sigma F_x)^2 + (\Sigma F_y)^2} = 0$$

$$M'_O = \Sigma m_O(\boldsymbol{F}) = 0$$

上式可写成：

$$\begin{cases} \Sigma F_x = 0 \\ \Sigma F_y = 0 \\ \Sigma m_O(\boldsymbol{F}) = 0 \end{cases} \tag{2-6}$$

式（2-6）是平面一般力系的平衡方程式。可见，平面一般力系平衡的必要和充分条件是：力系中所有各力在两个坐标轴上投影的代数和分别等于零，这些力对力系所在平面内任一点的力矩的代数和也等于零。

根据运动分析可知，当 $\Sigma F_x=0$ 和 $\Sigma F_y=0$ 时表明物体沿 x 和 y 轴方向不能移动；当 $\Sigma m_O(\boldsymbol{F})=0$ 时，表明物体绕 O 点不能转动，在 O 点是任取的一点时，$\Sigma m_O(\boldsymbol{F})=0$ 就表示物体绕任意点都不能转动。这样的物体应该处于平衡状态。

平面一般力系的平衡方程式（2-6）包括三个独立的方程，其中前两个是投影方程，分别称为对 x 轴和 y 轴的投影方程。后一个是力矩方程。因此，用平面一般力系的平衡方程可求解不超过三个未知力的平衡问题。

［例 2-5］　起重机的水平梁 AB，A 端为固定铰支座，B 端用拉杆 BC 拉住，如图 2-12（a）所示，已知梁重 $W=4\text{kN}$，荷载重 $P=10\text{kN}$，尺寸如图所示。试求支座 A 的反力及拉杆 BC 的拉力。

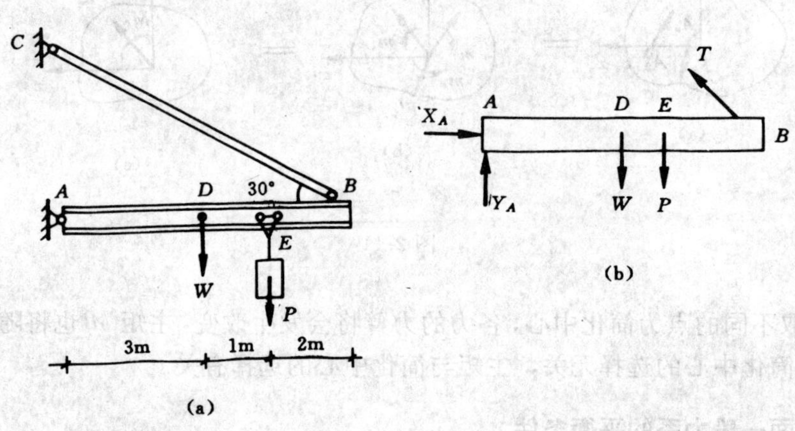

图 2-12

解：取梁 AB 为研究对象。

在梁上除了受到已知力 $\boldsymbol{W}$ 和 $\boldsymbol{P}$ 的作用外，还有未知力，拉杆 BC 的拉力 $\boldsymbol{T}$ 和支座 A 的反力 $\boldsymbol{R}_A$，但 $\boldsymbol{R}_A$ 的方向未知，由此可用两相互垂直的反力 $\boldsymbol{X}_A$、$\boldsymbol{Y}_A$ 代替。受力图如图 2-12（b）所示。

应用式（2-6）建立平衡方程：

$$\Sigma F_x=0 \qquad X_A-T\cos30°=0$$

$$\Sigma F_y=0 \qquad Y_A+T\sin30°-P-W=0$$

$$\Sigma m_A(\boldsymbol{F})=0 \quad T\cdot AB\cdot\sin30°-W\cdot AD-P\cdot AE=0$$

从最后一式解得：

$$T=17.33\text{kN}$$

将 T 值代入前两式可得：

$$X_A = 15.01\text{kN}$$
$$Y_A = 5.33\text{kN}$$

由本例可以看出，如果对 A 点建立力矩方程（称为对 A 点取矩）不用解联立方程组就可求出力 $\boldsymbol{T}$，同样对 B 点取矩不解联立方程也能求出力 $\boldsymbol{Y}_A$，对 C 点取矩可求出 $\boldsymbol{X}_A$，这说明不使用式（2-6）而分别对 A、B、C 三点建立力矩方程，同样可求出相同的结果。另外，分别建立对 B、C 两点的力矩方程，以及对 x 轴的投影方程，也同样可求出相同的结果。这就说明平面一般力系的平衡方程不只是一种形式。由于式（2-6）是由两个投影方程和一个力矩方程组成。因此，称为一矩式方程，此外，还有二矩式和三矩式。

二矩式：

$$\begin{cases} \Sigma F_x = 0 \\ \Sigma m_A(\boldsymbol{F}) = 0 \\ \Sigma m_B(\boldsymbol{F}) = 0 \end{cases} \tag{2-7}$$

（A、B 连线不垂直于 x 轴）

三矩式：

$$\begin{cases} \Sigma m_A(\boldsymbol{F}) = 0 \\ \Sigma m_B(\boldsymbol{F}) = 0 \\ \Sigma m_C(\boldsymbol{F}) = 0 \end{cases} \tag{2-8}$$

（A、B、C 三点不共线）

式（2-6）、式（2-7）、式（2-8）都可用于求解平面一般力系的平衡问题，根据题目的具体情况，可灵活选用。其基本原则是，使列出的方程各自独立，避免求解联立方程。为此，在使用投影方程时，除了所求力之外，应使坐标轴尽可能地与其它的未知力垂直；在使用力矩方程时，除了所求力之外，应使矩心尽可能地选在其余未知力作用线的交点上。这样即可使一个方程中只含有一个未知力，平衡方程中的各方程相互独立。此外，力矩方程较投影方程复杂，所以，凡能用投影方程解决的，就不用力矩方程。

［例 2-6］ 图 2-13(a) 所示的烟囱高 $h=40\text{m}$，自重 $W=3000\text{kN}$，水平风荷载 $q=1\text{kN/m}$。求其反力。

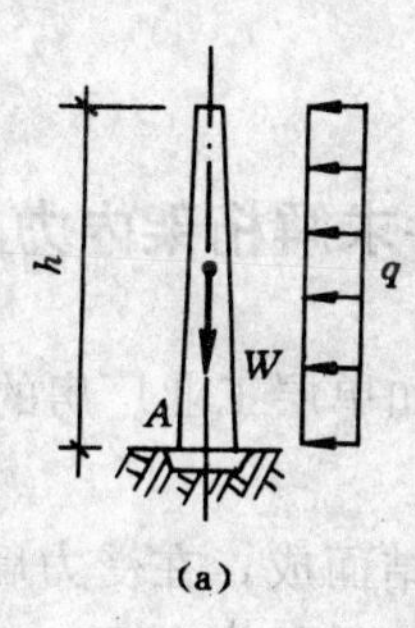

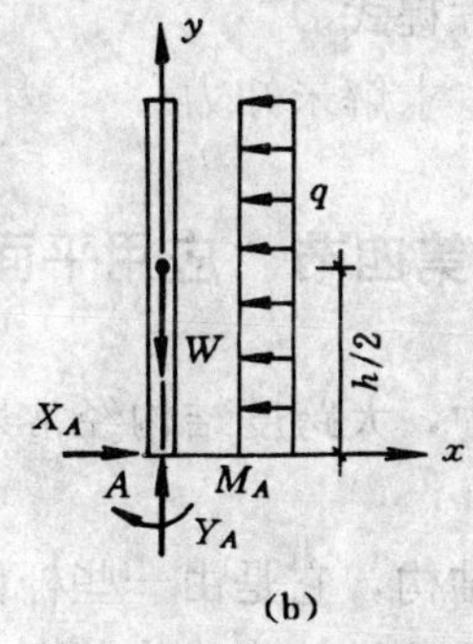

图 2-13

解：取烟囱为研究对象

作用在烟囱上的荷载和支座反力形成平面一般力系，受力图如图 2-13（b）所示。风载合力为 $\boldsymbol{P}$，其大小为 qh，作用在烟囱的一半高度处。

列平衡方程

$$\Sigma F_x=0 \qquad X_A-qh=0$$

$$X_A=qh=1\times40=40\text{kN}$$

$$\Sigma F_y=0 \qquad Y_A-W=0$$

$$Y_A=W=3000\text{kN}$$

$$\Sigma m_A(\boldsymbol{F})=0 \quad qh\cdot\frac{h}{2}-M_A=0$$

$$M_A=\frac{1}{2}qh^2=\frac{1}{2}\times1\times40^2$$

$$=800\text{kN}\cdot\text{m}$$

［例 2-7］　求图 2-14 所示刚架的反力。

解：取刚架为研究对象

假定支座反力的方向如图 2-14 所示。

列平衡方程：

$$\Sigma F_x=0 \qquad X_A-4\times6=0$$

$$X_A=6\times4=24\text{kN}$$

$$\Sigma m_A(\boldsymbol{F})=0 \quad 6Y_B-50\times3-6\times4\times\frac{4}{2}=0$$

$$Y_B=\frac{50\times3+6\times4\times\frac{4}{2}}{6}=33\text{kN}$$

$$\Sigma F_y=0 \qquad Y_A+Y_B-50=0$$

$$Y_A=50-Y_B=50-33=17\text{kN}$$

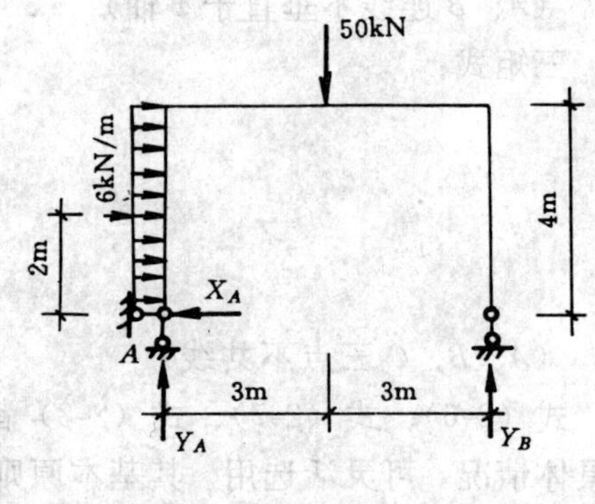

图 2-14

从上述几个例题可看出，平面一般力系平衡问题的解题步骤为：

（1）选取研究对象。

（2）画出物体的受力图。

（3）列平衡方程式。

（4）解方程，求解未知力。

第四节　应用平面力系平衡条件求解桁架内力

在工程实际中，大跨度结构经常采用桁架结构，如单层工业厂房的屋架，如图 2-15（a）所示。

桁架是一种结构，它是由一些杆件彼此用铰链联结而成，在受力后几何形状不变。

桁架中杆件的铰链接头称为节点。如果桁架所有的杆件都在同一平面内，这种桁架称为平面桁架。

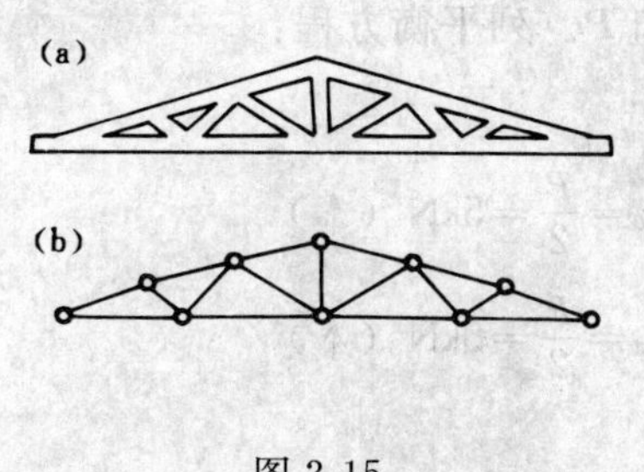

图 2-15

应用桁架的好处在于减轻结构自重，节约材料，使杆件只受拉力或压力，以充分发挥材料的作用。

为了简化桁架的计算，在工程实际中，一般采用以下几个基本假设：

（1）联结杆件的各节点，都是无摩擦的理想铰链。

（2）各杆的轴线绝对平直，且都在同一平面内，并通过铰链中心。

（3）荷载和支座反力都作用在节点上，并位于桁架的平面内。

（4）桁架杆件的重量略去不计或平均分配在杆件两端的节点上。

根据上述假设可作出桁架的计算简图。各杆均用轴线表示，桁架中的各杆都是只受拉力或压力的二力杆。如图 2-15（b）所示。我们把这种桁架称为理想桁架。

实际的桁架与理想的桁架是有差别的，如桁架的节点并不都是铰接的，杆件的中心线也不可能是绝对直的。但在工程实际中，利用理想桁架能够简化计算，而且所得的近似值能够满足工程的需要。

计算桁架，就是要求出桁架在承受外力后各杆件的内力。所谓内力是指杆件内部的一部分对另一部分的作用力。下面介绍两种计算桁架杆件内力的方法：节点法和截面法。

一、节点法

桁架的每个节点都受一个平面汇交力系的作用，因此可用平面汇交力系的平衡条件求解。为了求出每个杆件的内力，可以逐个地取每个节点为研究对象，由已知力求出全部未知力（杆件的内力），这就是节点法。由于应用平面汇交力系的平衡条件每次可求解两个未知力，所以，在选取节点时，其未知力的个数最好不多于两个。

现在举例说明节点法的方法和步骤。

［例 2-8］　平面桁架的尺寸和支座如图 2-16（a）所示。在节点 D 处受一集中荷载 $P=10\text{kN}$ 的作用。试求桁架各杆件所受的内力。

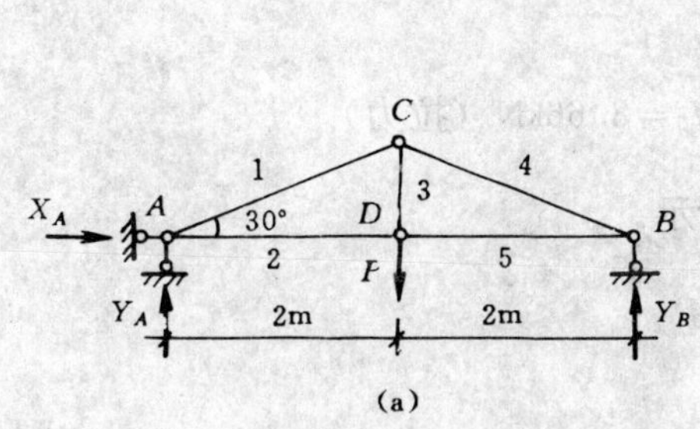

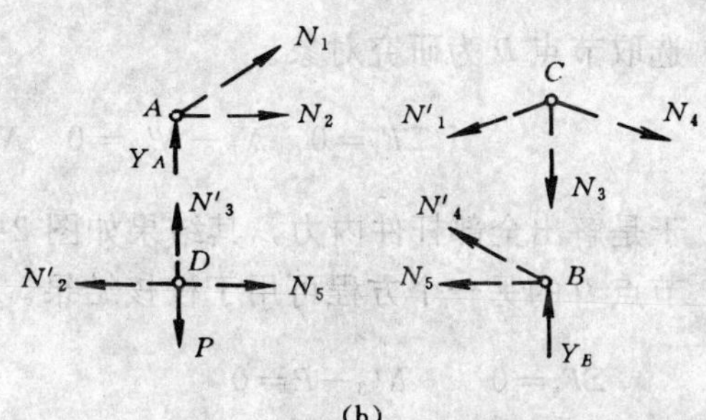

图 2-16

解：首先，求支座反力。

以桁架整体为研究对象。

在桁架上共受有四个力的作用：$\boldsymbol{X}_A$、$\boldsymbol{Y}_A$、$\boldsymbol{Y}_B$ 和 $\boldsymbol{P}$。列平衡方程：

$$\Sigma F_x=0 \quad X_A=0$$

$$\Sigma m_A(\boldsymbol{F})=0 \quad Y_B\times 4-P\times 2=0 \quad Y_B=\frac{P}{2}=5\text{kN}\ (\uparrow)$$

$$\Sigma m_B(\boldsymbol{F})=0 \quad P\times 2-Y_A\times 4=0 \quad Y_A=\frac{P}{2}=5\text{kN}\ (\uparrow)$$

其次，求各杆内力。

为了求解各杆内力，应设想将杆件截断，将杆件内力暴露出来，并且假定每个杆均受拉力作用，然后逐个对每个节点进行计算，计算结果为正，说明该杆确实是受拉力作用，计算结果为负，说明该杆不是受拉力而是压力。各节点的受力图如图 2-16 (b) 所示。为了计算方便，最好选取未知力不多于两个的节点进行计算。

选取节点 A 为研究对象。

节点 A 共受三个力的作用：$\boldsymbol{Y}_A$、$\boldsymbol{N}_1$、$\boldsymbol{N}_2$，其中 $\boldsymbol{N}_1$、$\boldsymbol{N}_2$ 为未知力，$\boldsymbol{Y}_A$ 为已知力，可以求解。列平衡方程：

$$\Sigma F_x=0 \qquad N_2+N_1\cos30°=0$$
$$\Sigma F_y=0 \qquad Y_A+N_1\sin30°=0$$

解得：

$$N_1=-10\text{kN（压力）} \qquad N_2=8.66\text{kN（拉力）}$$

选取节点 C 为研究对象。

节点 C 也受三个力作用：$\boldsymbol{N'}_1$、$\boldsymbol{N}_3$、$\boldsymbol{N}_4$，其中 $\boldsymbol{N}_3$、$\boldsymbol{N}_4$ 是未知力。同理

$$\Sigma F_x=0 \quad N_4\cos30°-N'_1\cos30°=0 \quad N_4=N'_1=-10\text{kN（压力）}$$
$$\Sigma F_y=0 \quad -N_3-(N'_1+N_4)\sin30°=0$$
$$N_3=10\text{kN（拉力）}$$

选取节点 D 为研究对象。

$$\Sigma F_x=0 \quad N_5-N'_2=0 \quad N'_2=N_5=8.66\text{kN（拉力）}$$

于是解出全部杆件内力，其结果如图 2-17 所示。

节点 D 的另一个方程可用于校核结果。

$$\Sigma F_y=0 \qquad N'_3-P=0$$
$$N'_3=P=10\text{kN（拉力）}$$

说明计算无误。

由上题可知，当结构对称，荷载也对称时，反力与内力亦对称。此时，可只取桁架

的一半进行计算，从而达到简化计算的目的。

其次，为了进一步简化计算，我们在进行计算之前，还可先判断出以下几类杆件：即零杆、知力杆和等力杆。下面就介绍一下这几种杆的判断方法。

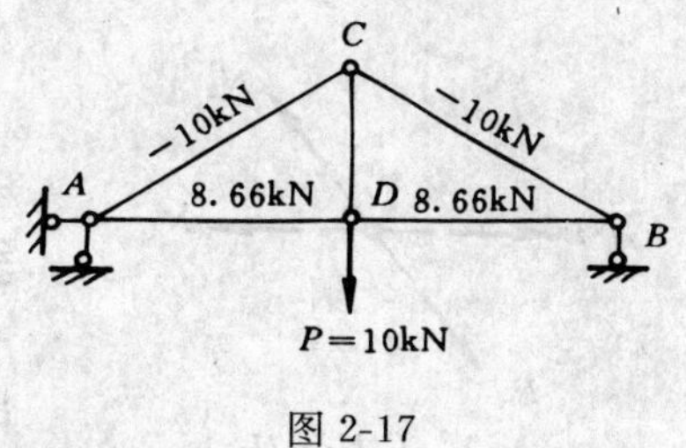

图 2-17

零杆就是指在桁架中不受力、内力为零的杆；知力杆就是指内力的大小能够直接判断出来的杆；等力杆是指内力相同的两杆。

零杆、知力杆和等力杆的判断大体有以下三种情况：

1. 两杆节点

图 2-18 所示为一个不共线的两杆节点。当节点上没有荷载作用时，两杆均为零杆，因为根据二力平衡公理，这两杆内力不为零，或其中一杆内力不为零。此节点均不能平衡。如图 2-18（a）所示，$N_1=N_2=0$；当一外力 $\boldsymbol{P}$ 沿两杆中的任一杆的轴线作用时，则该杆的内力等于外力，即：$N_1=P_1$ 而成为知力杆，而另一杆即为零杆，即：$N_2=0$，如图 2-18（b）所示；当沿两杆的轴线各作用一个外力时，则此两杆均为知力杆，各杆内力分别等于沿该杆轴线作用的外力，即：$N_1=P_1$、$N_2=P_2$，如图 2-18（c）所示。

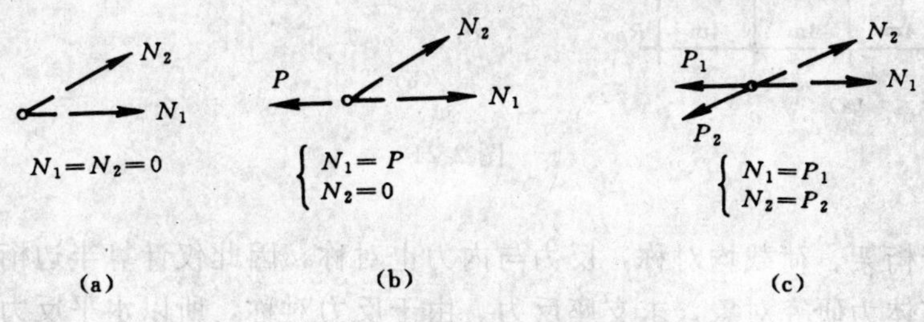

图 2-18

2. 三杆节点

图 2-19 所示为一三杆节点，其中两杆共线，另一杆不共线。当节点无外力作用时，共线两杆的内力相同，即成为一对等力杆，而另一杆即为零杆，即：$N_1=N_2$、$N_3=0$，如图 2-19（a）所示；当节点上有一沿不共线杆的轴线作用的外力 $\boldsymbol{P}$ 时，则不共线的杆即为知力杆，其内力等于作用在节点上的外力，即 $N_3=P$，而两共线杆仍为一对知力杆，如图 2-19（b）所示。

图 2-19

例如图 2-16 所示的桁架节点 D，即可判断出：$N'_3=P=10\text{kN}$，$N'_2=N_5$。

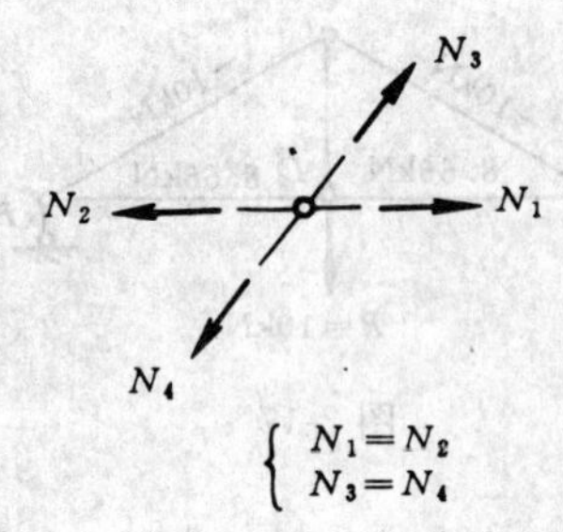

图 2-20

3. 四杆节点

图 2-20 所示为一四杆节点，两两共线，则每对共线的杆均为一对等力杆。

实际上，上述结论都是利用节点的平衡条件推导出来的。

［例 2-9］ 试用节点法求图 2-21（a）所示平行弦桁架的各杆内力。

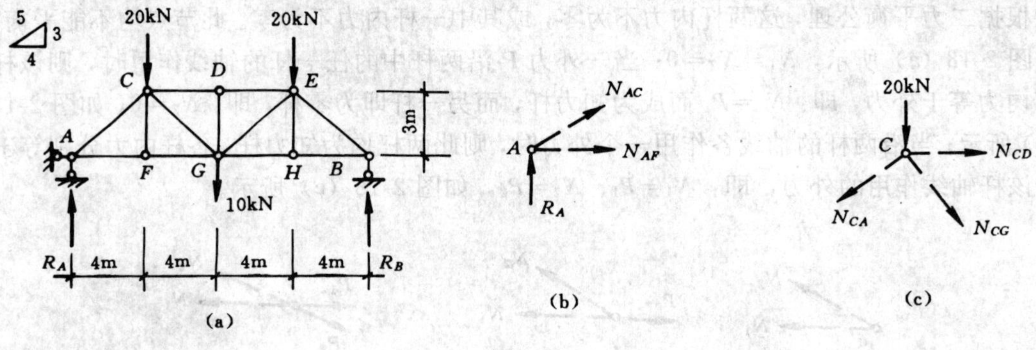

图 2-21

解：由于桁架、荷载均对称，反力与内力也对称，因此仅计算半边桁架即可。

（1）取整体为研究对象，求支座反力。由于反力对称，所以水平反力为零。

则 $$R_A=R_B=\frac{1}{2}\ (2\times20+10)\ =25\text{kN}\ (\uparrow)$$

（2）判断零杆、知力杆和等力杆。

不难判断出杆 CF 和杆 DG 为零杆，杆 AF 与杆 FG 为一对等力杆。即

$$N_{CF}=N_{DG}=0$$
$$N_{AF}=N_{FG}$$

（3）计算各杆内力。

先取节点 A 为研究对象，受力图如图 2-21（b）所示。计算时可利用勾股弦三角形，则：

$$\Sigma F_y=0 \qquad \frac{3}{5}N_{AC}+R_A=0$$
$$N_{AC}=-\frac{5}{3}R_A=-\frac{5}{3}\times25=-41.67\text{kN}\ (\text{压})$$
$$\Sigma F_x=0 \qquad N_{AF}+\frac{4}{5}N_{AC}=0$$
$$N_{AF}=-\frac{4}{5}N_{AC}=-\frac{4}{5}\cdot\left(-\frac{5}{3}\right)R_A$$

$$=\frac{4}{3}R_A=\frac{4}{3}\times 25=33.3\text{kN}\text{（拉）}$$

再取节点 C 为研究对象，其受力图如图 2-21（c）所示。

$$\left.\begin{aligned}\Sigma F_x=0 \qquad & N_{CD}+\frac{4}{5}\left(N_{CG}-N_{CA}\right)=0\\ \Sigma F_y=0 \qquad & \frac{3}{5}\left(N_{CG}+N_{CA}\right)+20=0\end{aligned}\right\}$$

联立求解得：

$N_{CD}=-40\text{kN}$（压）

$N_{CG}=8.33\text{kN}$（拉）

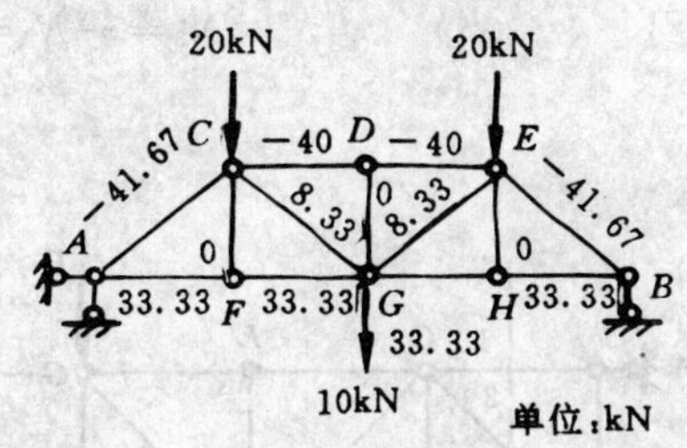

图 2-22

各杆内力如图 2-22 所示。

在例 2-8 和例 2-9 中所计算的桁架的支承条件均与简支梁的支承条件相同，我们把具有这种支承条件的桁架称为梁式桁架。根据支承条件划分，除了梁式桁架，还有悬式桁架和拱式桁架，这两类桁架在以后的学习中将会遇到。

通过例 2-8 和例 2-9 的计算结果不难看出，梁式桁架在垂直向下的竖向荷载作用下，上弦杆均受压力，如图 2-17 的 AC 杆和 CB 杆以及图 2-22 的 AC 杆、CD 杆、DE 杆和 EB 杆；下弦杆均受拉力，如图 2-17 的 AD 杆和 DB 杆以及图 2-22 的 AF 杆、FG 杆、GH 杆和 HB 杆；竖杆受拉力，如图 2-17 的 CD 杆；斜杆也可能受拉力、也可能受压力。掌握桁架的受力特点对我们的实际工作将是大有益处的。

二、截面法

截面法是通过用截面将桁架截开，从而暴露出欲求杆的内力，然后取其一部分为分离体来求解桁架内力的计算方法。当只需要计算桁架中某些杆的内力而并不需要求出全部杆的内力时，使用截面法要比使用节点法方便得多，可以取得直截了当的效果。

在截面法的分离体上，各力组成一个平面一般力系，因此可用平面一般力系的平衡条件求解。由于平面一般力系一次只能求解三个未知力，因此每次截断的杆最好不多于三个，以便能够求出全部未知力。

[例 2-10]　求图 2-23（a）所示桁架中杆 1，杆 2 和杆 3 的内力。

解：图 2-23（a）所示的桁架的支承条件与悬挑结构雷同，这就是前面曾提到的悬式桁架。求悬式桁架各杆的内力，可预先求出支座反力，但也可以不求反力就可直接计算。为了简化计算，不求反力。用截面 Ⅰ—Ⅰ 将杆 1、杆 2 和杆 3 截断，取其右边部分为研究对象，其受力图如图 2-23（b）所示。各杆内力分别以 $\boldsymbol{N}_1$、$\boldsymbol{N}_2$ 和 $\boldsymbol{N}_3$ 表示。列平衡方程：首先对 $\boldsymbol{N}_2$ 和 $\boldsymbol{N}_3$ 两力作用线的交点 B 建立力矩方程

$$\Sigma m_B(\boldsymbol{F})=0 \qquad N_1\cdot a-P\cdot 3a=0$$

$$N_1=3P\text{（拉）}$$

然后再分别列垂直和水平方向的投影方程

$$\Sigma F_y=0 \qquad \frac{\sqrt{2}}{2}N_2+P=0$$

$$N_2=-\sqrt{2}P\text{（压）}$$

$$\Sigma F_x=0 \qquad N_1+N_3=0$$

$$N_3=-N_1=-3P\text{（压）}$$

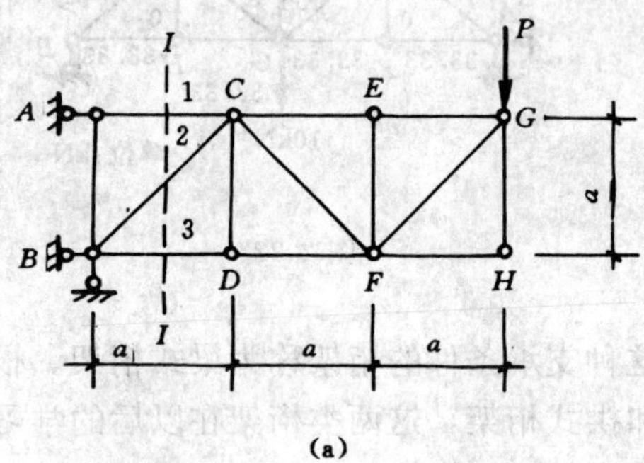

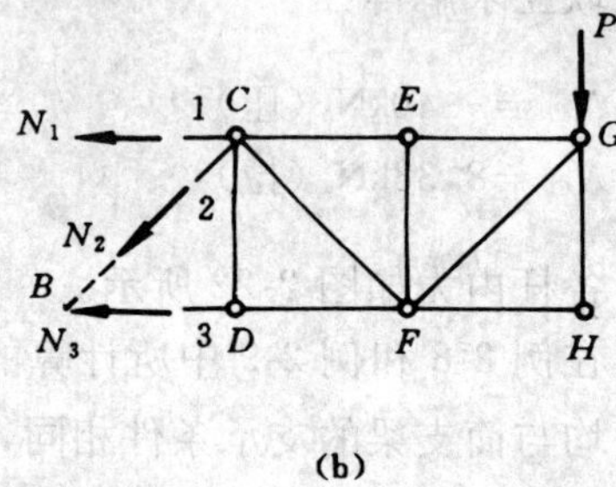

图 2-23

由上例可知，悬式桁架在垂直向下的竖向荷载作用下，受力特点刚好与梁式桁架相反，即上弦杆受拉，下弦杆受压。

第五节　平面平行力系的平衡条件及抗倾覆计算

一、平面平行力系的平衡方程

所谓平面平行力系就是指力系中的各力作用线相互平行的平面力系，它是平面一般力系的特殊情况，例如上节例 2-8 和例 2-9 中桁架所受的力系即是平面平行力系。因此，它的平衡方程可从平面一般力系的平衡方程中导出。

如果取 x 轴与平面平行力系中各力的作用线垂直，则这些力在 x 轴上的投影全部等于零，因而有 $\Sigma F_x=0$ 化为恒等式 $\Sigma F_x\equiv 0$ 自然满足。从而可得平面平行力系的平衡方程的基本形式：

$$\begin{cases}\Sigma F_y=0\\ \Sigma m_O(\boldsymbol{F})=0\end{cases} \tag{2-9}$$

平面平行力系平衡的必要且充分条件是：力系中所有各力的代数和等于零，以及这些力对于平面内任一点力矩的代数和等于零。

式（2-9）也称为平面平行力系的一矩式平衡方程，也可采用二矩式平衡方程：

$$\begin{cases}\Sigma m_A(\boldsymbol{F})=0\\ \Sigma m_B(\boldsymbol{F})=0\end{cases} \tag{2-10}$$

（A、B 两点的连线与各力作用线不平行）

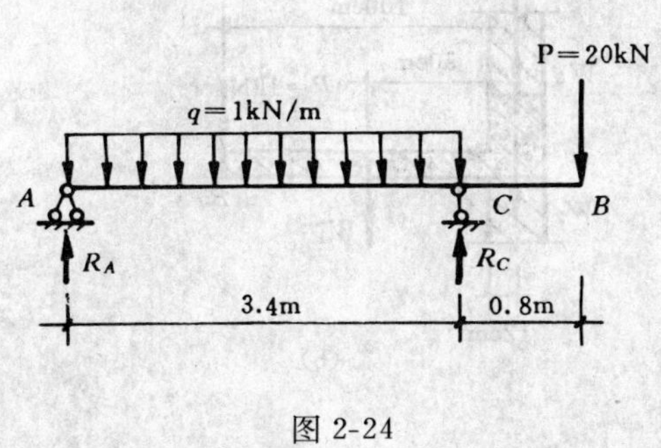

图 2-24

［例 2-11］ 梁 AB 的 A 端为固定铰支座，C 处为可动铰支座，这种一端（或二端）伸出支座以外的简支梁称为外伸梁，设外伸梁 AB 所受的荷载如图 2-24 所示，求支座反力。

解：取外伸梁 AB 为研究对象。

作用在梁上的力有集中荷载 $\boldsymbol{P}$，分布荷载 $\boldsymbol{q}$ 及支座反力 $\boldsymbol{R}_A$、$\boldsymbol{R}_C$，其受力图如图 2-24 所示。由于集中荷载、分布荷载与反力 $\boldsymbol{R}_C$ 相互平行。因此，约束反力 $\boldsymbol{R}_A$ 也只有与各力平行，才能保证该力系的平衡。由式（2-9）得：

$$\Sigma m_A(\boldsymbol{F})=0 \qquad -20\times4.2-1\times3.4\times\frac{3.4}{2}+R_C\times3.4=0$$

$$R_C=26.4\text{kN}\ (\uparrow)$$

$$\Sigma F_y=0 \qquad R_A+R_C-20-1\times3.4=0$$

$$R_A=-3\text{kN}\ (\downarrow)$$

二、抗倾覆验算

在工程实际中，常需对某些结构或构件作抗倾覆验算。所谓倾覆，就是结构或构件在受到不平衡力矩的作用时发生倾翻的现象。如悬臂构件绕它的支点倾翻，起重机倾翻等。在工程实践中必须防止发生这类事故。因此，要进行结构或构件抵抗倾覆能力的计算，即抗倾覆验算。

现将结构或构件产生倾覆的力矩称为倾覆力矩，以 M_q 表示；把抵抗结构或构件倾覆的力矩称为抗倾覆力矩，以 M_R 表示。抗倾覆力矩 M_R 和倾覆力矩 M_q 的比值称为抗倾覆安全系数，以 K 表示，即：

$$K=\left|\frac{M_R}{M_q}\right| \tag{2-11}$$

规范规定，钢筋混凝土构件的抗倾覆安全系数为 $K\geqslant1.5$。

［例 2-12］ 带有雨篷的钢筋混凝土门顶过梁，尺寸如图 2-25（a）所示，梁和板的长度均为 4m。设在此梁上的砖砌至 3m 高时，便欲将雨篷下的木支撑拆除。试验算此时雨篷会不会绕 A 点倾覆。已知钢筋混凝土容重为 25kN/m³，砖砌体容重为 19kN/m³，验算时应考虑雨篷最外边缘 B 上作用有施工荷载 $P=1$kN。

解：取钢筋混凝土雨篷过梁为研究对象。雨篷受的力有：施工荷载 $\boldsymbol{P}$，雨篷自重 $\boldsymbol{W}_1$，雨篷过梁自重 $\boldsymbol{W}_2$，砌体压力 $\boldsymbol{W}_3$ 等，如图 2-25（b）所示。

各力大小分别为：

$$W_1=25\times(0.07\times1\times4)=7kN$$

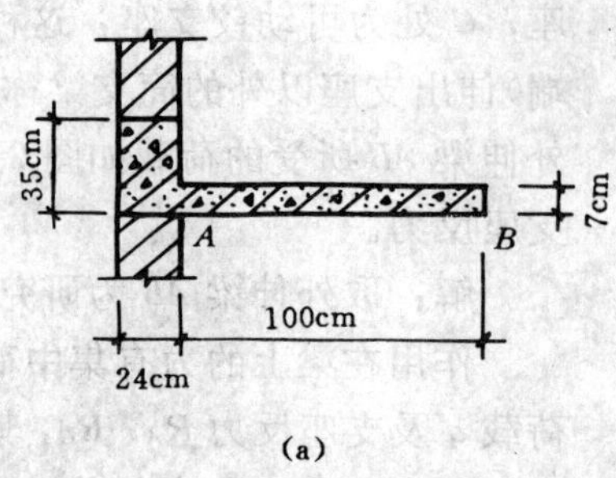

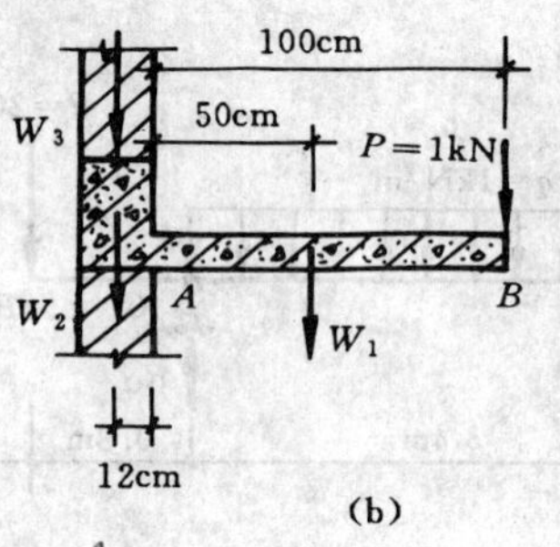

图 2-25

$$W_2=25\times(0.24\times0.35\times4)=8.4\text{kN}$$
$$W_3=19\times(0.24\times3\times4)=54.7\text{kN}$$
$$P=1\text{kN}$$

使雨篷绕 A 点倾覆的因素是 $\boldsymbol{W}_1$ 和 $\boldsymbol{P}$，而阻止其倾覆的因素是 $\boldsymbol{W}_2$ 和 $\boldsymbol{W}_3$。因此，倾覆力矩和抗倾覆力矩分别为：

$$M_q=W_1\times0.5+P\times1=7\times0.5+1\times1=4.5\text{kN}\cdot\text{m}$$
$$M_R=-W_2\times0.12-W_3\times0.12=-(8.4+54.7)\times0.12=-7.57\text{kN}\cdot\text{m}$$

所以抗倾覆安全系数

$$K=\left|\frac{M_R}{M_q}\right|=\left|\frac{7.57}{4.5}\right|=1.68>1.5$$

满足规范要求，雨篷不会倾覆。

[例 2-13]　塔吊及所受荷载如图 2-26 所示。自重 $P=200$kN，重心通过塔基中心。起重量 $W=25$kN，距右轨 B 为 15m，平衡物重 $\boldsymbol{Q}$，距左轨 A 为 6m，在不考虑风荷载时，求：

(1) 满载时，为了保证塔身不致于倾覆，$\boldsymbol{Q}$ 至少应多大？

(2) 空载时，$\boldsymbol{Q}$ 又应该不超过多大，才不致于使塔身向另一侧倾覆？

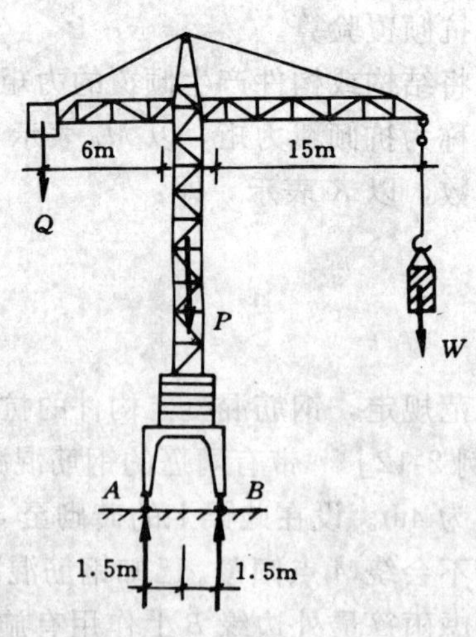

图 2-26

解：(1) 满载时，$W=25$kN，塔身可能绕 B 点倾倒，在临界状态下(即倾覆力矩再稍大点，塔就倾覆；稍小点，塔就不倾覆)，显然此时轨道 A 点所受的力和它给予塔的支反力都是零，即：

$$N_A = 0$$

由力矩平衡方程

$$\Sigma m_B(\boldsymbol{F}) = 0 \qquad Q_{\min}(6+3) + P \times 1.5 - W \times 15 = 0$$

$$Q_{\min} = \frac{1}{9}(25 \times 15 - 200 \times 1.5) = 8.33\text{kN}$$

（2）空载时，$W=0$，塔身可能绕 A 点倾倒，同（1）一样，在临界状态下

$$N_B = 0$$

列力矩平衡方程

$$\Sigma m_A(\boldsymbol{F}) = 0 \qquad Q_{\max} \times 6 - P \times 1.5 = 0$$

$$Q_{\max} = \frac{1}{6}(200 \times 1.5) = 50\text{kN}$$

所以，当平衡物重在 $8.33\text{kN} < Q < 50\text{kN}$ 范围时，塔吊可安全工作而不致倾覆，而且在起重量 $W < 25\text{kN}$ 时，具有一定的安全储备。

第六节　梁的支座反力

在工程实际中，将会遇到大量的梁的受力问题。按支承方式的不同，可把梁划分为三种形式，即悬臂梁（一端固定，一端自由），如图 2-27（a）所示；简支梁（一端为固定铰支座，一端为可动铰支座），如图 2-27（b）所示，以及外伸梁（梁端伸出铰支座以外），如图 2-27（c）、（d）所示。

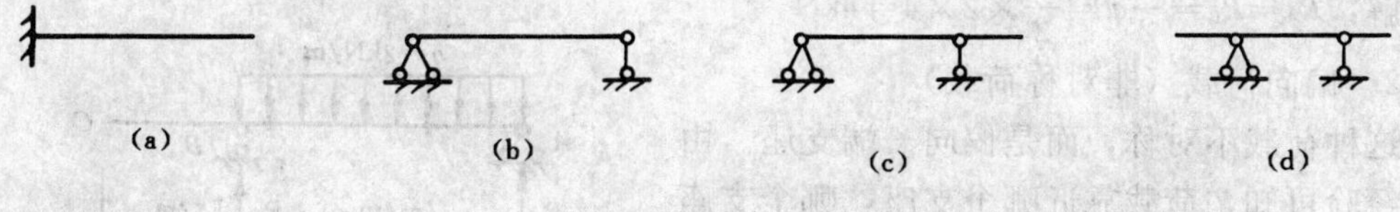

图 2-27

由于工程上遇到的荷载一般都是垂直向下的竖向荷载，因此求梁的反力可用平面平行力系的平衡条件即可求解。但为了达到简化计算，加强对梁受力的定性分析，也可不列平衡方程而达到求解反力的目的。下面就介绍求解梁的反力的一些简便方法。需特殊说明的是，实际上这些方法都是根据力系的平衡条件导出的。

一、悬臂梁的支反力

悬臂梁的反力一般由一个反力和一个反力偶组成，其反力以 $\boldsymbol{R}_A$ 表示，反力偶以 m_A 表示。反力 $\boldsymbol{R}_A$ 以向上为正、反力偶 m_A 以梁的上侧受拉为正，则悬臂梁的反力可由下式计算：

$$
\left.\begin{aligned}
R_A &= \Sigma P \\
m_A &= \Sigma m_A\ (\boldsymbol{P})
\end{aligned}\right\} \qquad (2\text{-}12)
$$

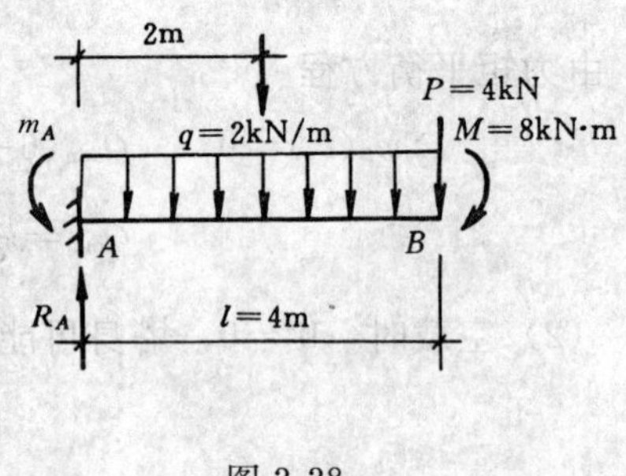

图 2-28

在式(2-12)中，P 表示荷载，它可以是集中荷载，也可以是分布荷载，方向以向下为正；m_A（$\boldsymbol{P}$）表示荷载对固端支座 A 的力矩或力偶矩，转向以引起固端支座 A 上方受拉为正。实际上式（2-12）就是式（2-9）的变形。

［例 2-14］　求图 2-28 所示悬臂梁的支反力。

解：$R_A = P + ql = 4 + 2 \times 4 = 12\text{kN}$

$$m_A = m + Pl + ql \cdot \frac{l}{2} = 8 + 4 \times 4 + 2 \times 4 \times \frac{4}{2} = 40\text{kN} \cdot \text{m}$$

在计算均布荷载对 A 点的矩时，可先将均布荷载化成为一集中力，其化成的集中力与原荷载等效（在将梁视为刚体的条件下），大小等于荷载的集度与荷载分布的长度的乘积，作用点在均布荷载的中心，我们称这个中心为荷载中心。

二、简支梁和外伸梁的支座反力

简支梁与外伸梁所受的荷载可分为以下四种基本类型：

1. 对称荷载

这种荷载相对两支座是对称的，正如例 2-8 和例 2-9 所受的荷载一样，显然，这种荷载应使两支座各承担一半，即两支座平均分配所受的荷载。可用一句话表示，即对称荷载对半掰。如图 2-32（a）所示。

［例 2-15］　求图 2-29 所示梁的反力。

解：$R_A = R_B = \frac{1}{2} ql = \frac{1}{2} \times 2 \times 4 = 4\text{kN}$

2. 偏向荷载（非对称荷载）

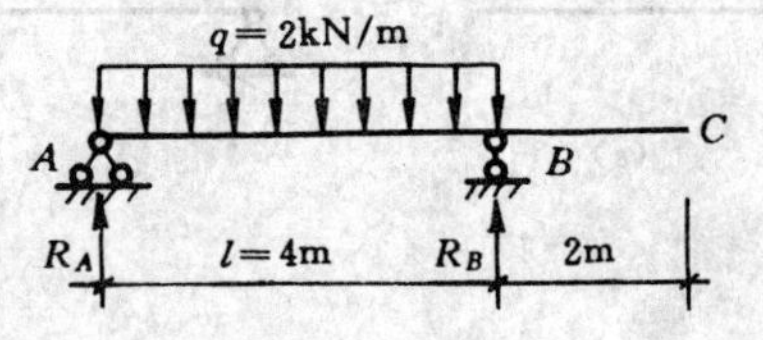

图 2-29

这种荷载不对称，而是偏向一端支座。由生活经验可知，荷载靠近哪个支座，哪个支座所受的反力就越大；越远离哪个支座，哪个支座所受的反力就越小。而且每个支座所受反力的大小与荷载中心距支座的距离存在比例关系——成反比关系，即偏向荷载成反比。如图 2-32（b）所示。

［例 2-16］　求图 2-30 所示梁的反力。

解：均布荷载合力的大小为 $qa = 2 \times 2 = 4\text{kN}$，荷载中心距支座 A 为 1m，占梁跨的 $\frac{1}{4}$，距支座 B 的距离为 3m，占梁跨的 3/4，由于反力的大小与荷载中心距支座的距离成反比关系，所以有

$$R_A = \frac{3}{4} qa = \frac{3}{4} \times 4 = 3\text{kN} \quad R_B = \frac{1}{4} qa = \frac{1}{4} \times 4 = 1\text{kN}$$

实际上对称荷载是偏向荷载的特殊情况。

3. 力偶荷载

根据力偶的性质，我们知道，力偶只能由力偶平衡。因此，当力偶作用在梁上时，两支座反力必要组成一个转向与力偶转向相反，力偶矩相等的力偶，这个由两支座反力所组成的力偶的力偶臂即为梁的跨度。所以有：力偶荷载反转向、大小等于偶跨比。如图 2-32（c）所示。

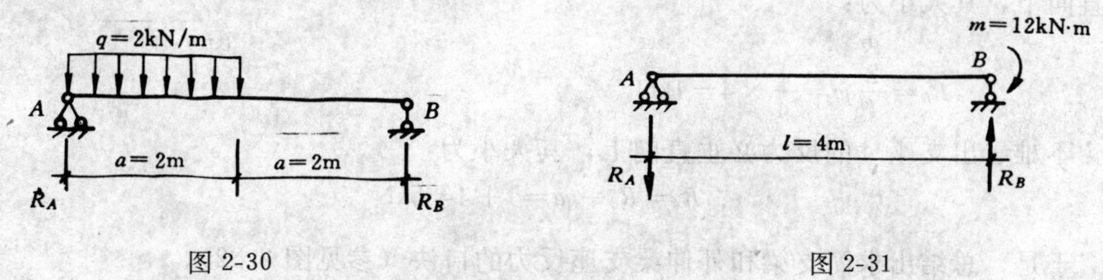

图 2-30　　　　图 2-31

［例 2-17］　求图 2-31 所示梁的支反力。

解：由于由反力所组成的力偶（$\boldsymbol{R}_A$、$\boldsymbol{R}_B$）应与力偶 m 转向相反，所以可确定 $\boldsymbol{R}_A$、$\boldsymbol{R}_B$ 的方向如图所示，其大小为：

$$R_A=R_B=\frac{m}{l}=\frac{12}{4}=3\text{kN}$$

4. 外伸荷载

将作用在梁的外伸部分的垂直竖向荷载称为外伸荷载。在这种荷载作用下，在求梁的反力时，可假想地将远离外伸荷载的支座解除，这样梁就成为一个杠杆了，应用杠杆原理就求出被解除支座的反力。而另一支座的反力就等于被解除支座反力与外伸荷载之和，如图 2-32（d）所示。

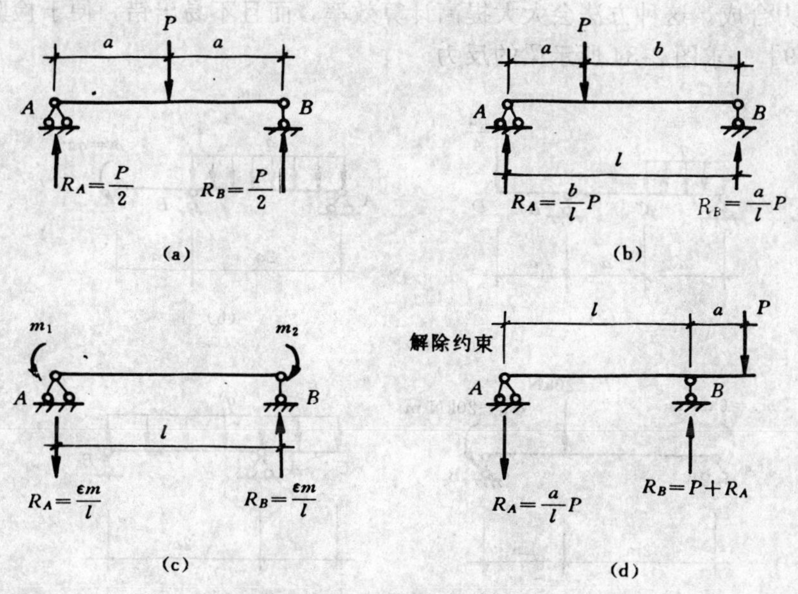

图 2-32

于是又有：外伸荷载选支点，杠杆原理求反力。

[例 2-18]　求图 2-33 所示梁的反力。

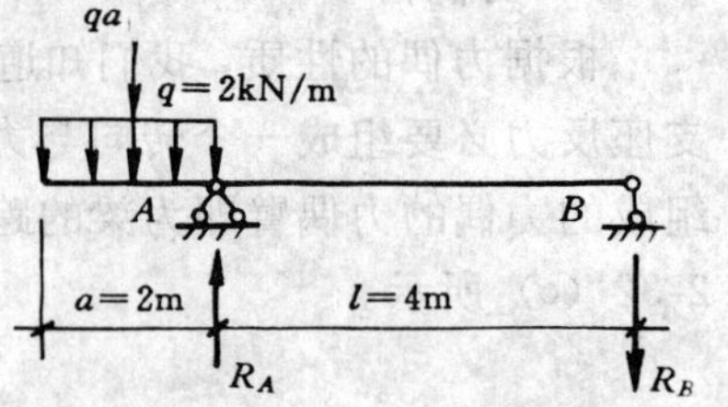

解：均布荷载的合力为：$qa=2\times2=4\text{kN}$，荷载中心距支座 A 的距离为$\frac{a}{2}=1\text{m}$，假想解除支座 B、支座 A 成为支点，要使杠杆平衡，支座 B 的反力必垂直向下，其大小为：

图 2-33

$$R_B=\frac{\frac{a}{2}}{l}qa=\frac{1}{4}\times4=1\text{kN}$$

不难看出支座 A 的反力必垂直向上，其大小为：

$$R_A=R_B+qa=1+4=5\text{kN}$$

于是，总结出求简支梁和外伸梁支座反力的口诀（参见图 2-32）。

对称荷载对半掰，
偏向荷载成反比；
力偶荷载反转向，
大小等于偶跨比；
外伸荷载选支点，
杠杆原理求反力。

上述四种情况也可以看作三种情况，因为可以将第一种情况看作是第二种情况的特例。前两种情况的反力方向已知：两反力方向相同，均垂直向上；后两种情况，两反力方向相反，在求解反力时，需先确定反力的方向，再求反力的大小。

当梁受到复杂荷载作用时，将复杂荷载分解成为简单荷载，分别求出各简单荷载的反力，然后，再将各反力合成（即代数相加），即可得到所求之反力。简单地说即为：荷载分解，反力合成。这种方法会大大提高计算效率，而且不易出错，便于检验。

[例 2-19]　求图 2-34 所示梁的反力。

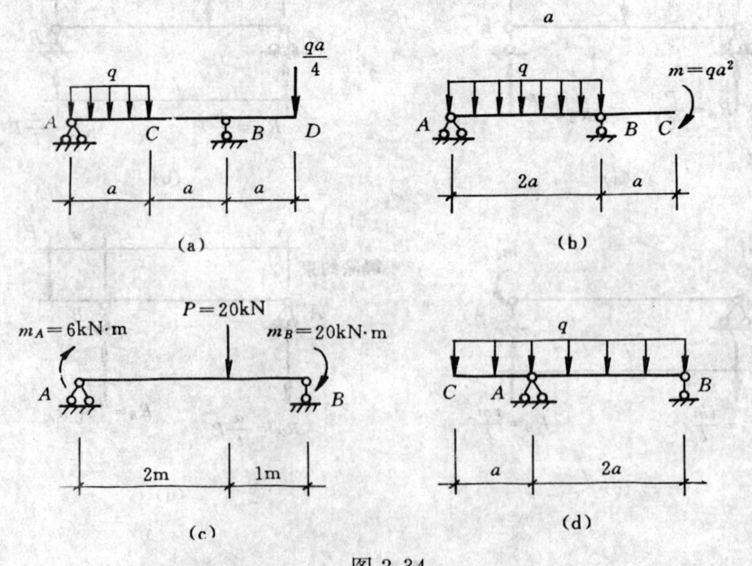

图 2-34

解：(1)

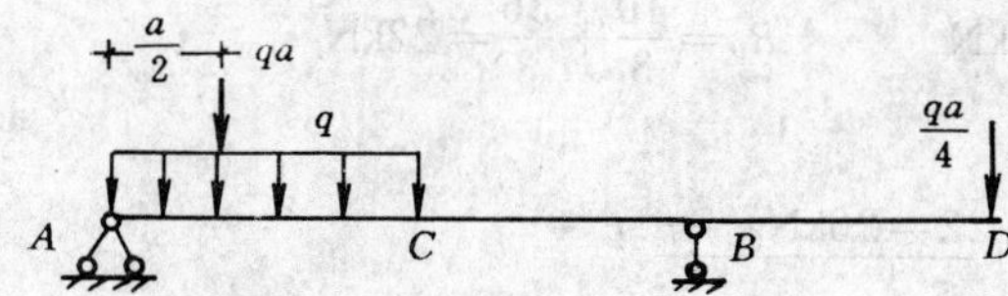

偏向荷载 $\uparrow \frac{3}{4}qa$ $\uparrow \frac{qa}{4}$

外伴荷载 $\downarrow \frac{1}{2}\ \frac{qa}{4}=\frac{qa}{8}$ $\uparrow \frac{qa}{8}+\frac{qa}{4}=\frac{3qa}{8}$ +

$\uparrow R_A=\frac{5}{8}qa$ $\uparrow R_B=\frac{5}{8}qa$

验算：荷载之和：$qa+\frac{qa}{4}=\frac{5qa}{4}$

反力之和：$R_A+R_B=\frac{5}{8}qa+\frac{5}{8}qa=\frac{5}{4}qa$ −

0

结果正确。

(2)

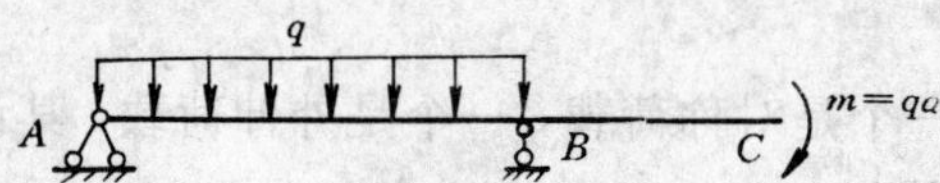

对称荷载 $\uparrow qa$ $\uparrow qa$

力偶荷载 $\downarrow \frac{qa^2}{2a}=\frac{qa}{2}$ $\uparrow \frac{qa^2}{2a}=\frac{qa}{2}$ +

$\uparrow R_A=\frac{qa}{2}$ $\uparrow R_B=\frac{3}{2}qa$

验算：荷载之和：$q\cdot 2a=2qa$

反力之和：$R_A+R_B=\frac{qa}{2}+\frac{3}{2}qa$ −

0

结果正确。

(3)

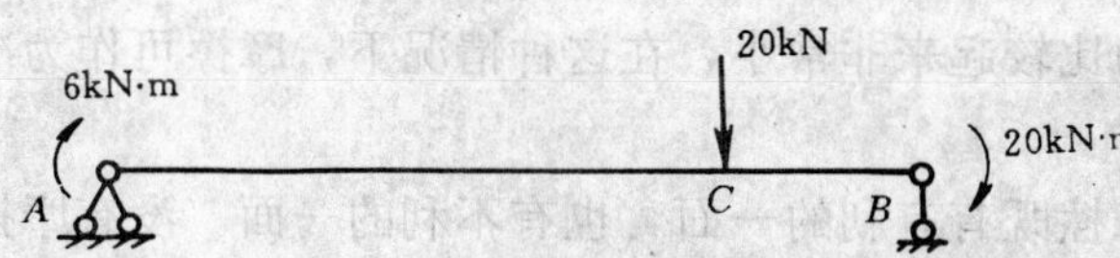

偏向荷载 $\uparrow \frac{1}{3}\times 20=\frac{20}{3}\text{kN}$ $\uparrow \frac{2}{3}\times 20=\frac{40}{3}\text{kN}$

$$\text{力偶荷载}\quad \frac{\downarrow \frac{6+20}{3}=\frac{26}{3}\text{kN} \qquad \uparrow \frac{6+20}{3}=\frac{26}{3}\text{kN} \quad +}{\downarrow R_A=\frac{20}{3}-\frac{26}{3}=-2\text{kN} \qquad \uparrow R_B=\frac{40}{3}+\frac{36}{3}=22\text{kN}}$$

验算：荷载之和：20kN

$$\frac{\text{反力之和：}R_A+R_B=-2+22=20\text{kN} \quad -}{0}$$

结果正确。

(4)

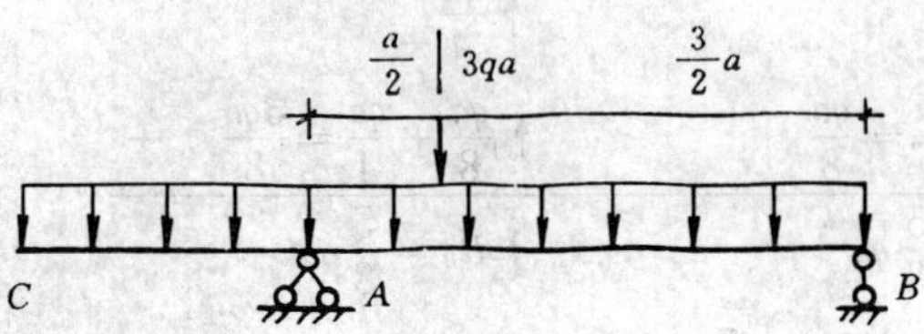

$$\uparrow R_A=\frac{\frac{3a}{2}}{2a}\cdot 3qa=\frac{9qa}{4} \qquad \uparrow R_B=\frac{\frac{a}{2}}{2a}3qa=\frac{3qa}{4}$$

验算：荷载之和：$q\cdot 3a=3qa$

$$\frac{\text{反力之和：}R_A+R_B=\frac{9}{4}qa+\frac{3}{4}qa=3qa \quad -}{0}$$

结果正确。

此题也可将荷载分解成两个：一个是对称荷载，一个是外伸荷载，其计算结果相同，但计算过程不如看成一个偏向荷载简便。

第七节 考虑摩擦的平衡问题

前几节把物体的接触表面都看作是绝对光滑的，忽略了物体之间的摩擦力。事实上，在自然界以及在工程实际中，绝对光滑的表面是不存在的，两物体的接触处或多或少总是存在着摩擦的，甚至有时摩擦力还要起着决定性的作用。因此，在实际生产中，有时需要考虑摩擦力的影响，例如：汽车轮胎在路面上滚动，混凝土重力坝等等，都是依靠摩擦来进行工作的。在实际工程测量中，即使摩擦很小，也会影响到测量仪器的灵敏度和测量数据的准确性。在这些问题中，摩擦是影响物体平衡的重要因素之一，必须加以考虑。当然还有许多工程问题，由于物体间的接触表面比较光滑，或有良好的润滑条件，以至摩擦力与接触表面的法向反力比较起来非常小，在这种情况下，摩擦可作为次要因素忽略不计。

对人类的生活和生产来说，摩擦既有有利的一面，也有不利的一面。没有摩擦，人就不能行走，车辆也不能行驶。但是，在各种机器的运转中，摩擦不仅要消耗大量的能量，而且还会摩损零部件，减少机器的正常使用寿命。因此，研究摩擦的目的就在于掌握摩擦的规律，在尽量利用摩擦有利一面的同时，也尽量减少或避免它不利的一面。

一、静滑动摩擦的一般概念

在工程实际中，有时需要依靠结构与其支承物体间的静滑动摩擦力来防止结构滑动，以保证工程结构的安全可靠。如混凝土重力坝、挡土墙等等。所谓静滑动摩擦力（简称静摩擦力）就是指两个相互接触的物体，当其接触表面之间有相对滑动的趋势，但同时又保持相对静止并不发生相对滑动时，彼此互相作用着的阻碍相对滑动的阻力。

由于摩擦力是一种阻力，所以摩擦力的方向总是沿着物体的接触面的公切线方向，指向与该物体的相对运动趋势方向相反，如图 2-35 所示。

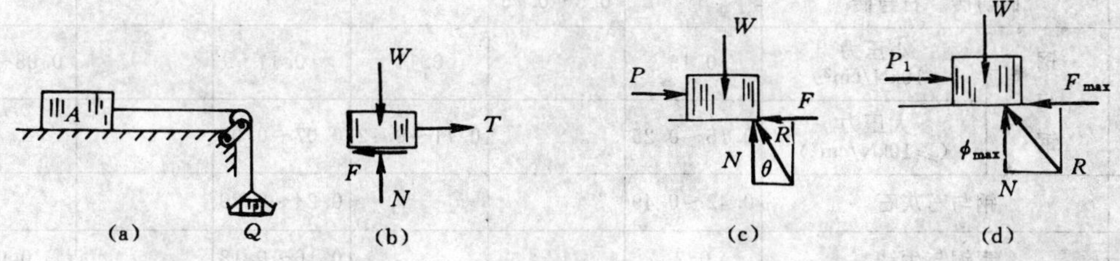

图 2-35

通过实验可知：两物体间的静滑动摩擦力不是一个固定不变的数值，它的大小是随着主动力的改变而改变的，可介于零与静摩擦力最大值之间。关键是它应与主动力和物体所受其它力一起，满足静力平衡条件。如果以 F_{max}表示静滑动摩擦力的最大值，上述结论可表述为：

$$0 \leqslant F \leqslant F_{max} \tag{2-13}$$

至于静滑动摩擦力 F_{max}的最大值，则由下述摩擦定律确定。

根据长期实践经验和大量的实验结果，可得如下结论：静滑动摩擦力的最大值与接触面的法向反力的大小 N 成正比，或与正压力的大小成正比，即：

$$F_{max} = f \cdot N \tag{2-14}$$

式（2-13）称为摩擦定律，式中 f 是比例常数，称为静滑动摩擦系数（简称静摩擦系数），它是无名数。

静摩擦系数 f 与接触物体的材料及表面情况（粗糙度、温度和湿度等）有关，而与接触面积的大小无关。其大小需要通过实验测定。现将常用的几种材料的静摩擦系数 f 列于表 2-1，以备查用和参考。

应当指出，式（2-13）是近似的，它远不能反映出静滑动摩擦的复杂现象。但由于公式简单，计算简便，又有足够的准确性，所以工程中被广泛采用。

摩擦定律指出了利用摩擦和减小摩擦的途径。要增大滑动摩擦力，可通过加大正压力或增大摩擦系数来实现，例如：自行车或汽车都是使用后轮驱动的，这是因为后轮比前轮的正压力大，能够产生较大的向前推动的摩擦力。又如，火车在雪天行驶时，要在

表 2-1　滑动摩擦系数参考值

序号	摩擦材料		启动时表面情况			滑动时表面情况		
			干燥的	水润湿的	润油的	干燥的	水润湿的	润油的
1	木材与木材	顺纹	0.62		0.11	0.48		0.08
		横纹	0.54	0.7		0.34	0.25	
2	木材与麻绳	粗面材料	0.5～0.8			0.5		
		光面材料	0.33					
3	木材与钢		0.6	0.65	0.11	0.4	0.24	0.11
4	砖与砖、石与砖			0.5～0.75				
5	钢与钢	小压力（$10kN/cm^2$）	0.15		0.11	0.11		0.08～0.1
		大压力（$\geqslant 10kN/cm^2$）	0.15～0.25		0.11～0.12	0.07～0.09		
6	钢与石灰石		0.42～0.49			0.24～0.29		
7	青铜与生铁		0.2			0.16～0.18		0.08
8	混凝土与混凝土		0.7					
9	土与混凝土		0.4					

钢轨上洒细砂，以增大摩擦系数等等。要减小摩擦力，主要途径是减小摩擦系数，例如：在机械工程中，往往是用提高接触表面的光洁度或加入润滑剂的方法来减小摩擦。

二、考虑摩擦的平衡问题及抗滑移计算

求解考虑摩擦的平衡问题，其方法和步骤与前几节所述的方法相同，其不同之处是：静摩擦力的方向需根据相对滑动的趋势确定；静摩擦力的大小可能是零和最大值之间的任何值，在一般情况下，它是个小于最大值的未知量。要确定这些未知量，显然还需列补充方程：

$$F \leqslant fN$$

摩擦力有几个，补充方程也应有几个。

在工程实际中的不少问题只需分析平衡的临界状态，即平衡即将被破坏，但尚未被破坏时的状态，这时静摩擦力应等于其最大值，所以补充方程中只需取等号。有时为了方便，也可先就临界状态计算，求得结果后，再进行分析讨论。

［例 2-20］　图 2-36（a）表示一重为 W 的物块放在斜面上。已知物块与斜面间的静摩擦系数为 f。斜面的倾角 α 大于接触面的摩擦角 φ_{max}。如加一水平力 $\boldsymbol{P}$ 使物块平衡，求该力的最大值和最小值。

解：取物块为研究对象。建立直角坐标系，如图 2-36（b）、（c）所示。如果不加水平力 $\boldsymbol{P}$，物块将向下滑动。只有施加水平力 $\boldsymbol{P}$，才有可能阻止物块向下滑动。但当力 $\boldsymbol{P}$ 过大时，物块不仅不下滑，还有可能沿斜面向上滑动。因此：

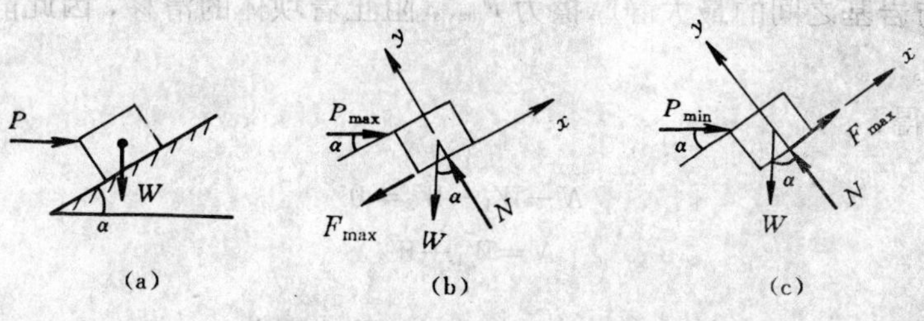

图 2-36

（1）施加水平力 P 的最大值是不仅阻止了物块下滑，而且恰使物块处于上滑的临界状态，即力 P 再稍大点，物块就向上运动。此时摩擦力达到最大值 F_{max}，与运动趋势方向相反，应指向斜下方，其受力图如图 2-36（b）所示。

列平衡方程：

$$\Sigma F_x=0 \qquad P_{max}\cos\alpha-F_{max}-W\sin\alpha=0$$

$$\Sigma F_y=0 \qquad N-P_{max}\sin\alpha-W\cos\alpha=0$$

两个方程中含有三个未知力，还要列补充方程：

$$F_{max}=f\cdot N$$

联立求解得：

$$P_{max}=\frac{\sin\alpha+f\cos\alpha}{\cos\alpha-f\sin\alpha}W$$

（2）施加水平力 P 的最小值是在刚好阻止物体下滑，稍小一点，物块就将沿斜面下滑时的值。此时，物体处于将沿斜面下滑的临界状态，摩擦力最大限度地发挥它阻止下滑的能力，因而达到最大值 F_{max}，且与运动趋势方向相反，应指向斜上方，受力图如图 2-36（c）所示。

同理，列出方程：

$$\Sigma F_x=0 \qquad P_{min}\cdot\cos\alpha+F_{max}-W\sin\alpha=0$$

$$\Sigma F_y=0 \qquad N-P_{min}\sin\alpha-W\cdot\cos\alpha=0$$

$$F_{max}=f\cdot N$$

$$P_{min}=\frac{\sin\alpha-f\cdot\cos\alpha}{\cos\alpha+f\cdot\sin\alpha}W$$

（3）显然，当水平 P 满足条件 $P_{min}\leqslant P\leqslant P_{max}$，即：

当 $\frac{\sin\alpha-f\cos\alpha}{\cos\alpha+f\cdot\sin\alpha}W\leqslant P\leqslant\frac{\sin\alpha+f\cos\alpha}{\cos\alpha-f\sin\alpha}W$ 时物体维持静止状态。

［例 2-21］　图 2-37 所示为建筑在水平岩基上的混凝土重力坝的断面。该坝在单位长度 1m 上，作用水压力 $P=4800\text{kN}$ 和自重为 $W_1=6820\text{kN}$、$W_2=6400\text{kN}$。坝底对岩基的静摩擦系数为 $f=0.6$，试校核此坝是否会沿岩基滑动。

解：由于坝体是在水压力作用下才可能沿岩基发生滑移的。因此，水压力 **P** 就是滑移力，而坝体与岩基之间的最大静摩擦力 F_{max}，阻止着坝体的滑移，因此静摩擦力 $F_{max}=fN$ 是抗滑移力。

由 $\Sigma F_y=0$ 得：

$$N-W_1-W_2=0$$
$$N=W_1+W_2$$

所以有

$$F_{max}=f\cdot N=f\ (W_1+W_2)$$
$$=0.6\ (6820+6400)$$
$$=7930\text{kN}>4800\text{kN}=P$$

即抗滑移力大于滑移力，因此坝体不会滑动。

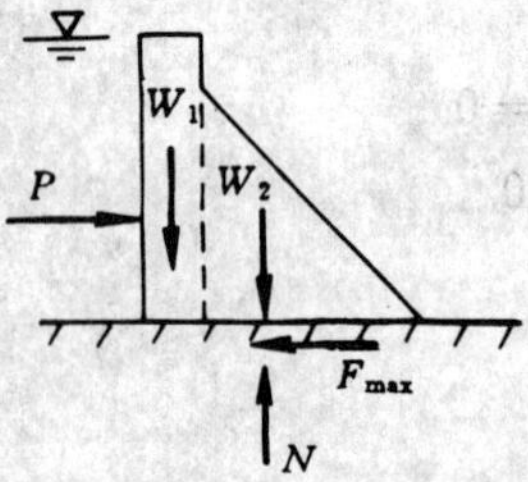

在工程上，通常将抗滑移力与滑移力的比值称为抗滑移稳定安全系数，以 K_h 表示，抗滑移力以 P_k 表示，滑移力以 P_h 表示。

W_1 W_2 P F_{max} N

图 2-37

为了确保建筑物的安全，并留有余地，通常要求抗滑移稳定安全系数 $K_h>1$，一般取值为 1.3～1.5，即：

$$K_h=\frac{P_k}{P_h}\geqslant 1.3\sim1.5 \tag{2-15}$$

小　结

本章重点研究了平面力系的平衡条件，以及考虑摩擦的平衡问题及其应用。

（一）平面力系的平衡条件

1．平面汇交力系

平面汇交力系平衡的充分和必要条件是：力系中各力在 x 和 y 轴上投影的代数和分别等于零，即：

$$\begin{cases}\Sigma F_x=0\\ \Sigma F_y=0\end{cases}$$

2．平面力偶系

平面力偶系平衡的必要和充分条件是：力偶系的合力偶等于零。即

$$\Sigma m=0$$

3．平面一般力系

平面一般力系平衡的必要和充分条件是：力系中各力在 x 和 y 轴上的投影的代数和分别等于零；各力对平面内任一点的矩的代数和等于零。

平衡方程有三种基本形式：

（1）一矩式

$$\begin{cases}\Sigma F_x=0\\ \Sigma F_y=0\\ \Sigma m_O(\boldsymbol{F})=0\end{cases}$$

（2）二矩式

$$\begin{cases}\Sigma F_x=0\\ \Sigma m_A(\boldsymbol{F})=0\\ \Sigma m_B(\boldsymbol{F})=0\end{cases}$$

其中 A、B 两点的连线不垂直于 x 轴。

（3）三矩式

$$\begin{cases}\Sigma m_A(\boldsymbol{F})=0\\ \Sigma m_B(\boldsymbol{F})=0\\ \Sigma m_C(\boldsymbol{F})=0\end{cases}$$

其中 A、B、C 三点不共线。

4. 平面平行力系

平面平行力系平衡的必要和充分条件是：力系中各力的代数和等于零；各力对平面内任一点矩的代数和等于零。

平衡方程有两种基本形式：

（1）一矩式

$$\begin{cases}\Sigma F_y=0\\ \Sigma m_O(\boldsymbol{F})=0\end{cases}$$

（2）二矩式

$$\begin{cases}\Sigma m_A(\boldsymbol{F})=0\\ \Sigma m_B(\boldsymbol{F})=0\end{cases}$$

其中 A、B 两点的连线与各力作用线不平行。

平面汇交力系、平面力偶系，以及平面平行力系都是平面一般力系的特殊情况。

（二）考虑摩擦的平衡问题

1. 摩擦的分类

摩擦 { 滑动摩擦 { 静摩擦、动摩擦 }；滚动摩阻 }

2. 静摩擦力的特点

（1）方向：沿接触表面的公切线方向，指向与物体间的相对运动趋势方向相反。

（2）大小：随主动力的改变而改变，介于零和最大值之间，即：

$$0 \leqslant F \leqslant F_{max}$$

3. 摩擦定律

静摩擦力的最大值与法向反力成正比，即：

$$F_{max} = f \cdot N$$

（三）平衡条件的实际应用

（1）用节点法和截面法求解桁架内力。

（2）用平衡方程求解梁的反力。

（3）抗倾覆验算

$$K = \left| \frac{M_R}{M_q} \right| \geqslant 1.5$$

（4）抗滑移验算

$$K_h = \frac{P_k}{P_h} \geqslant 1.3 \sim 1.5$$

思 考 题

1. 试述求解平面汇交力系的平衡问题的步骤？
2. 试讨论平面汇交力系的特殊情况——共线力系的平衡方程。
3. 试从平面一般力系的平衡方程导出平面汇交力系和平面力偶系的平衡方程。
4. 平面任意力系的平衡方程能不能全部采用投影方程？为什么？
5. 为什么平面汇交力系、平面平行力系已包括在平面一般力系之中？
6. 为什么平面一般力系只有三个独立的平衡方程？
7. 摩擦定律中的正压力是指什么？它是不是接触物体的重量？它是怎样求出的？
8. 试分析汽车行驶时，地面对前轮和后轮（主动轮）摩擦力的方向。

习 题

1. 起吊双曲拱桥的拱肋时，如图 2-38 所示位置平衡，已知 $W = 30\text{kN}$。求钢索 AB 与 BC 的拉力。

答：（$T_{AB} = 15.53\text{kN}$　$T_{AC} = 22\text{kN}$）

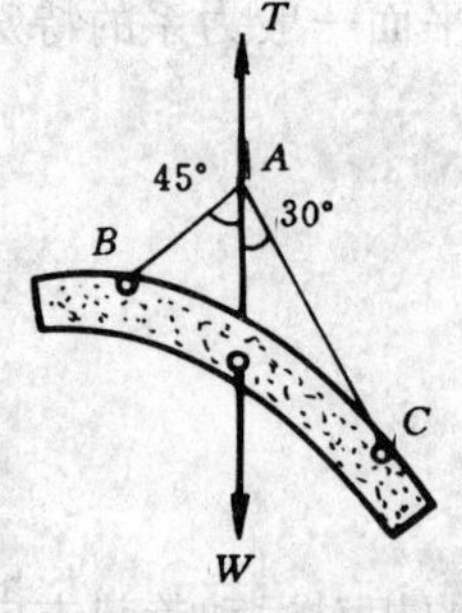

图 2-38

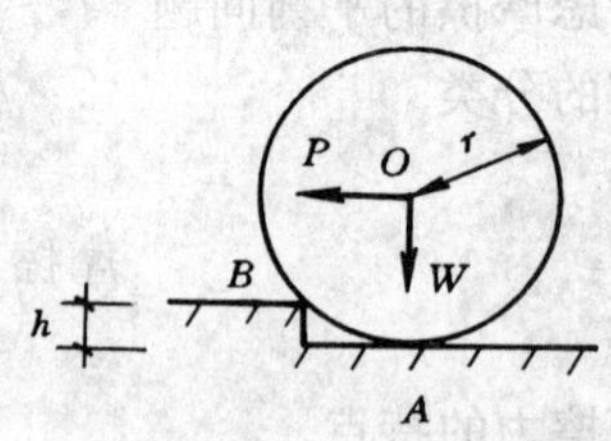

图 2-39

2. 压路机的碾子重 $W=20\text{kN}$，半径 $r=40\text{cm}$，用一通过其中心的水平力 $\boldsymbol{P}$ 将此碾子拉过高 $h=8\text{cm}$ 的石块。求此水平力的大小。如果要使作用的力为最小。问应沿哪个方向拉？并求此力的大小。

(答：$P=15\text{kN}$，$P_{\min}\perp OB$，$P_{\min}=12\text{kN}$)

3. 三角形支架如图 2-40 所示，A、B、C 三处均为铰接，在 D 处支承一管道，管道重 $W=2.5\text{kN}$，求 A、B 处的约束反力。

(答：$R_A=3.95\text{kN}$　$R_B=5.3\text{kN}$)

4. 图 2-41 所示三铰刚架，受水平力 $\boldsymbol{P}$ 的作用。求铰链 A、B 的支座反力。

(答：$R_A=\frac{\sqrt{2}}{2}P$　$R_B=\frac{\sqrt{2}}{2}P$)

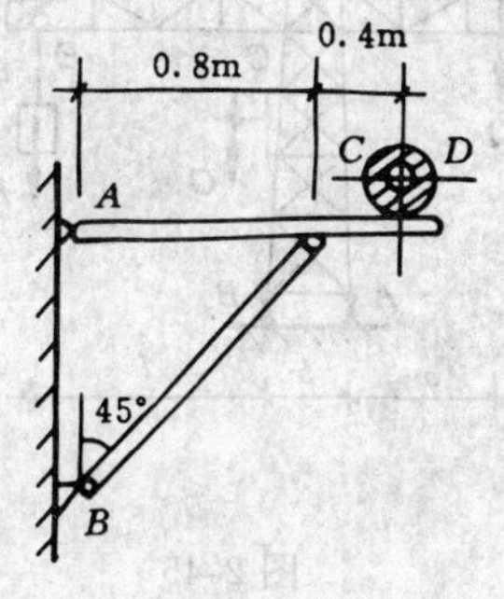

图 2-40

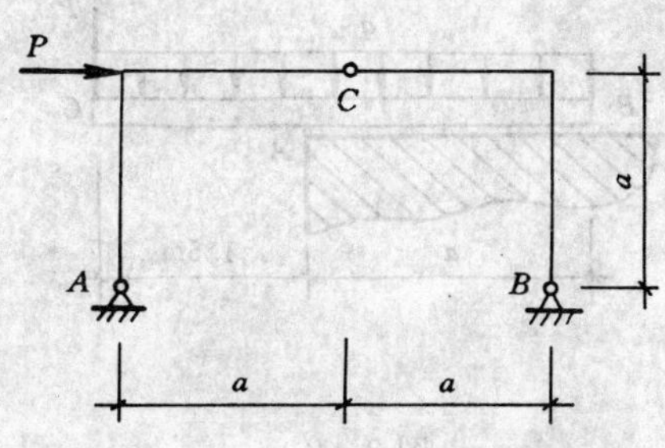

图 2-41

5. 悬臂刚架的尺寸及所受荷载如图 2-42 所示。已知 $q=4\text{kN/m}$，$M=10\text{kN}\cdot\text{m}$，求固定端 A 的反力。

(答：$X_A=0$　$Y_A=12\text{kN}$　$M_A=8\text{kN}\cdot\text{m}$)

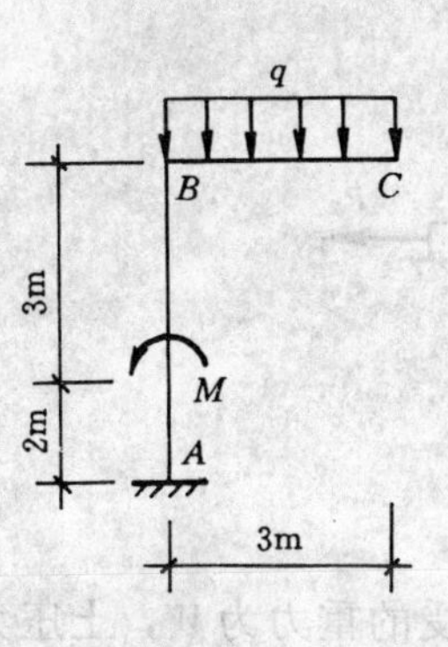

图 2-42

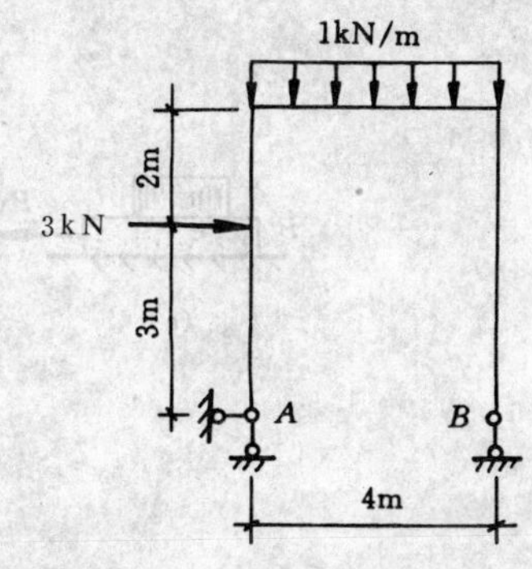

图 2-43

6. 简支刚架的尺寸及荷载如图 2-43 所示。自重不计。试求支座反力。

(答：$X_A=3\text{kN}$　$Y_A=0.25\text{kN}$　$R_B=4.25\text{kN}$)

7. 如图 2-44 所示，一钢筋混凝土梁 BC 置于砖墙上，挑出 1.5m，顶端 C 作用一集中力 $P=1\text{kN}$，梁自重 $q=1.2\text{kN/m}$，取抗倾覆安全系数 $k=1.5$，试求 BA 段的长度 a。

（答：$a=2.67\text{m}$）

8. 塔式起重机如图 2-45 所示，重 $W=500\text{kN}$，重心在 C 点。跑车 E 最大起重量 $P=250\text{kN}$，离 B 轨最远距离 $l=10\text{m}$，为了防止起重机负载时向右翻倒，需在 D 点加一平衡锤。若平衡锤 D 的重量 Q 过大，可能使起重机在空载时向左翻倒。求无论跑车是满载还是空载，起重机在任何位置均不致翻倒平衡锤的最小重量 Q 以及平衡锤到左轨的最大距离 x 应为多少？跑车自重略去不计，且 $e=1.5\text{m}$，$b=3\text{m}$。

（答：$Q_{min}=333\text{kN}$，$x_{max}=6.75\text{m}$）

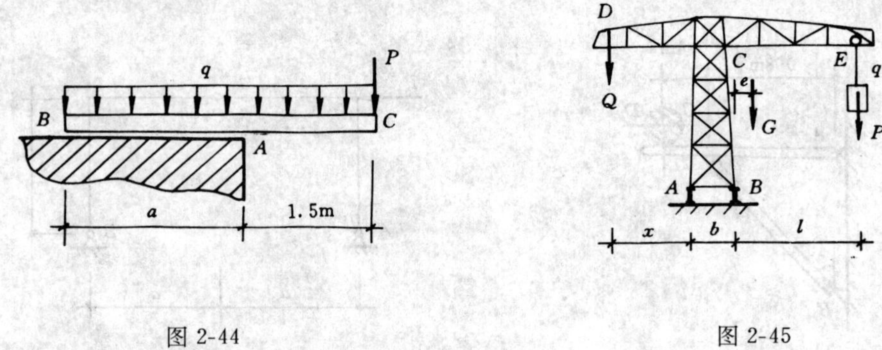

图 2-44　　　　图 2-45

9. 两物块 A、B 相迭放在水平面上，如图 2-46（a）所示。已知 A 块重 500N，B 块重 200N。A 块和 B 块间的静摩擦系数为 $f_1=0.25$，B 块与水平面间的静摩擦系数 $f_2=0.20$。求拉动 B 块的最小力 P_1 的大小。若 A 块被一绳拉住，如图 2-46（b）所示，此时最小力 P_2 的值应为多少？

（答：$P_1=140\text{N}$　$P_2=265\text{N}$）

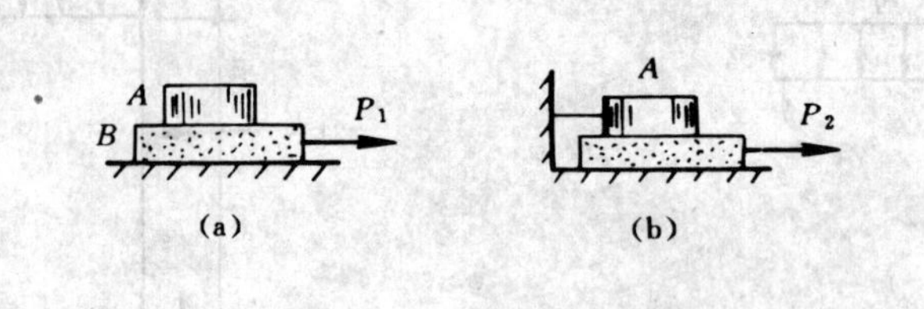

图 2-46

10. 图 2-47 所示一挡土墙，它的单位长度（1m）所受的重力为 W，土压力为 P，力 P 与水平线间的夹角为 α、要使挡土墙不滑动，问墙的底部与地基之间的静摩擦系数 f 最小应为多少？

$$\left(\text{答：} f_{min}=\frac{P\cdot\cos\alpha}{W+P\sin\alpha}\right)$$

11．混凝土坝的横断面如图 2-48 所示，坝高 50m，底宽 44m。设 1m 长的坝受到水压力 $P=9930\text{kN}$，作用位置如图。混凝土容重为 $\gamma=22\text{kN/m}^3$，坝与地面的静摩擦系数 $f=0.6$。

问：（1）此坝是否会滑动？

（2）此坝是否会绕 B 点而翻倒？

（答：（1）否；（2）否）

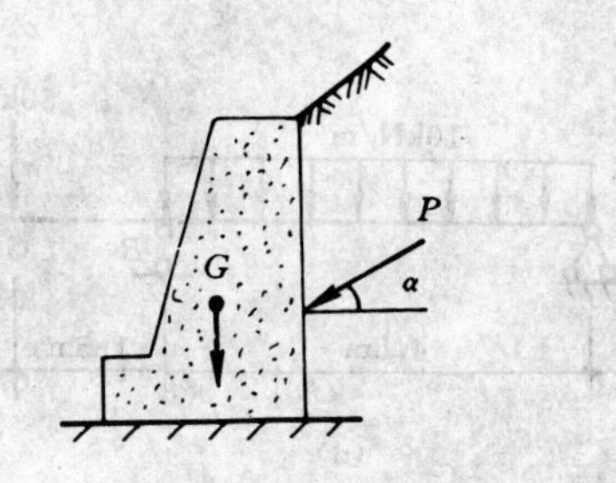

图 2-47

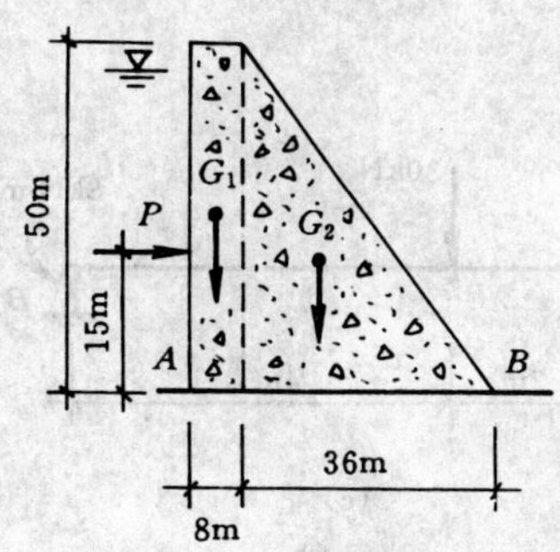

图 2-48

12．求图 2-49 所示桁架各杆的内力。

（答：（a）$N_{14}=\sqrt{3}P$，$N_{23}=-2P$，$N_{13}=0$

（b）$N_{12}=180\text{kN}$，$N_{34}=-\ \ 0\sqrt{5}\text{kN}$，$N_{45}=60\text{kN}$）

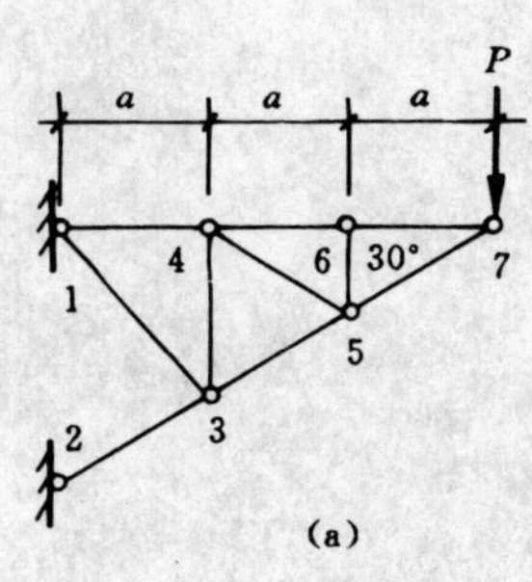

(a)

(b)

图 2-49

13．求图示各梁的支座反力。

（答：（a）$R_A=113.3\text{kN}$　$R_B=86.7\text{kN}$

（b）$R_A=20\text{kN}$　$M_A=40\text{kN}\cdot\text{m}$

（c）$R_A=19.33\text{kN}$　$R_B=10.67\text{kN}$

（d）$R_A=5.83\text{kN}$　$R_B=89.17\text{kN}$

(e) $R_A=9.5\text{kN}$　$R_B=3.5\text{kN}$

(f) $R_A=7.33\text{kN}$　$R_B=8.67\text{kN}$)

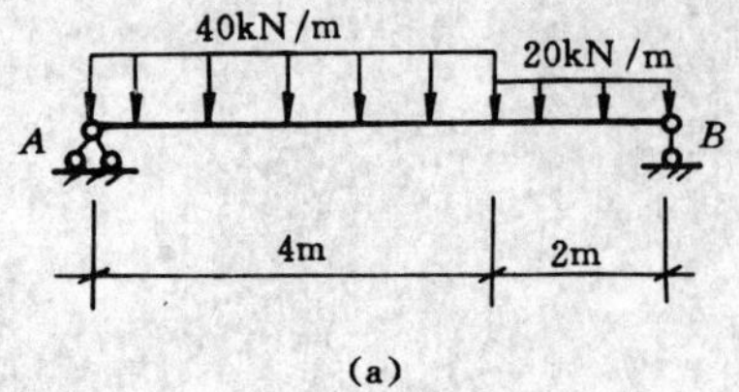

(a)

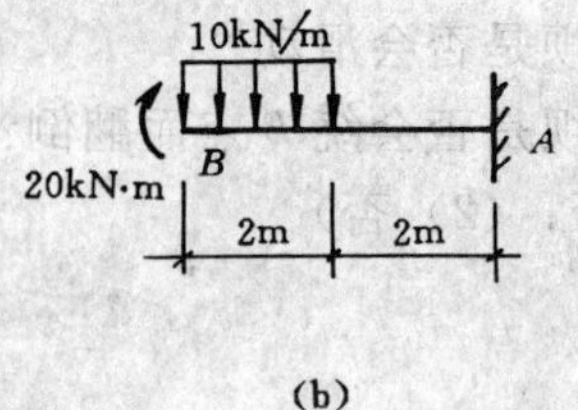

(b)

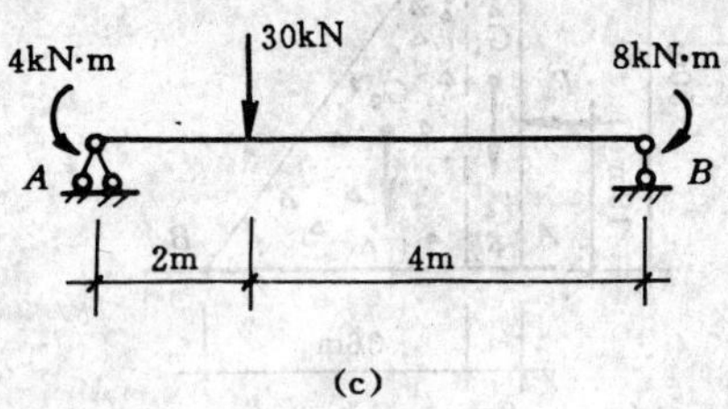

(c)

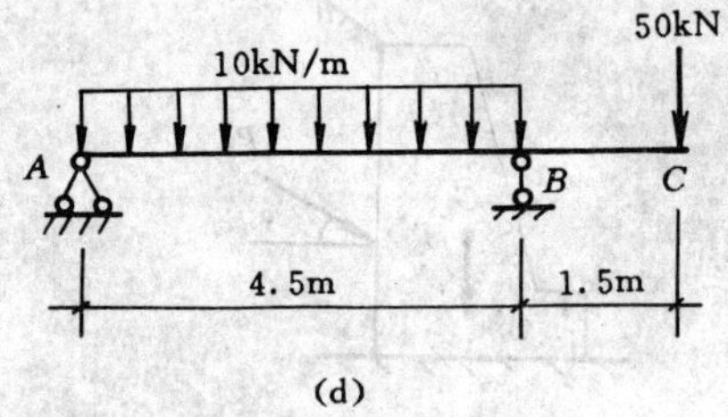

(d)

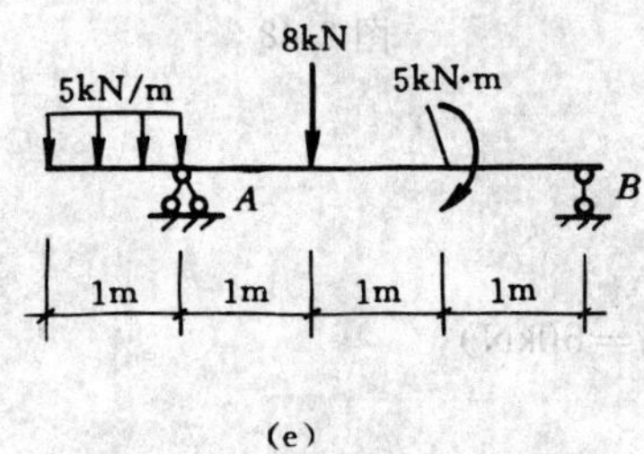

(e)

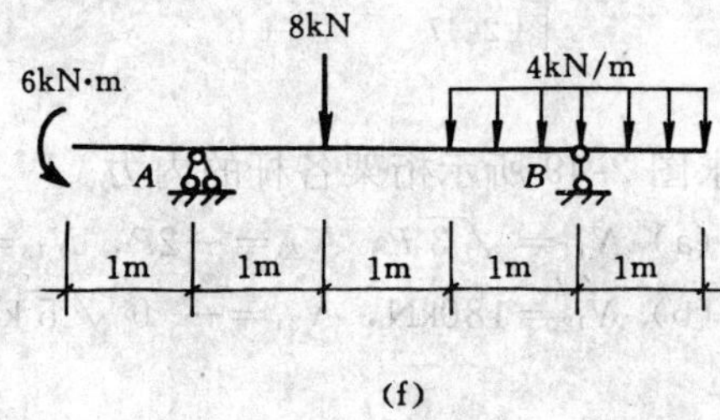

(f)

图 2-50

第三章　轴向拉伸与压缩

在前两章中讲述了静力学的基本内容，我们已初步掌握了物体的受力分析方法和平衡问题的解法，从而解决了结构和构件在外力作用下的平衡问题。那么，是不是说结构或构件在外力作用下只要满足平衡条件就能保证安全了呢？否。如果整个建筑结构处于平衡状态，而结构中的某些构件，如梁、板、柱等抵抗不了外力的作用而发生断裂，仍然使建筑结构不能正常安全地使用，也就是说，建筑结构既不能倒，也不能塌，才能正常安全的使用。建筑结构倒不倒（即平衡）的问题，在前两章中已得到解决，但塌不塌（即破坏）问题，就是以下几章所要讨论的内容。

所谓破坏问题也就是强度问题。强度问题与平衡问题一样，也是建筑力学所要研究和解决的一个主要问题，我们也通常将建筑力学中研究和解决强度问题的这部分内容称为材料力学。材料力学除研究材料的强度问题外，还要研究材料的刚度问题和压杆稳定问题。强度就是指材料抵抗破坏的能力；刚度是指材料抵抗变形的能力；压杆稳定是指压杆保持平衡状态的能力。

需要特别注意的是，材料力学研究问题的方法与静力学研究问题的方法存在一些不同的地方。首先，材料力学的研究对象——杆件不再是刚体，而是变形体（更确切地说是弹性体）。其次，除求解支座反力或杆件间的相互作用力外，在求解杆件的内力时，静力学中的某些基本公理，如力的可传性原理、力的平移定理、加减平衡力系公理以及等效力系的代换等均不再适用。

变形是材料力学不可回避的主要问题。材料的变形可分为基本变形和组合变形。本书仅对材料的基本变形进行研究。材料的基本变形有四种，即轴向拉伸［图 3-1 (a)］与压缩［图 3-1 (b)］，剪切［图 3-1 (c)］，扭转［图 3-1 (d)］，弯曲［图 3-1 (e)］。

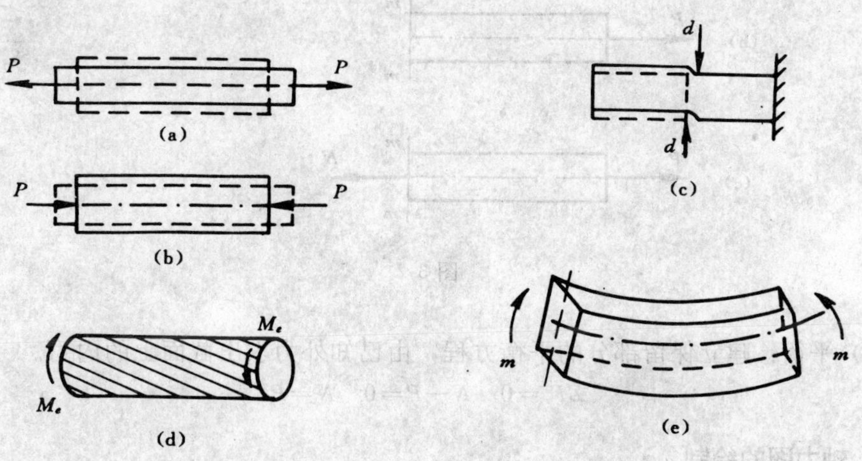

图 3-1

在四种基本变形中，轴向拉伸与压缩和弯曲这两种基本变形是学习的重点。

本章研究第一种基本变形——轴向拉伸与压缩。

第一节　轴向拉伸与压缩时的内力、轴力图

轴向拉伸与压缩是受力杆件最简单而又最基本的变形形式。

当作用于杆件上的外力作用线与杆的轴线重合时，杆件将产生轴向伸长或缩短变形，这种变形形式就称为轴向拉伸或压缩。产生轴向拉伸或压缩变形的杆就称为拉杆或压杆。也可以说受拉构件或受压构件。

在建筑结构中，拉杆和压杆是最常见的结构构件之一，例如：在本书第二章第四节所讲到的桁架中的各杆均是拉杆或压杆，还有门厅的柱子是压杆等等。

一、用截面法求拉压杆的内力——轴力

求拉压杆的内力仍用本书第二章第四节所讲述的截面法，不仅拉压杆的内力用截面法求解，而且在以后讲的各种受力构件的内力也都用截面法求解，因此必须要熟练掌握截面法。

用截面法求杆件的内力可分为以下四个步骤：

(1) 截开：在需求内力的截面处，假想地将杆件切成两部分，如图 3-2 (a) 所示。

(2) 去留：将截开的两部分可任意地去掉一部分，保留一部分，如图 3-2 (b) 所示。

(3) 代替：将去掉部分对保留部分的作用以内力代替，如图 3-2 (c) 所示。

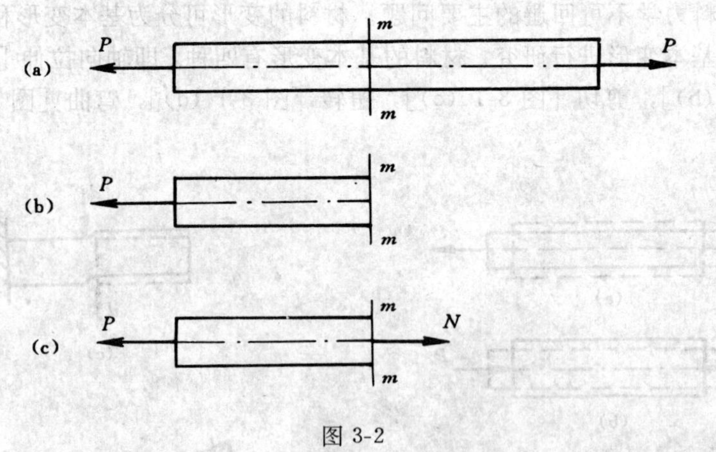

图 3-2

(4) 平衡：建立保留部分的平衡方程，由已知外力求出截面上的内力。

$$\Sigma F_x=0 \quad N-P=0 \quad N=P$$

二、轴力图的绘制

由于拉压杆的内力作用线与轴线重合，因此，也将拉压杆的内力统称为轴力，并规

定：轴力以拉为正，以压力负。如果一个杆件不是二力杆，而是在几个共线力系作用下，那么在不同的杆段上，其轴力也不相同，这样的杆被称为多力杆。在这种情况下，为了能够形象地表示轴力沿杆轴变化的情况，可沿杆轴线方向取坐标 x，表示横截面的位置；以垂直杆轴线的另一坐标表示轴力 N，并按一定比例尺将正的轴力画在轴线上侧，负的轴力画在轴线下侧，如图 3-3（d）所示。这样绘出的轴力随横截面位置而变化的图线被称为轴力图。也可统称为内力图，轴力图是内力图的一种。

［例 3-1］　四个人进行拔河比赛，左边两人与右边两人对抗，势均力敌，维持平衡。四个人用力大小不一，如图 3-3（a）所示，$P_1=500\text{N}$，$P_2=600\text{N}$，$P_3=580\text{N}$，$P_4=520\text{N}$。试绘出该绳的轴力图。

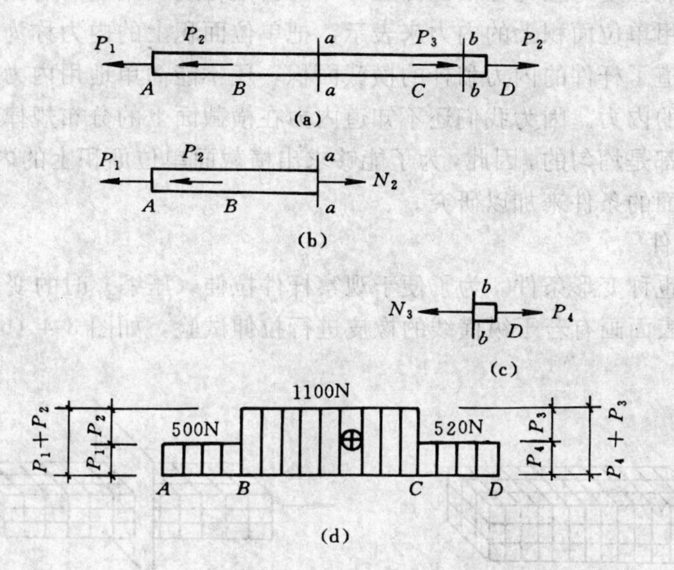

图 3-3

解：（1）分段求轴力

BC 段：在 BC 段任一位置 a—a 处，将绳截开，取左段为研究对象，用轴力 N_a（假定为拉力）代替右段对左段的作用。列平衡方程：

$$\Sigma F_x=0 \quad -P_1-P_2+N_2=0$$

$$N_a=P_1+P_2=500+600=1100\text{N}\ （拉力）$$

同理可求得 AB 段的轴力为 $N_1=500\text{N}$，CD 段的轴力为 $N_3=520\text{N}$（拉力）。注意：求此两段轴力时，绝不能将 P_2、P_3 移到绳端。

（2）作轴力图

以绳的轴线为 x 轴，表示截面位置坐标，以适当比例将三段轴力绘于坐标轴上，由于三段轴力均为正，因此都画在轴线的上侧。于是绘得轴力图如图 3-3（d）所示。

通过轴力图，不仅对多力杆的内力沿杆轴的变化情况一目了然，而且，在截面相同的情况下，还可找出轴力最大的截面——即危险截面，如果通过计算危险截面都不能破坏，那么其它截面就更没有问题了。但是如果一个多力杆的轴力不仅沿杆的轴线变化，而且截面的大小也沿轴线发生变化，那么又应该如何确定危险截面呢，这个问题可通过下一节的研究获得解决。

第二节　轴向拉（压）时杆件截面上的应力

在确定拉（压）杆的轴力之后，还不能立即判断出杆件在外力作用下是否会因强度不足而发生破坏，例如：有两根材料相同，且轴力也相同的两根杆，一根杆的横截面积较大，而另一根杆的横截面积较小。显然，横截面积较小的杆容易被破坏。这就说明，杆件拉伸（压缩）时的强度，不仅与杆件的轴力有关，而且还与杆件的横截面积有关。也就是说，杆件的强度与轴力在横截面上分布的密集程度（集度）有关。内力在横截面上分布的集度可用单位面积上的内力来表示，把单位面积上的内力称为应力

但是只知道了杆件的内力和杆的横截面积，还不能简单地用内力除以横截面积来求出单位面积上的内力。因为我们还不知道内力在横截面上的分布规律，内力在横截面上的分布不一定都是均匀的，因此，为了能够求出横截面单位面积上的内力——应力，必须通过以下三方面的条件来加以研究。

1. 几何条件

几何条件也称变形条件。为了便于观察杆件拉伸（压缩）时的变形，可通过对图 3-4（a）所示的表面画有若干纵横线的橡皮进行拉伸试验，如图 3-4（b）所示，如果外力

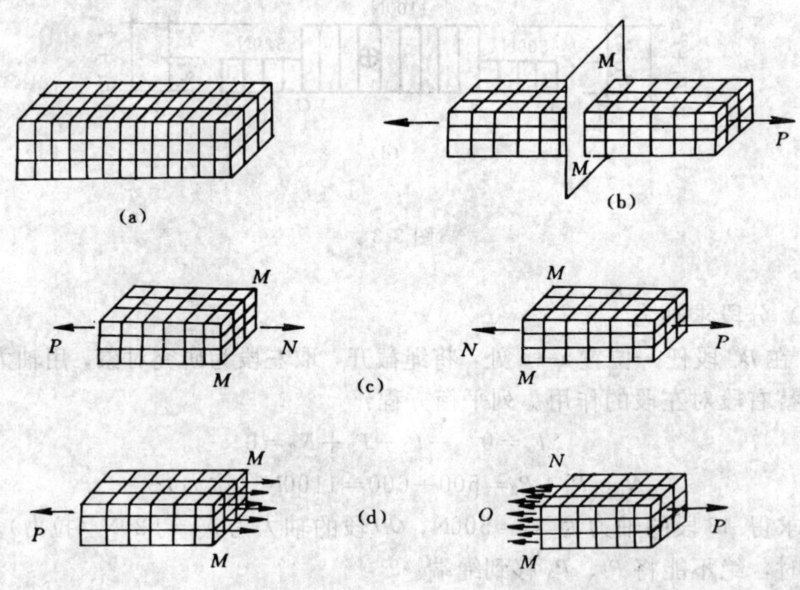

图 3-4

通过橡皮的轴线，则所有的格子的变形都大致相同，说明橡皮是均匀拉伸的。一方面所有的纵线都伸长了，而且伸长量相等；另一方面所有的横线仍保持为平行的直线，而且与纵向线垂直。根据这些现象，可以由表及里地想象推断出：横截面内各点的伸长变形

和表面的纵向线的伸长变形相同。从而作出如下假设：杆件在轴向拉伸（压缩）时，变形前为平面且垂直于杆轴线的横截面，在变形后仍保持为平面，并且仍然垂直于杆轴线。这一假设被称为平面假设。根据这一假设可以断定轴向拉（压）杆在变形过程中，两横截面作相对平移。所以，其间的所有纵向线段的伸长（缩短）都相同，也就是说，轴向拉（压）杆在其任意两横截面之间的拉伸（压缩）变形是均匀的。

2. 物理条件

通过几何条件的研究分析，得到的结论是：杆件在轴向拉伸（压缩）时，其伸长（缩短）量沿整个横截面是相同的。那么，应力与变形之间又存在什么关系呢？通过下一节的学习，即可知道变形的大小与所受内力的大小是成正比例关系的。这就说明拉（压）杆横截面上的应力是均匀分布的，如图 3-4 (d) 所示。也就是说，横截面上各点的应力都相等，且应力的方向与轴力的方向相同，均垂直于横截面。这种方向垂直于横截面的应力被称为正应力（或称为法向应力），以 σ 表示。

3. 静力条件

静力条件也称平衡条件，对图 3-4 (d) 所示的受力图建立平衡方程，若杆的横截面积以字母 A 表示，则

$$\Sigma F_x=0 \quad \sigma \cdot A-P=0$$

$$\sigma=\frac{P}{A}$$

将 $N=P$ 代入上式，得

$$\sigma=\frac{N}{A} \tag{3-1}$$

即正应力 σ 与轴力 N 成正比，与横截面面积 A 成反比。大量实践证明，公式 (3-1) 适用于横截面为任意形状的等截面拉（压）杆。轴向拉伸时，横截面上的正应力为拉应力；轴向压缩时，其横截面上的正应力为压应力。由公式 (3-1) 可知，正应力的符号与轴力的符号是一致的，即拉应力的符号为正，压应力为负。

在国际单位制中，正应力常用的单位是帕斯卡，中文代号是帕，国际代号是 Pa，$1\text{Pa}=1\text{N/m}^2$（1 牛顿每平方米）。在工程实际中，应力的数值较大，常用兆帕 (MPa) 或吉帕 (GPa) 表示，$1\text{MPa}=10^6\text{Pa}$，$1\text{GPa}=10^9\text{Pa}$。

［例 3-2］ 钢木构架如图 3-5 (a) 所示。BC 为钢杆，AB 为木杆。$P=10\text{kN}$、木杆 AB 的截面积 $A_{AB}=100\text{cm}^2$，钢杆 BC 的截面积 $A_{BC}=6\text{cm}^2$。求：AB、BC 横截面上的正应力。

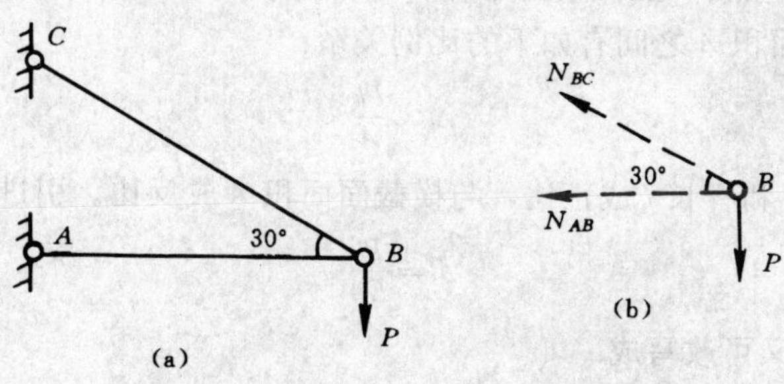

图 3-5

解：由节点 B 的受力图［图 3-5（b）］，列出平衡方程

$$\Sigma F_y=0 \qquad N_{BC}\cdot\cos60°-P=0$$

得

$$N_{BC}=2P=20\text{kN（拉）}$$

$$\Sigma F_x=0 \qquad N_{AB}+N_{BC}\cdot\cos30°=0$$

得

$$N_{AB}=-\frac{\sqrt{3}}{2}N_{BC}$$

$$=-\sqrt{3}P=-17.3\text{kN（压）}$$

两杆横截面上的正应力为

$$\sigma_{AB}=\frac{N_{AB}}{A_{AB}}=\frac{-17.3\times10^3}{100\times10^{-4}}=-1730000\text{Pa}=-1.73\text{MPa（压）}$$

$$\sigma_{BC}=\frac{N_{BC}}{A_{BC}}=\frac{20\times10^3}{6\times10^{-4}}=33300000\text{Pa}=33.3\text{MPa（拉）}$$

第三节　拉（压）杆的变形及虎克定律

杆件在外力作用下发生了变形，当外力卸除后，有时杆件的变形随之完全消除，这种变形叫做弹性变形。而材料的这种能在外力卸除后，消除由外力引起的变形的性能，称为弹性。利用弹性，人们制造了弹簧、弓箭等等。实验证明，只要外力不超过某一限度，很多材料如钢材等可以认为是完全弹性的。这一限度被称为弹性范围。

如果外力超过了弹性范围以后，再卸除外力，杆件的变形就不会完全消除了，还要残留一部分变形。这部分不能消除的变形，称为塑性变形或残余变形。材料的这种具有塑性变形的性能，称为塑性。利用塑性，人们可以将材料加工成各种形状的物品。

但是，对结构来说，材料发生塑性变形后，常使构件不能正常工作。所以，工程中一般都把构件的变形限定在弹性范围内。我们所要讲的都是弹性范围内的变形情况。

实验表明，轴向拉伸时，杆件沿轴线方向发生纵向伸长，而横向尺寸则减小；轴向压缩时，杆件沿轴线方向发生纵向缩短，其横向尺寸则增加。把杆件沿轴线方向的变形称为纵向变形；把垂直于轴线方向的变形称为横向变形。如图 3-6 所示，设杆件原长为 l，横向尺寸为 a，轴向受力后，杆长变为 l_1，横向尺寸变为 a_1，则杆的纵向变形为

$$\Delta l=l_1-l$$

拉伸时纵向变形为正，压缩时纵向变形为负。纵向变形的单位是毫米（mm）。

实验表明，杆件在轴向拉伸或压缩时，当外力不超过弹性范围，纵向变形 Δl、外力 P、杆长 l 及横截面面积 A 之间有如下的比例关系：

$$\Delta l\propto\frac{Pl}{A}$$

即纵向变形与外力 P 和杆长 l 成正比，与横截面面积 A 成反比。引进比例常数 E，则有

$$\Delta l=\frac{Pl}{EA}$$

由于 $P=N$，故此式又可改写成

$$\Delta l=\frac{Nl}{EA} \tag{3-2}$$

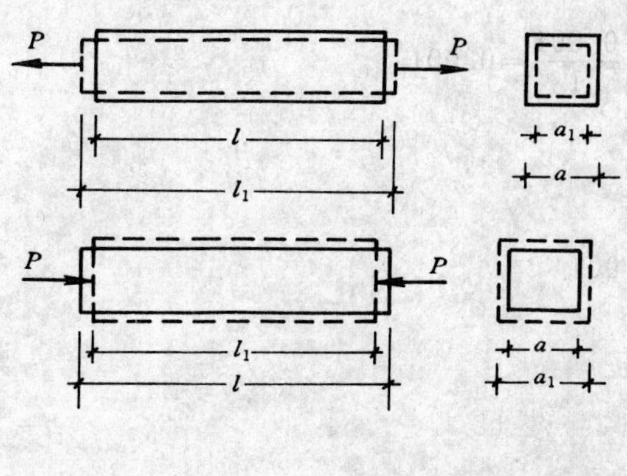

图 3-6

这一比例关系，被称为虎克定律。在弹性范围内，杆件的纵向变形与轴力及杆长成正比，与杆件的横截面面积成反比。

式（3-2）中，比例常数 E 称为弹性模量。E 的数值随材料而异，是通过试验测定的。利用公式(3-2)便可根据杆的轴向拉力 N 来计算拉杆的伸长。这个公式也适用于压杆。在按此公式计算纵向变形 Δl 时，由于轴力 N 有压力为负、拉力为正之分，故求得的 Δl 也有缩短为负、伸长为正的区别。EA 称为杆的抗拉（抗压）刚度，对于长度相等且受力相同的拉（压）杆，其抗拉（抗压）刚度越大，则拉（压）杆的变形就越小。因此，抗拉（抗压）刚度反映了一定材料、一定截面制成的杆件抵抗拉伸（压缩）变形的能力。拉压弹性模量的单位与应力的单位相同，在国际单位制中常用 GPa 或 MPa。

如有两根横截面相同而长度不同的杆，承受同样大的拉力作用。显然，长杆的纵向伸长 Δl 比短杆的要大。为了说明杆件变形的程度又消除杆件原长对变形的影响，采用单位长度的变形来描述杆件的变形程度。单位长度的变形称为相对变形（对应地整个杆件长度上的变形称为绝对变形），杆件拉压相对变形也称为线应变，并以 ε 表示，既

$$\varepsilon=\frac{\Delta l}{l} \tag{3-3}$$

在拉伸时，ε 为正，压缩时 ε 为负。显然，线应变是无量纲的量。

现将式（3-2）利用式（3-3）和式（3-1）经过改写后，将具有更普遍的意义。先将公式（3-2）作如下变动：

$$\frac{\Delta l}{l}=\frac{1}{E}\cdot\frac{N}{A}$$

由式（3-3）可知，上式中$\frac{\Delta l}{l}$为杆内任一点处的纵向线应变 ε。此外由公式（3-1）可知 $\sigma=\frac{N}{A}$。将这两个关系式代入上式，即得虎克定律的另一表达形式

$$\varepsilon=\frac{\sigma}{E} \quad 或 \ \sigma=\varepsilon E \tag{3-4}$$

它表明在弹性范围内应力与应变成正比。

［例 3-3］　一钢杆，长 $l=1\text{m}$，横截面面积 $A=2\text{cm}^2$，受到 $P=40\text{kN}$ 的拉力，钢的弹性模数 $E=200\text{GPa}$。求：钢杆的绝对伸长 Δl，纵向线应变 ε，应力 σ。

解：由绝对伸长计算公式得：

$$\Delta l=\frac{Pl}{EA}=\frac{40\times10^3\times1}{200\times10^9\times2\times10^{-4}}=0.001\text{m}\ （伸长）$$

纵向线应变：

$$\varepsilon=\frac{\Delta l}{l}=\frac{0.001}{1}=0.001$$

钢杆的应力：

$$\begin{aligned}\sigma&=E\cdot\varepsilon\\&=200\times10^9\times0.001\\&=200\times10^6\text{Pa}\\&=200\text{MPa}\ （拉）\end{aligned}$$

第四节 拉伸和压缩时材料的力学性能

在前面所讨论的拉（压）杆的计算中，曾涉及到材料本身的一些力学性能，如材料的塑性性能、弹性常数等。在后面的章节中还将涉及到材料的另外一些力学性能。材料的这些力学性能，只能通过试验才能得到。

工程上使用的材料有多种多样，但依据其残余变形的性质来区分，可分为两大类：塑性材料与脆性材料。材料在断裂时有显著残余变形发生的，称为塑性材料，如低碳钢、铅、青铜等，而以低碳钢为典型代表。材料在断裂时残余变形是很小的，称为脆性材料，如铸铁、混凝土、玻璃、石料等，而以铸铁为典型代表。

下面重点介绍低碳钢、铸铁在常温（20℃）和静荷载下（缓慢加载）的拉伸和压缩试验。

一、低碳钢在拉伸时的力学性能

拉伸试验是研究材料力学性能的最常用、最基本的试验。

现将材料做成标准的试件，使其几何形状和受力条件都符合轴向拉伸试验的要求。

常用的标准试件一般都做成两端较粗而中间有一段等值的部分。在此等值部分规定一段作为测量变形的标准，称为工作段，其长度 l 称为标距，如图 3-7 所示，当试件受力时标距内任何截面上的应力均相同。端部的加粗是为了便于与试验机的夹头连接，以及避免由于其它意外原因引起端部（即标距以外）破坏的可能性。为了能比较不同粗细的试件在拉断后工作段的变形程度，常用试件的标距与横截面面积之间的比例为：

对于圆形截面试件，$l=10d$ 和 $l=5d$；

对于矩形截面试件，$l=11.3\sqrt{A}$ 和 $l=5.63\sqrt{A}$。

进行拉伸（压缩）试验时，要用两类主要的设备：

(1) 对试件施加荷载使它发生变形，并能测定出试件的拉（压）力（整个截面的内力）的设备，以及拉力机（压力机）或万能试验机。这些实验设备的基本工作方式是通过试验机的夹头（或压座）的位移，而对牢固地夹紧在试验机夹头之间的试件施加拉力（压力），使试件发生变形。

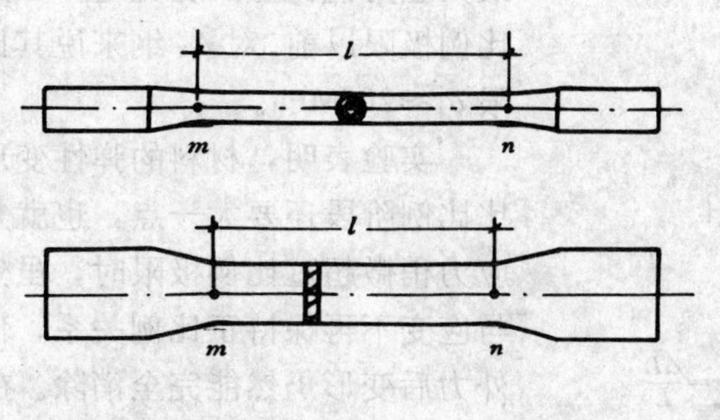

图 3-7

试验过程中，在试验机上示力盘的指针指示出试件所受到的拉（压）力，即荷载的大小。

（2）量测试件变形的仪器，如电阻应变仪、杠杆或引伸仪等，它们的作用主要是将微小变形放大。使其能在所需的精确度范围内量测试件的变形。

在使用万能试验机进行拉伸试验时，将试件夹在万能试验机的夹头中，逐渐加力拉伸直至破坏，力 P 和伸长 Δl 的关系，可由试验机的自动绘图仪所绘成的曲线来表示，如图 3-8 所示，这种图被称为拉伸图或 $P-\Delta l$ 图。

图上任一点的纵坐标，表示拉力 P 的大小，而横坐标则表示相应于力 P 时的绝对伸长 Δl 的大小。由拉伸图可以揭示出试件在试验过程中伸长 Δl 与荷载 P 之间的定量关系。因为当 P 为某一定值时，试件的伸长 Δl 与试件的原长 l 有关，而当伸长 Δl 为某一定值时，试件的拉力 P 又与试件的原截面面积有关，所以拉伸图将会因为试件尺寸的改变而在很大范围内变化。因此按某种尺寸的试件绘出的拉伸图，只说明在该试件的尺寸下材料的拉伸情况，而不能代表其它试件尺寸的情况。为了消除试件尺寸的影响，直接表明所研究材料的性质，可将拉伸图的纵坐标 P 除以试件的原截面面积 A，即用应力 σ 来表示；将横坐标 Δl 除去试件的原长 l，即用应变 ε 来表示。这样，就得到另一种图形，称之为应力-应变图，简称 σ-ε 图，如图 3-9 所示。比较应力—应变图与拉伸图，可以看出两者的图形是相似的。但是，应力-应变图消除了试件外部尺寸的影响。因此更具有一般意义。

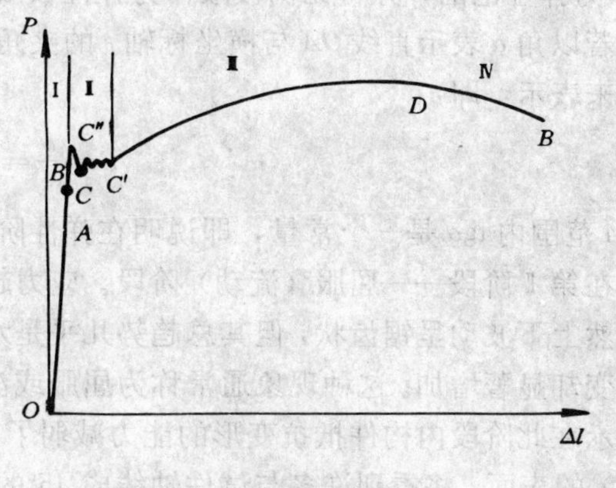

图 3-8

根据拉伸试验的应力-应变图，可以看出，低碳钢试件在整个拉伸试验过程中，应力与应变间关系的变化发展过程是比较复杂的，根据曲线的变化规律，可将其分为四个阶段。

第Ⅰ阶段——比例阶段。在图形上的 OA 段是一条直线，所以在此阶段应力与应变成正比例关系（或称线性关系）叫做比例阶段。在比例阶段应力与应变符合虎克定律，满足公式（3-4）。这时试件的变形完全是弹性的，即如将试件上的荷载逐渐卸去后，变形则随之全部消失，试件完全回复到原来的长度。这里 A 点是个临界点，当超过点 A 后，正比关系就不再存在了，所以，把与点 A 相对应的应力称为比例极限，用 σ_p 来表示。比例

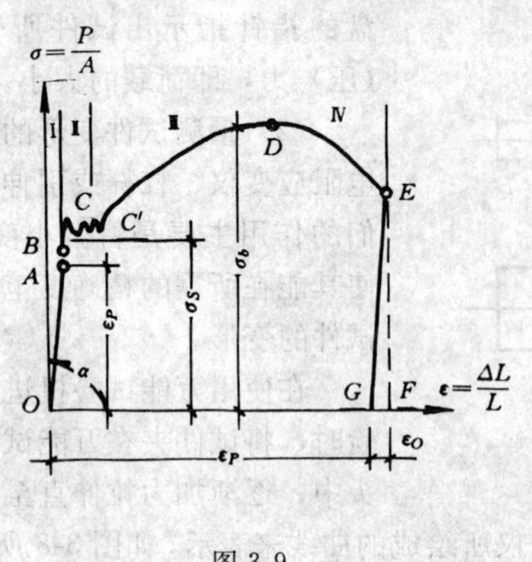

图 3-9

极限是使应力，应变保持正比关系的最大应力值。显然，虎克定律只限用于比例极限以前。对 A_3 钢来说其比例极限 $\sigma_p \approx 200$MPa。

实验表明，材料的弹性变形范围比比例阶段还要大一点，也就是说当应力稍微超过比例极限时，虽然应力与应变不再保持正比例关系，但撤去外力后变形仍然能完全消除。在图 3-9 上从 A 点至 B 点这一段内，虽然应力与应变不再呈直线关系，但试件仍处于弹性范围。所以，AB 段与 OA 直线阶段统称为"弹性阶段"。由于弹性范围很难测准，同时又与比例阶段相接近（即 A、B 两点很接近），在工程中常将比例阶段 OA 作为弹性范围，并将比例极限作为弹性极限来处理。

若以角 α 表示直线 OA 与横坐标轴 ε 的夹角，那么材料的弹性模量 E 可以用夹角 α 的正切来表示，即：

$$E=\frac{\sigma}{\varepsilon}=\mathrm{tg}\alpha \tag{3-5}$$

在 OA 范围内 $\mathrm{tg}\alpha$ 是一个常量，即说明在弹性阶段内，材料的弹性模量 E 是一个常量。

在第Ⅱ阶段——屈服（流动）阶段。应力超过点 B 的应力 σ_e 以后一直到达点 C'，图形虽然上下波动呈锯齿状，但其总趋势几乎是水平的，这就表明应力增加不多或不增加，而应变却显著增加。这种现象通常称为屈服或流动，故此阶段称为屈服阶段或流动阶段。它表示在此阶段内构件抵抗变形的能力减弱了。这时，如果仔细观察试件（经过抛光的试件）的表面，将看到许多与试件轴线成 45°的斜线，如图 3-10 所示。这是由于 45°方向有某种最大应力使材料内晶体发生相对滑移的结果，故此斜线也称为滑移线。在流动阶段应力 σ 有幅度不大的波动，其最低点 C 的应力称为材料的屈服极限或流动极限，以 σ_s 表示，对于 A_3 钢其屈服极限 $\sigma_s \approx 240$MPa。材料在屈服阶段内已开始产生塑性变形。

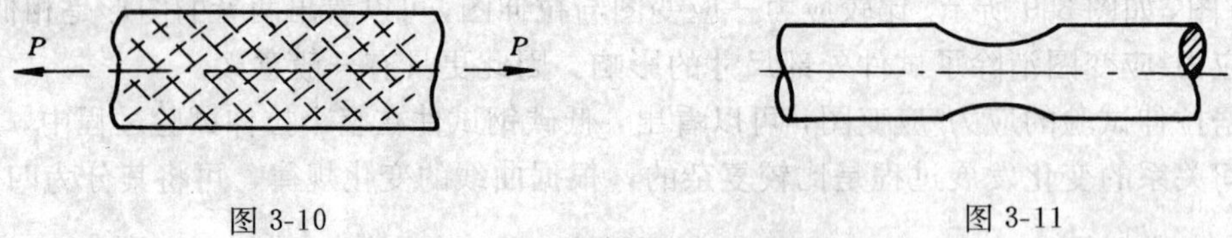

图 3-10　　图 3-11

第Ⅲ阶段——强化阶段。点 C' 以后曲线又渐渐上升，材料又恢复了抵抗变形的能力。这时，只有增加荷载才会继续变形。这是因为材料流动到一定程度时，其内部结构因晶体组织排列的位置经过改变后也重新得到了调整，固而材料抵抗变形的能力不断地得到加强，这种现象使材料强化，到达点 D 时其应力最大，故 $C'D$ 段称为强化阶段。由于在强化阶段中，试件的变形主要是塑性变形，所以要比在弹性阶段内的变形大得多。在此阶段内可看到整个试件的横向尺寸有显著的缩小。强化阶段的最高点 D 所对应的应力，称为材料的强度极限，并用 σ_b 表示。强度极限是材料所能承受的最大应力。通常 A_3 钢的强度极限 $\sigma_b \approx 400$MPa。

第Ⅳ阶段——颈缩阶段。应力到达强度极限 σ_b 以后，变形便迅速增加，而应力也迅速下降。此时，可以看到试件的变形开始集中在某一局部区域，该区域横截面出现局部收缩，即所谓“颈缩”现象，如图 3-11 所示，这种现象说明，从 D 点开始，试件已经不在整个试件上均匀地变形，而是变形主要集中于颈缩处。曲线下降，到点 E 试件断裂。因此这一阶段称“颈缩阶段”，也称“局部变形阶段”。

综合上述分析可知：在整个拉伸过程中，材料经历比例、屈服、强化和颈缩四个阶段，并存在 A、C、D 三个特征点，其相应的应力依次为比例极限 σ_p 屈服极限 σ_s 和强度极限 σ_b。当应力达到屈服极限 σ_s 时，材料虽未断裂，但产生了较大的变形，已不能保证构件的正常工作。当应力达到强度极限 σ_b 以后，材料将发生破坏。因此，屈服极限 σ_s 和强度极限 σ_b 反映了材料抵抗破坏的能力，它们是材料强度性能的两个重要指标。各种牌号钢材的 σ_s、σ_b 值，可从有关材料手册中查到。材料的塑性性能可以通过残余变形大小反映出来，通常以延伸率 δ 或截面收缩率 ψ 表示。

因试件断裂会存在残余变形。试件断裂后，可在断口处把试件对接起来，量出标距间的最终长度 l，若标距原长为 l_1,则试件单位的残余变形（用百分数表示）为

$$\delta=\frac{l_1-l}{l}\times 100\% \tag{3-6}$$

δ 称为延伸率。δ 值越大，材料的塑性性能越好。因此，延伸率是衡量材料塑性变形程度的重要标志。由于延伸率 δ 与试件原来的几何尺寸有关，故规定必须采用 $l=10d$ 和 $l=5d$ 的标准试件。测定结果分别用 δ_{10} 和 δ_5 来表示。延伸率大的材料在轧制和冷压加工时不易断裂，并能抵抗较大的冲击荷载。在工程中通常将 $\delta_{10}>5\%$ 的材料称为塑性材料。例如：A_3 钢 $\delta_{10}=20\%\sim30\%$，是较好的塑性材料；结构钢和硬铅等也是塑性材料。而将 $\delta_{10}<5\%$ 的材料称为脆性材料，铸铁、石料和高碳工具钢则属于脆性材料。

衡量材料塑性变形程度的另一个指标是断面收缩率 ψ。试件断口处直径收缩的越多，材料的塑性性能越好。设试件原直径为 d，断裂后量出的断口处直径为 d_1，则截面收缩率为

$$\psi=\frac{A-A_1}{A}\times 100\%=\frac{d^2-d_1^2}{d^2}\times 100\% \tag{3-7}$$

式中 $A=\frac{\pi d^2}{4}$ 为试件原截面面积，$A_1=\frac{\pi d_1^2}{4}$ 为断口处截面面积。对于 A_3 钢来说，截面收缩率 ψ 约为 60%～70%。

二、铸铁在拉伸时的力学性能

铸铁是一种典型的脆性材料。作拉伸试验也可得到其 σ—ε 曲线，如图 3-12 所示。与低碳钢 $\sigma-\varepsilon$ 曲线比较，它具有看不见低碳钢变形的四个阶段的特点，即无屈服现象，也无颈缩现象，几乎从一开始就不是直线，但由于试件变形非常微小。因此，一般可以近似地将其 $\sigma-\varepsilon$ 曲线绝大部分看成是直线，并认为材料在这一范围内是服从虎克定律的。

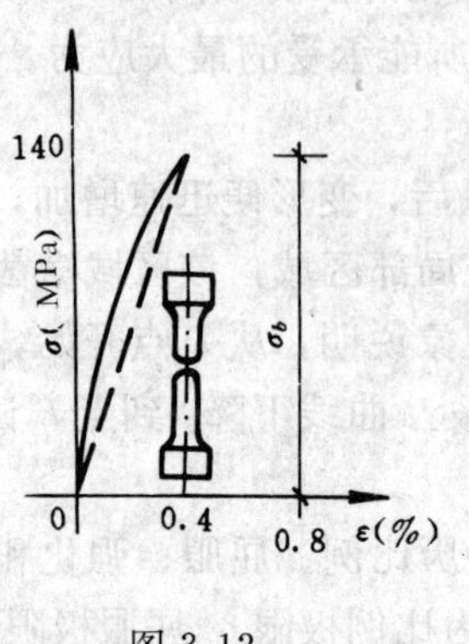

图 3-12

在工程计算中通常用 $\sigma-\varepsilon$ 曲线的割线（如图 3-12 的虚线）来代替此曲线在开始部分的直线，从而确定其弹性模量。铸铁在拉伸试验时断裂是突然发生的，延伸率几乎等于零。衡量脆性材料强度的唯一指标是强度极限 σ_b。

三、材料在压缩时的力学性能

一般细长试件在轴向压缩时容易因失去稳定而折损，所以，在金属的压缩试验中，通常使用短粗圆柱形试件，其高度一般为直径的 1.5～3 倍。

低碳钢压缩时的应力-应变曲线如图 3-13（a）所示，为进行对比，用虚线表示拉伸时的 $\sigma-\varepsilon$ 关系，可以看出：在屈服阶段以前，两曲线基本上是重合的，其弹性模量和屈服极限在拉伸和压缩时基本相等。但是，随着压力继续增大，低碳钢试件将越压越“扁”，如图 3-13（b）所示，可以产生很大的塑性变形而不破裂，所以无法测出材料的抗压强度极限。这也就是钢材的力学性能通常主要用拉伸试验来确定的原因。

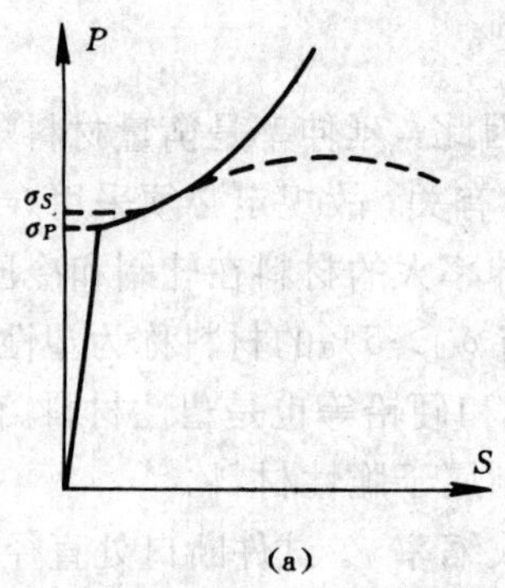

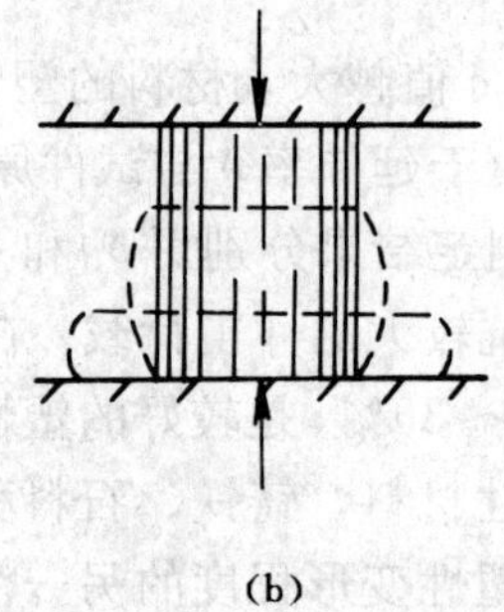

图 3-13

铸铁压缩时的应力-应变曲线如图 3-14（a）所示（虚线表示铸铁拉伸时的应力-应变曲线），和拉伸曲线相似，其比例阶段也较短。不同的是抗压强度极限远高于抗拉强度极限（约 3～4 倍）。所以，脆性材料宜用作受压构件。通常铸铁试件压缩时破裂断口与轴线约成 45°，如图 3-14（b）所示。

通过低碳钢、铸铁的拉伸和压缩试验，我们知道了塑性材料和脆性材料的基本力学性质，两者的主要异同点如下：

（1）当应力不超过一定限度时，无论是塑性材料，还是脆性材料，应力与线应变间的关系均在不同精度内成正比例。这就是为什么在建筑力学中多数情况下都把材料看成是完全弹性体，认定材料服从虎克定律的根据。

(2) 塑性材料在断裂时有明显的塑性变形，而脆性材料在很小的变形情况下就会发生断裂。

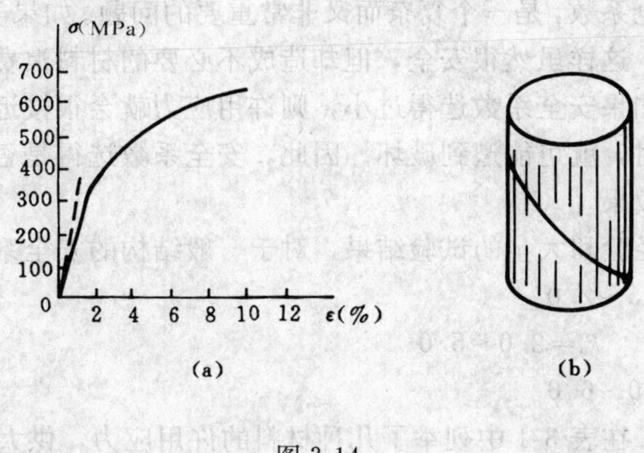

图 3-14

(3) 塑性材料的抗拉强度极限较脆性材料高。因此，一般来说，塑性材料宜用作受拉构件。

(4) 因为脆性材料的抗压强度极限比其抗拉强度极限大得多，所以宜用作受压构件。

第五节　许用应力和安全系数

由前面的试验可知，当应力达到强度极限 σ_b 时，试件会发生断裂破坏；当应力达到屈服极限 σ_s 时，试件将出现显著的塑性变形。显然，无论构件发生断裂或显著的塑性变形，构件都失去了正常工作的效能，都是不允许的。所以，σ_b 和 σ_s 统称为材料的极限应力，并用 σ_0 表示。

对于塑性材料，在屈服时就会产生过大的塑性变形，所以屈服极限 σ_s 就是极限应力；对于脆性材料，在变形很小时就发生断裂，强度极限 σ_b 是其唯一的强度指标，所以强度极限 σ_b 就是极限应力。

在理想的情况下，为了充分利用材料的强度，最好使构件在荷载作用下的工作应力接近于材料的极限应力，但实际上很难做到这一点，这是因为：

(1) 作用在构件上的荷载常常估计不准确；

(2) 应力的计算通常都会带有一定的近似性；

(3) 材料都不是绝对均匀的，等等。

所有上述因素都有可能使构件的实际工作条件比设想的要偏于不安全的一面。为了确保安全，构件应该具有适当的强度储备。因此，构件在工作时所允许承受的最大应力，只能是材料的极限应力 σ_0 的若干分之一，这个允许应力值被称为材料的许用应力，并用 $[\sigma]$ 表示。极限应力与许用应力的比值称为安全系数，对于屈服极限 σ_s 的安全系数用 k_s 表示；对于强度极限 σ_b 的安全系数用 k_b 表示。这样材料的许用应力可分别用下列两式表达：

塑性材料的许用应力　　$[\sigma]=\frac{\sigma_s}{k_s}$ (3-8)

脆性材料的许用应力　　$[\sigma]=\frac{\sigma_b}{k_b}$ (3-9)

正确地选择安全系数，是一个复杂而又非常重要的问题。如果安全系数选得过大，则许用应力就会过小，这样虽然很安全，但却造成不必要的材料浪费，而且也会使构件变得很笨重。反之，如果安全系数选得过小，则许用应力就会很接近极限应力，当构件处于异常状态而过载时，就可能遭到破坏。因此，安全系数选得是否恰当，将直接影响构件安全程度和经济效果。

根据工程实践经验和大量的试验结果，对于一般结构的安全系数规定如下：

钢材　　$k_s=1.5\sim2.0$

铸铁、混凝土　　$k_b=2.0\sim5.0$

木材　　$k_b=4.0\sim6.0$

为了计算方便，在表 3-1 中列举了几种材料的许用应力，供大家参考。

表 3-1　常用材料的许用应力

材料名称	牌　号	许 用 应 力 (MPa)	
		轴向拉伸	轴向压缩
低碳钢	A_3	170	170
低合金钢	16Mn	230	230
灰口铸铁		34～54	160～200
混凝土	标号 200	0.44	7
混凝土	标号 300	0.6	10.3
红松（顺纹）		6.4	10

注：适用于常温、静荷载和一般工作条件下的拉杆和压杆。

第六节　拉伸和压缩时的强度计算

通过前面几节的分析可知，拉（压）杆横截面上的正应力为

$$\sigma=\frac{N}{A}$$

此应力又称为工作应力，它是拉（压）杆工作时由荷载引起的应力。

显然，为了保证拉（压）杆不致因强度不足而发生破坏，杆内最大工作应力的绝对值必须不超过材料在拉伸（压缩）时的许用应力，即要求：

$$|\sigma_{\max}|=\left|(\frac{N}{A})_{\max}\right|\leqslant[\sigma] \tag{3-10}$$

此条件称为拉（压）杆的强度条件。对于等截面拉（压）杆，上式则变为：

$$\sigma_{\max}=\frac{|N_{\max}|}{A}\leqslant[\sigma]$$

根据这个条件，可以解决下列三种类型的强度计算问题。

一、校核强度

当已知杆件尺寸，许用应力和所受外力时，检验其是否满足强度条件的要求。也就是要判断该杆在已知外力作用下能否安全工作。校核强度的具体办法是根据公式(3-10)，即：

$$|\sigma_{max}|=\left|\left(\frac{N_{max}}{A}\right)\right|\leqslant[\sigma]$$

检查构件强度条件是否被满足。如果满足上述条件要求，则表示这个构件具有足够的强度。否则，就需要增加构件的截面面积，以使构件的工作应力 σ_{max} 的绝对值减小。重新校核构件强度条件是否满足。

[例 3-4]　图 3-15 (a) 所示的两杆组成挂物支架。下面悬挂重物 $P=42.6$kN，杆件均由 $d=14$mm 的圆钢制成，其许用应力 $[\sigma]=170$MPa，试校核两杆强度。

解：(1) 计算杆的内力

取节点 A 及连同截取的部分杆 AB 和 AC 为研究对象，作出研究对象的受力图，如图 3-15 (b) 所示。

列平衡方程，求 N_{AB}、N_{BC}

先由　$\Sigma F_x=0$

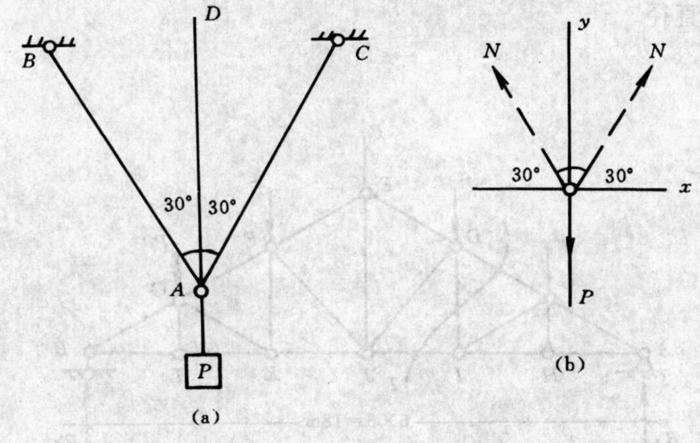

图 3-15

$$N_{AB}\cdot\sin30°-N_{AC}\cdot\sin30°=0$$

$$N_{AB}=N_{AC}=N$$

再由

$$\Sigma F_y=0$$

$$P-2N\cdot\cos30°=0$$

$$N=\frac{P}{2\cdot\cos30°}=\frac{42.6}{2\times0.866}=24.6\text{kN（拉）}$$

(2) 校核杆的强度

杆件的截面面积为：

$$A=\frac{\pi d^2}{4}=\frac{\pi\cdot\ (14\times10^{-3})^2}{4}$$
$$=153.9\times10^{-6}\text{m}^2$$

代入强度条件式（3-10），两杆相同，均为：

$$\sigma=\left|\frac{N}{A}\right|=\frac{24.6\times10^3}{153.9\times10^{-6}}=160\text{MPa}<[\sigma]=170\text{MPa}$$

两杆均满足强度要求。

二、设计截面

设计某一构件时，若已知构件所受的轴向拉力（压力），根据实际选用的材料，由有关手册中查得该材料的许用应力［σ］后，即可以利用强度条件（3-10）为杆件选择合理的截面面积。

显然这时杆件截面面积

$$A\geqslant\left|\frac{N_{\max}}{[\sigma]}\right|$$

在得出杆件所必需的截面面积后，再进一步按照结构构件的用途和性质，确定截面形状，并选择合适的截面尺寸。

［例 3-5］ 钢木屋架的尺寸及计算简图如图 3-16 (a) 所示，其中杆 CH，DI，EJ，FK，GL 是钢拉杆，如果已知 $P=16\text{kN}$，钢拉杆用圆杆制成，其许用应力为［σ］＝120MPa，试确定钢拉杆 DI 的直径。

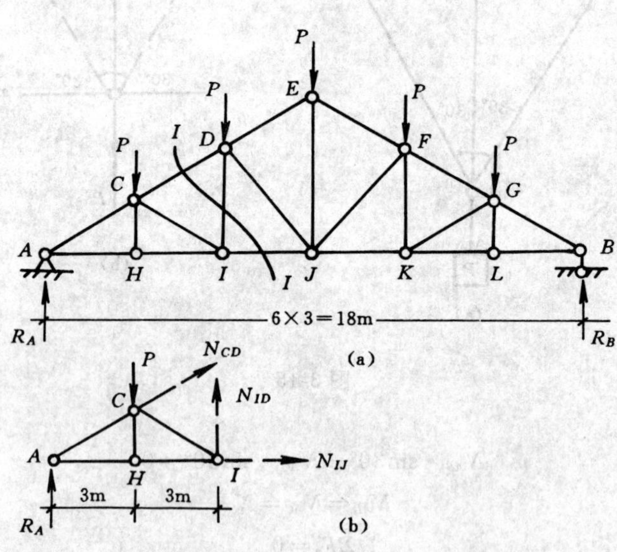

图 3-16

解：(1) 计算 DI 杆的内力

沿截面Ⅰ－Ⅰ截取屋架，取左边的部分屋架为研究对象，作研究对象的受力图，如

图 3-16（b）所示。

列平衡方程求内力，因为 $\Sigma m_A(F)=0$

即 $$6N_{DI}-3P=0$$

所以 $$N_{DI}=\frac{P}{2}=8\text{kN}$$

（2）计算 DI 杆的截面尺寸

由强度条件公式：

$$A_{DI}\geqslant\left|\frac{N_{DI}}{[\sigma]}\right|=\frac{8\times10^3}{120\times10^6}$$
$$=0.667\times10^{-4}\text{m}^2$$

再由圆面积计算公式 $A_{DI}=\frac{\pi d^2}{4}$，得

$$d=\sqrt{\frac{4A_{DI}}{\pi}}$$
$$=\sqrt{\frac{4\times0.667\times10^{-4}}{\pi}}$$
$$=0.92\times10^{-2}\text{m}$$
$$=9.2\text{mm}$$

鉴于安全，取 $d=10\text{mm}$ 即可。

三、确定承载能力

如果已知杆件的截面尺寸和所用的材料，根据强度条件就可以确定出该杆件所能承受的最大轴力。因为许用应力值可从有关手册中查出，则由强度条件可得：

$$[N]\leqslant A\cdot[\sigma]$$

［例 3-6］　图 3-17 所示结构中 BC 和 AC 都是圆截面直杆，直径均为 $d=20\text{mm}$，材料的许用应力 $[\sigma]=160\text{MPa}$，求该结构所能承受的最大荷载。

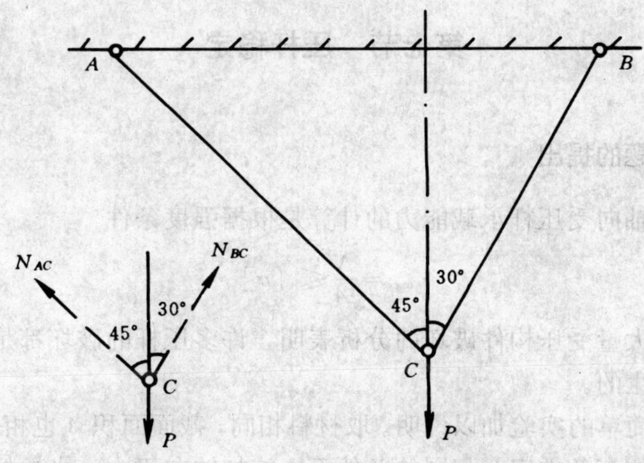

图 3-17

解：(1) 计算杆的轴力

根据平衡条件求解方程来确定外力与内力（即杆的轴力）之间的关系。

截取节点 C 为研究对象，作研究对象的受力图，如图 3-17 所示。

列平衡方程：

$$\Sigma F_x=0 \qquad N_{BC}\sin30°-N_{AC}\cos45°=0$$
$$\Sigma F_y=0 \qquad N_{AC}\cos45°+N_{BC}\cos30°-P=0$$

联立求解可得：

$$N_{BC}=0.732P\text{（拉）}$$
$$N_{AC}=0.518P\text{（拉）}$$

(2) 计算许用荷载

由上面得到的轴力与外力间的关系，利用强度条件来计算确定许用荷载。

从计算杆的轴力结果可以看出，在 P 的作用下，BC 杆的内力大于 AC 杆的内力。已知条件给定两杆所用的材料和截面尺寸均相同，所以在计算中可以用 BC 杆的强度条件来衡量整个结构的安全程度，即

$$0.732P\leqslant A\cdot[\sigma]$$

所以

$$P\leqslant\frac{A\cdot[\sigma]}{0.732}$$
$$=\frac{\frac{\pi}{4}(20\times10^{-3})^2\times160\times10^6}{0.732}$$
$$=68600\text{N}$$
$$=68.6\text{kN}$$

结构所能承受的最大荷载为：

$$P_{\max}=68.8\text{kN}$$

第七节 压杆稳定

一、稳定性问题的提出

在上一节，对轴向受压杆承载能力的计算是根据强度条件

$$\sigma_{\max}=\frac{N}{A}\leqslant[\sigma]$$

进行的。但是，对大量受压构件破坏的分析表明，许多压杆的破坏都是在满足了上述强度条件的情况下发生的。

下面通过一个简单的实验加以说明。取材料相同，截面面积 A 也相同，但杆长 l 不同的两根杆，在杆端约束条件完全相同的条件下，施加轴向压力。当短杆的压力加到某一 P 值时，杆件仍未发生破坏，如图 3-18 (a) 所示。可是当长杆的压力加到 $P_1<P$ 时，如再稍微作用一微小的侧向干扰力，杆件就会突然发生弯曲，并导致折断，如图 3-18 (b)

所示。以强度条件来分析，既然两杆的材料相同，截面相同，因此其承载力也应该相同。但实际上长杆的承载力却要比短杆的承载力小。显然，长杆的这种破坏并不是由于材料的强度不足而造成的。压杆的这种并非由于强度不足而突然发生弯曲导致折断破坏的现象就是压杆的丧失稳定现象，简称失稳。

历史上曾发生过多次由于压杆失稳而导致的整个结构彻底破坏的重大人身伤亡事故。例如：1907 年加拿大魁北克省圣劳伦斯河上的钢结构大桥，在施工中，由于桁架中的一根受压弦杆的突然失稳，造成了整个大桥的倒塌，九千吨钢结构变成了一堆废铁，在桥上施工的 86 名工人中有 75 人丧生。此外，1925 年原苏联的莫兹尔桥及 1940 年美国的塔科马桥的毁坏，也都是由压杆失稳引起的重大工程事故。

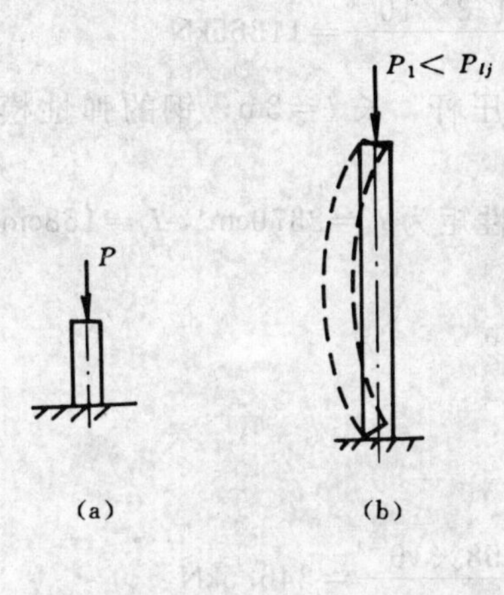

图 3-18

工程事故引起了人们的注意和大量的研究，最终认识到压杆的这种破坏，就其性质而言与强度破坏完全不同，它是由于细长的杆件在受压力作用时丧失了保持原有直线形状的稳定性而造成的。导致丧失稳定的压力比发生强度破坏时的压力要小得多。因此，对细长压杆必须进行稳定性的计算。

二、临界力

临界力就是指压杆在失稳的临界状态所受到的压力。大量的理论研究和实际计算表明：压杆的临界力与压杆的抗弯刚度（将在第七章讲到）成正比，与杆长的平方成反比，而且杆端约束越强，临界力就越大，即：

$$P_{lj}=\frac{\pi^2 EI_{\min}}{(\mu l)^2} \tag{3-11}$$

式（3-11）称为欧拉公式。

式中 EI 为抗弯刚度，I 为截面的惯性矩，$I_{\min}$ 为截面最小惯性矩。对于矩形截面取：

$$I_{\min}=\frac{b^3 h}{12}$$

式中 b 为截面短边长度；h 为截面长边长度。

对于圆形截面取 $$I_{\min}=\frac{\pi D^4}{64}$$

对于环形截面取 $$I_{\min}=\frac{\pi}{64}\ (D^4-d^4)$$

式中 D 为外径；d 为内径。

对于形钢可由附录Ⅲ中直接查取。

μl 为压杆的计算长度，μ 称为长度系数，它与压杆两端的约束条件有关，即

两端固定：　　　$\mu=0.5$

一端固定一端铰支：$\mu=0.7$

两端铰支：$\mu=1$

一端固定一端自由：$\mu=2$

[例 3-7]　钢筋混凝土柱，高 6m，下端与基础固结，上端与屋架铰结。柱的截面为 $b\times h=250\times 600$mm，弹性模量 $E=26$GPa。试计算该柱的临界力。

解：柱子截面的最小惯性矩为：

$$I_{min}=\frac{b^3h}{12}=\frac{250^3\times 600}{12}=781.3\times 10^6\text{mm}^4$$

一端固定，一端铰支时的长度系数为：

$$\mu=0.7$$

由欧拉公式可得：

$$P_{lj}=\frac{\pi^2EI}{(\mu l)^2}=\frac{3.14^2\times 26\times 10^9\times 781.3\times 10^{-6}}{(0.7\times 6)^2}=11365\text{kN}$$

[例 3-8]　一根两端铰支的 No. 20a 工字钢压杆，长 $l=3$m，钢的弹性模量 $E=200$GPa。试确定其临界力。

解：由附表Ⅲ型钢表查得 No. 20a 工字钢的惯性矩为 $I_z=2370\text{cm}^4$，$I_y=158\text{cm}^4$，所以取：

$$I_{min}=I_y=158\text{cm}^4$$

由于两端铰支，其长度系数为：

$$\mu=1$$

由欧拉公式可得：

$$P_{lj}=\frac{\pi^2EI}{(\mu l)^2}=\frac{3.14^2\times 200\times 10^9\times 158\times 10^{-3}}{(1\times 3)^2}=346.5\text{kN}$$

三、临界应力与柔度

当压杆处于临界状态时，杆件可以维持其直线形状的不稳定平衡状态，此时杆内的应力仍是均匀分布的，即：

$$\sigma_{lj}=\frac{P_{lj}}{A} \tag{a}$$

式中 σ_{lj} 为压杆的临界应力；A 为压杆的横截面积。

将式（3-11）代入式（a），得：

$$\sigma_{lj}=\frac{P_{lj}}{A}=\frac{\pi^2EI_{min}}{A\ (\mu l)^2} \tag{b}$$

而 $\frac{I}{A}=i^2$（i 称为截面的惯性半径　$i=\sqrt{\frac{I_{min}}{A}}$

则
$$\sigma_{lj}=\frac{\pi^2EI_{min}{}^2}{(\mu l)^2}=\frac{\pi^2EI_{min}}{(\frac{\mu l}{i})^2} \tag{c}$$

令
$$\lambda=\frac{\mu l}{i} \tag{3-12}$$

将式（3-12）代入式（c），可得：

$$\sigma_{lj}=\frac{\pi^2EI_{min}}{\lambda^2} \tag{3-13}$$

现称λ为压杆的柔度或长细比。λ是一个无量纲的量，它包含了杆端支承情况（长度系数μ）杆长（l）及截面的尺寸和形状（惯性半径i）等因素。λ越大，表示压杆越细长，临界应力就越小，临界力也就越小，压杆就越易失稳。因此，柔度λ是压杆稳定计算中的一个十分重要的几何参数。

四、压杆的稳定条件

要使压杆不失稳，作用在杆端的压力P不得超过压杆的临界力P_{lj}，于是压杆的稳定条件就是

$$P \leqslant \frac{P_{lj}}{K_w} \tag{a}$$

式中K_w为稳定安全系数，K_w随柔度λ变化而变化，λ越大，所取的K_w也应越大。稳定安全系数K_w一般均大于强度安全系数K。

将式（a）的两端同除以压杆的截面面积A，可得：

$$\sigma = \frac{P}{A} \leqslant \frac{P_{lj}}{AK_w} = \frac{\sigma_{lj}}{K_w} \; [\sigma_w]$$

即

$$\sigma = \frac{P}{A} \leqslant [\sigma_w] \tag{3-14}$$

式中σ为杆内实际应力；$[\sigma_w]$为压杆的稳定许用应力，它与稳定安全系数K_w一样，是一个随柔度λ而变的量，这一点与材料的许用正应力$[\sigma]$是不同的。

在实际计算中，通常将材料的许用正应力$[\sigma]$作为基本许用应力，而将变化的稳定许用应力$[\sigma_w]$用基本许用正应力乘以一个折减系数来表示。为此令

$$[\sigma_w] = \varphi [\sigma] \tag{b}$$

将式（b）代入式（3-14）中，则稳定条件又可表示为

$$\sigma = \frac{P}{A} = \varphi [\sigma] \tag{3-15}$$

式中φ为折减系数，它是一个随λ改变而改变的小于1的系数，具体数值详见表3-2。

从形式上看，式（3-15）可理解为压杆在强度破坏前便失去稳定。因而必须用降低强度的许用正应力$[\sigma]$来保证压杆的安全。

用式（3-15）对压杆进行稳定计算的方法称为折减系数法，它是压杆稳定问题的实用计算方法。

五、稳定计算

应用式（3-15）可以对压杆进行稳定校核和计算许用荷载。

1. 稳定校核

若已知压杆的杆长（l），支承情况（μ），材料（E，$[\sigma]$），截面尺寸（A），所受荷载（P），则可用式（3-15），验算压杆是否稳定。

2. 确定许用荷载

若已知压杆的杆长（l），支承情况（μ），材料（E，$[\sigma]$）及截面（A），则可由公式（3-15）确定杆件所能承受的最大压力，即许用压力$[P]$。即

$$[P] = \varphi [\sigma] A$$

［例 3-9］ 一木柱高 $l=6$m，截面为圆形，直径 $d=20$cm，两端铰支，承受轴向压力 $P=50$kN。试校核其稳定性。已知木材受压时的许用应力 $[\sigma]=10$MPa。

解：圆截面的惯性半径为：

$$i=\sqrt{\frac{I}{A}}=\sqrt{\frac{\frac{\pi d^4}{64}}{\frac{\pi d^2}{4}}}=\frac{d}{4}$$

两端铰支时的长度系数为 $\mu=1$ 代入公式（3-12）得：

$$\lambda=\frac{\mu l}{i}=\frac{4\mu l}{d}=\frac{4\times1\times600}{20}=120$$

由表 3-2 查得 $\varphi=0.209$。

$$\sigma=\frac{P}{A}=\frac{50\times10^3}{\frac{3.14\times(20\times10^{-2})^2}{4}}=1.59\times10^6\text{N/m}^2=1.59\text{MPa}$$

而 $\varphi[\sigma]=0.209\times10=2.09$MPa

因此有 $\sigma<\varphi[\sigma]$

即木柱不会失稳。

表 3-2 压杆的折减系数 φ 值

λ	A_2A_3 钢	16 锰钢	铸铁	木材	50 号以上砂浆的砖石砌体	25 号砂浆的砖石砌体	混凝土
0	1.000	1.000	1.00	1.000	1.00	1.00	1.00
20	0.981	0.973	0.91	0.932	0.95	0.93	0.96
40	0.927	0.895	0.69	0.822	0.84	0.80	0.83
60	0.842	0.776	0.44	0.658	0.69	0.63	0.70
70	0.789	0.705	0.34	0.575	0.62	0.56	0.63
80	0.731	0.627	0.26	0.460	0.56	0.49	0.57
90	0.669	0.546	0.20	0.371	0.51	0.43	0.51
100	0.604	0.462	0.16	0.300	0.45	0.38	0.46
110	0.536	0.384		0.248			
120	0.466	0.325		0.209			
130	0.401	0.279		0.178			
140	0.349	0.242		0.153			
150	0.306	0.213		0.134			
160	0.272	0.188		0.117			
170	0.243	0.168		0.102			
180	0.218	0.151		0.093			
190	0.197	0.136		0.083			
200	0.180	0.124		0.075			

第八节　提高压杆稳定性的措施

提高压杆稳定性的关键在于提高压杆的临界力或临界应力。由欧拉公式（3-11）和公式（3-13）可知，影响压杆的临界力或临界应力大小的因素有压杆的材料性质、截面的形状和尺寸，压杆的长度，杆端支承等。因此，要提高压杆的稳定性，就必须从这几方面采取措施。

一、材料方面

从压杆的临界应力公式

$$\sigma_{lj}=\frac{\pi^2 E}{\lambda^2} \qquad (\lambda \geqslant \lambda_p \text{ 的细长杆})$$

可以看出，杆件的弹性模量 E 越大，其临界应力 σ_{lj} 也越大。所以选用 E 值较大的材料能提高细长压杆的稳定性。由于压杆的临界应力 σ_{lj} 值与材料的强度无关，因此，在 E 值相同的材料中，不应选用高强度材料，例如：普通钢和高强合金钢的弹性模量 E 都在 200GPa 左右，如选用高强合金钢对提高压杆的稳定性不起作用，因为高强合金钢的材料强度得不到发挥，结果会造成浪费。

二、杆件的几何尺寸及形状方面

杆件的几何尺寸与形状对压杆稳定性的影响是通过柔度

$$\lambda=\frac{\mu l}{i}$$

来反映的，λ 越小，压杆的临界应力就越高，压杆抵抗失稳的能力就越强。因此，在条件允许的情况下，应采取以下措施来尽量减小柔度 λ：

1. 提高杆端的约束程度以减少长度系数 μ

长度系数 μ 与杆端约束情况有关，杆端约束程度越强，μ 值就越小。因此，应尽量加强杆端约束的刚度，以提高压杆的稳定性。

2. 减小压杆的长度

减小压杆长度是降低压杆柔度，提高稳定性的有效措施之一。在条件允许时，应尽可能减小压杆的实际长度，或在杆的中间增加支座，使压杆的稳定性得以提高。

3. 选择合理的截面形式

柔度与截面的面积及形状有关。从式

$$\lambda=\frac{\mu l}{i}=\mu l\sqrt{\frac{A}{I}}$$

可以看出，对于一定的长度和支承方式的压杆，当面积一定时，I 越大，λ 就越小。因此，应选用材料远离截面形心的几何形状，即可以加大惯性矩 I，从而提高了压杆的稳定性，例如，采用空心环形截面要比采用实心圆形截面好，如图 3-19 所示。若采用薄壁圆筒时，要注意其筒壁不宜过薄，否则会出现局部失稳现象。

当杆端支承情况在各方面都相同时，压杆的稳定性由 I_{min} 方向的临界力控制。因此，应尽量使截面对任一形心轴的惯性矩都相同，例如：由两个槽钢组成的截面，采用图 3-20（b）的形式就比采用图 3-20（a）的形式要好。

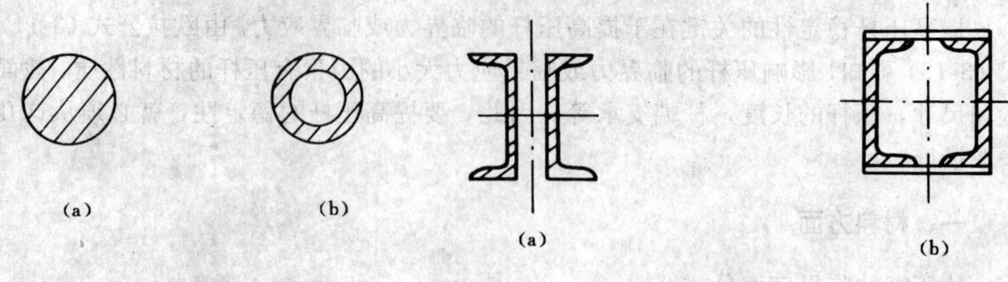

图 3-19　　图 3-20

三、结构形式方面

在可能的情况下，也可以从结构形式方面采取措施，改压杆为拉杆，从而避免了失稳问题的出现，例如：可将图 3-21（a）所示的结构，改为图 3-21（b）所示的结构。*AB* 杆从受压杆变为受拉杆。

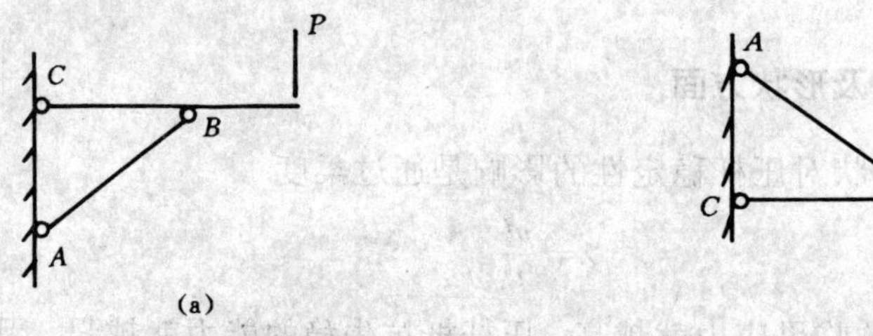

图 3-21

小　　结

（一）基本名词

1. 轴力：垂直于横截面的内力。

2. 应力：内力在横截面上的集度。

3. 变形：物体在外力作用下的形状改变。

4. 正应力：方向垂直于横截面的应力。

5. 正应变：材料单位长度的伸长或缩短。

6. 强度：材料抵抗破坏的能力。

7. 刚度：材料抵抗变形的能力。

（二）基本概念

1. 比例极限：应力和应变保持正比例关系的最大应力值。

2. 流动（屈服）：应力增加不多或不增加，应变显著增加的现象。

3. 流动极限：流动阶段的最小应力值。

4. 强度极限：材料所能承受的最大应力值。

5. 塑性材料：破坏时有明显塑性变形的材料。

6. 脆性材料：破坏时没有明显塑性变形的材料。

7. 极限应力：塑性材料的极限应力是流动极限；脆性材料的极限应力是强度极限。

8. 许用应力：材料在工作时所允许承受的最大应力。

9. 压杆稳定：受压直杆保持平衡状态的能力。

10. 失稳：受压直杆突然发生弯曲而导致折断破坏的现象。

11. 临界力：压杆处于失稳的临界状态时所受的压力。

12. 临界应力：压杆在临界力作用下时的应力。

（三）拉伸强度条件

$$\sigma_{\max} = \left(\frac{N}{A}\right)_{\max} \leqslant [\sigma]$$

1. 强度校核（等截面杆，下同）

$$\sigma_{\max} = \frac{N_{\max}}{A} \leqslant [\sigma]$$

2. 设计截面

$$A \geqslant \frac{N_{\max}}{[\sigma]}$$

3. 计算许用荷载

$$[N] \leqslant A \cdot [\sigma]$$

（四）拉压虎克定律及刚度校核

1. 拉压虎克定律

$$\Delta l = \frac{Nl}{EA} \qquad \sigma = E\varepsilon$$

2. 拉压刚度校核

$$\varepsilon = \frac{N}{EA} \leqslant [\varepsilon] = \left[\frac{\Delta l}{l}\right]$$

（五）压杆的稳定计算

1. 临界力

$$P_{lj} = \frac{\pi^2 EI_{\min}}{(\mu l)^2}$$

2. 临界应力

$$\sigma_{lj} = \frac{\pi^2 E}{\lambda^2}$$

3. 柔度

$$\lambda = \frac{\mu l}{i}$$

4. 截面惯性半径

$$i = \sqrt{\frac{I_{\min}}{A}}$$

5. 稳定条件

$$\sigma=\frac{P}{A}\leqslant\varphi\ [\sigma]$$

思 考 题

1. 杆件在怎样的受力情况下才会发生轴向拉伸或压缩变形？举例说明。

2. 什么叫内力？截面法计算内力的步骤是怎样的？

3. 拉（压）杆横截面上的正应力如何计算？该公式的应用条件是什么？

4. 两根材料不同，截面面积不同的杆，受同样的轴向拉力作用时，它们的内力是否相同？

5. 轴力和截面面积相等，而材料和截面形状不同的两根拉杆，在应力均匀分布的条件下，它们的应力是否相同？

6. 低碳钢在拉伸试验过程中表现为几个阶段？有哪几个特征点？怎样从 σ—ε 曲线上求出拉压弹性模量 E 的数值？

7. 材料的塑性如何衡量？何谓塑性材料？何谓脆性材料？塑性材料和脆性材料的力学特性有哪些主要区别？

8. 虎克定律有几种表达形式？它们的应用条件是什么？

9. 试指出下列概念的区别：外力与内力；内力与应力；纵向变形与线应变；弹性变形与塑性变形；工作应力、极限应力与许用应力。

10. 压杆的稳定平衡和不稳定平衡指的是什么状态？如何区分两种状态？

11. 压杆的失稳破坏与强度破坏有何不同？

12. 下列截面各压杆的杆端支承情况在各方向均相同，截面形式如图 3-22 所示。试问会在哪个平面内弯曲失稳？计算临界力时应用哪一根轴线的惯性矩及惯性半径？

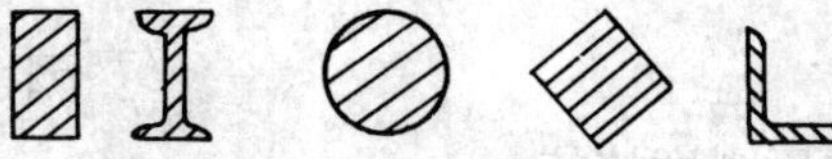

图 3-22

13. 作为压杆时，图 3-23 所示各组截面中，哪一种截面形状比较合理些？为什么？

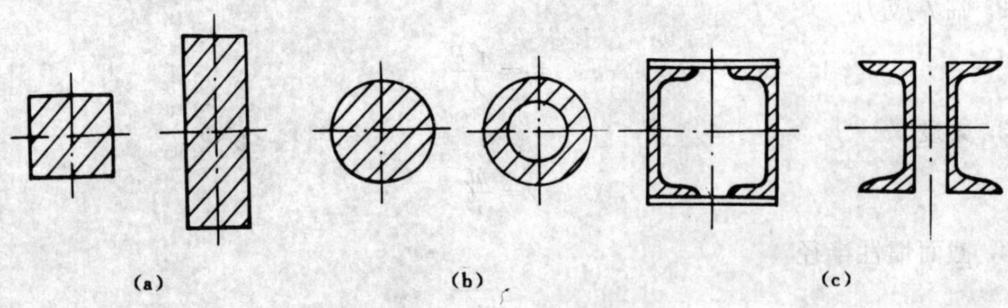

图 3-23

习　　题

1. 试计算图 3-24 所示，各杆指定截面上的轴力，并画轴力图。

2. 图 3-25 所示桁架，AB 为圆截面钢杆，AC 为方截面木杆，在节点 A 处受铅垂方向的荷载 P 作用，试确定钢杆的直径 d 和木杆截面的边宽 b，已知：$P=50\text{kN}$，钢的许用应力 $[\sigma_1]=160\text{MPa}$，木材的许用应力 $[\sigma_2]=10\text{MPa}$。

（答：$d=20\text{ cm}$　$b=8.4\text{cm}$）

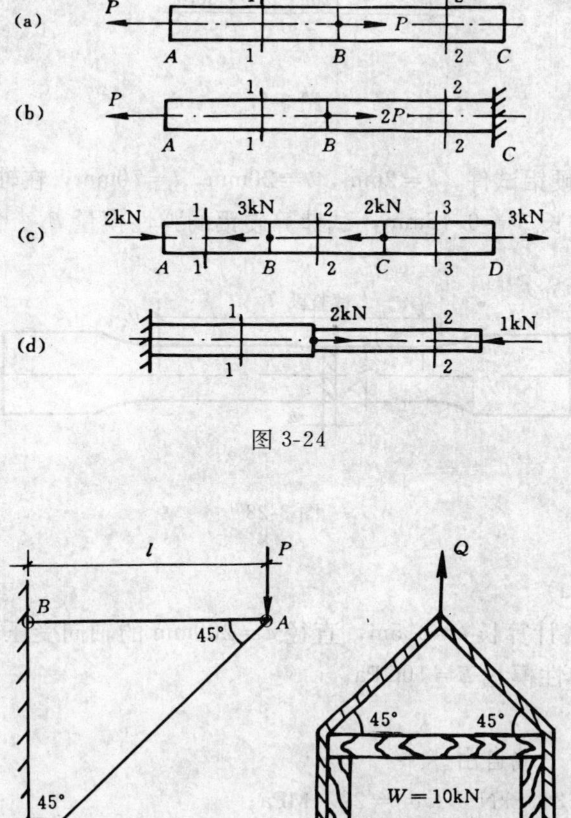

图 3-24

图 3-25　　图 3-26

3. 图 3-26 所示，有一重 $W=10\text{kN}$ 的木箱，用绳索吊起。设绳索的直径 $d=35\text{mm}$，许用应力 $[\sigma]=10\text{MPa}$。试求：(1) 绳索的强度是否足够？(2) 绳索的直径应该是多大更为经济？

［答：(1) 足够；(2) $d=15\text{mm}$］

4. 图 3-27 所示一起重架，在 D 点作用有一荷载 P，若 AD、ED、AC 杆的许用应力分别为：$[\sigma_1]=40\text{MPa}$，$[\sigma_2]=100\text{MPa}$，$[\sigma_3]=100\text{MPa}$，当已知各杆的面积均为 4cm^2 时，求许可起吊的最大荷载 P_{max}。

（答：P_{max}＝11.3kN）

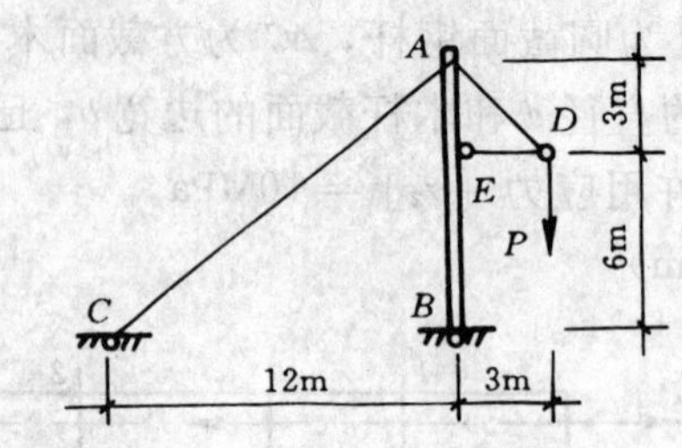

图 3-27

5. 图 3-28 所示硬铝试件，a＝2mm，b＝20mm，l＝70mm，在轴向拉力 P＝6kN 的作用下，测得试验段伸长 Δl＝0.15mm，试计算硬铝的弹性模量 E。

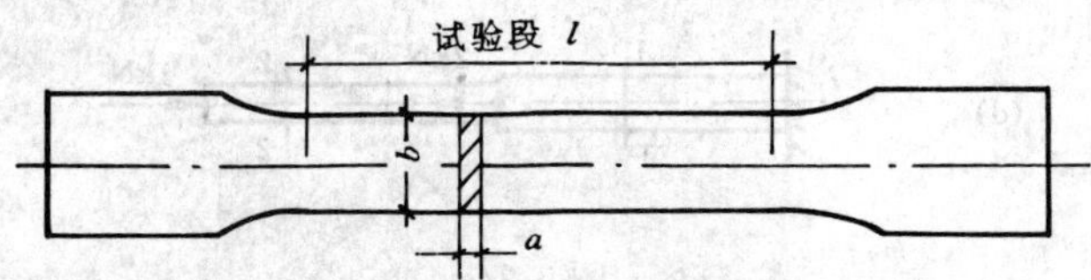

图 3-28

（答：E＝70GPa）

6. 试用欧拉公式计算长 l＝3.5m，直径 d＝200mm 的轴向受压圆截面木柱的临界力及临界应力。已知弹性模量 E＝10GPa。

（1）两端铰支；

（2）一端固定，一端自由。

（答：（1）P_{lj}＝631.8kN　　σ_{lj}＝20.1MPa；

（2）P_{lj}＝158kN　　σ_{lj}＝5.03MPa）

7. 截面为 $b\times h$＝160×240mm 的矩形木柱，长 l＝6m，两端铰支。若材料的许用应力［σ］＝10MPa，问承受轴向压力 P＝60kN 时，柱是否安全？

（答：σ＝1.56MPa＜φ［σ］＝1.78MPa）

8. 中心受压杆由 No. 32a 工字钢制成。在 z 轴平面内弯曲时，杆两端固结，杆长 l＝5m，［σ］＝160MPa。试确定压杆能承受的荷载。

（答：［P］＝680kN）

第四章　剪　　切（附挤压）

第一节　剪切的概念

在日常生活中人们使用剪刀剪断物体，在生产实践中使用钢筋切断机切割钢筋等等，这些都是发生剪切变形的典型例子。比如在切割钢筋时，如图 4-1 (a) 所示，两个刀口，一上一下，一左一右，相距极近，它们将产生一对力 P。钢筋沿刀口处的两个相邻截面 ab 和 cd 在这对力的作用下，将产生相对错动，原来的矩形 $abcd$ 变成图 4-1 (b) 所示平行四边形 $abcd$，这种变形称为剪切变形，当 P 力足够大时，钢筋将被剪断。由此可知，剪切变形的受力特点是：必须有作用在构件上的两个大小相等，方向相反的力，这两个力的作用线相距很近而且垂直于杆轴。这对垂直于杆轴的力称为横向力。

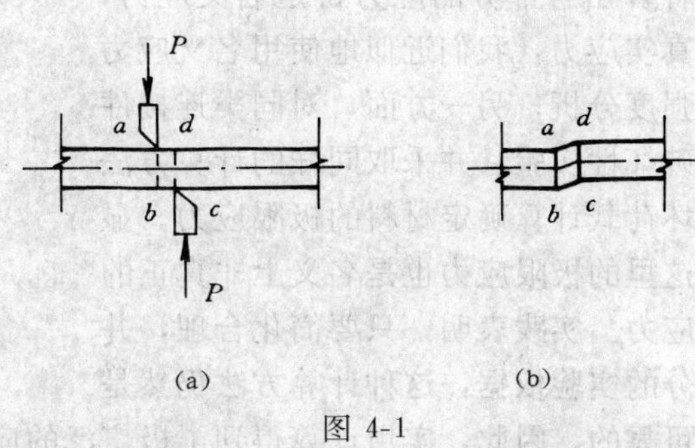

图 4-1

在工程上剪切变形多数发生在结构构件和机械零件的某一局部位置及其连接件上，例如：图 4-2 (a) 所示的插于钢耳片内的轴销，图 4-2 (b) 所示的连接钢板的铆钉等等。

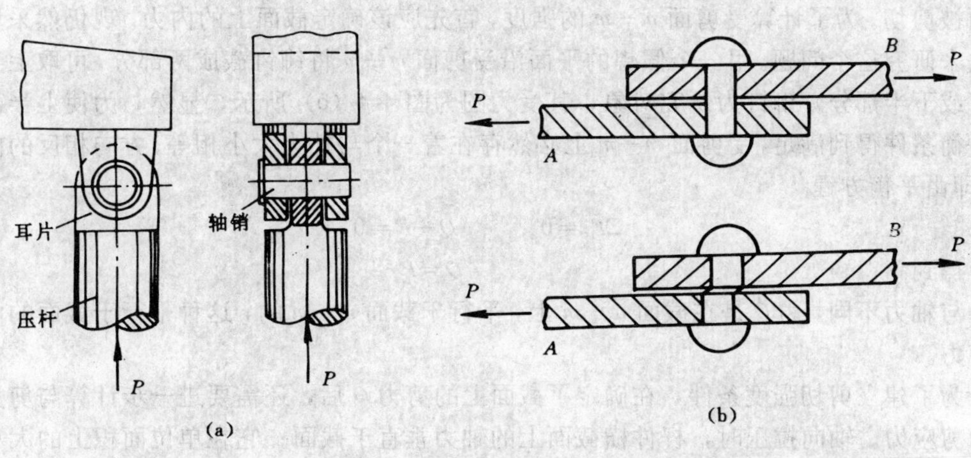

图 4-2

构件在受到剪切作用的同时，往往还伴随着挤压作用。挤压是指两个物体相互传递压力时接触而受压的现象。挤压时物体的接触面上将产生局部的变形。如图 4-2 (a) 所示接头，除应考虑轴销的剪切力和剪切变形外，还应考虑轴销与耳片孔在相互接触面处的局部挤压。虽然这时接触面的面积很小，但是却传递着很大的压力。传递的压力过大时，耳片孔壁的边缘将因受挤压而起“皱”，轴销则会局部被压“扁”，如图 4-3 所示。

工程中常用的连接件，如螺栓、铆钉、销钉等，它们的尺寸都不大，也不是细长的杆，而且受力和变形都比较复杂。因此，要精确地进行分析是很困难的。在工程实际中，通常均采取实用计算，即一方面对连接件的受力和应力分布进行某些简化，这样计算出各部分的应力将是名义应力，而非真实应力，我们近似地使用名义应力进行强度分析；另一方面，对同类连接件进行破坏性实验，并采取同样的计算方法由破坏荷载计算确定材料的极限应力。显然，这里的极限应力也是名义上非真正的极限应力。实践表明，只要简化合理，并有充分的实验依据，这种计算方法仍然是安全可靠的。因此，实用计算得到了极广泛的应用。

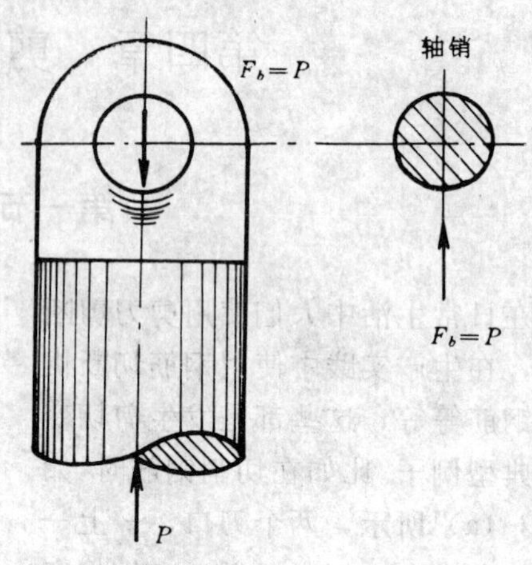

图 4-3

第二节 铆接接头的实用计算

图 4-4 (a) 所示用铆钉连接两块钢板，当钢板受拉力作用时，铆钉就受到由钢板传来的上、下两个力 P 的作用。铆钉在这对横向力作用下，上、下两部分沿 $m-m$ 截面错动，$m-m$ 截面叫受剪面或叫剪切面。如果受力过大，或铆钉的直径太小，铆钉将会沿 $m-m$ 截面被剪切。为了计算受剪面 $m-m$ 的强度，首先应该确定截面上的内力。现仍然采用截面法来研究这个问题。用一个假想的平面沿受剪面 $m-m$ 将铆钉截成两部分，可取上半部分（或下半部分）铆钉为研究对象，其受力图为图 4-4 (b) 所示，显然，为使上半部分的平衡条件得到满足，受剪面 $m-m$ 上必然存在着一个与外力大小相等、方向相反的内力 Q，即由平衡方程

$$\Sigma F_x=0 \qquad Q-P=0$$

得到

$$Q=P$$

与轴力不同，力 Q 是在截面 $m-m$ 上，平行于截面 $m-m$ 的，这种平行于截面的内力叫剪力。

为了建立剪切强度条件，在确定了截面上的剪力 Q 后，还需要进一步计算与剪力相应的剪应力。轴向拉压时，杆件横截面上的轴力垂直于截面；它在单位面积上的大小是正应力 σ，正应力 σ 也垂直于截面。现在所研究的内力——剪力是平行横截面的，它在单位面积上的大小便是剪应力 τ，剪应力 τ 也应该平行于截面，剪应力的单位和正应力的单位相同。

剪切面上的剪应力 τ 的分布规律是相当复杂的。因此，在实用计算中，常对剪切面上的剪应力分布规律提出假设，即假定剪应力在剪切面上是均匀分布的，如图 4-4 (c) 所

示。这样，就可得到剪应力的计算公式为：

$$\tau=\frac{Q}{A} \qquad (4\text{-}1)$$

式中 Q 为剪切面上的剪力；A 为剪切面的面积。

根据强度要求，截面上的应力不应该超过材料的许用剪应力，于是可建立剪切的强度条件为：

$$\tau=\frac{Q}{A}\leqslant[\tau] \qquad (4\text{-}2)$$

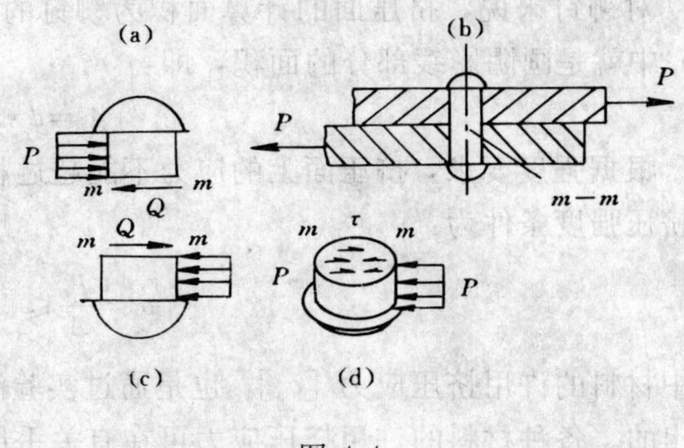

图 4-4

式中 $[\tau]$ 为材料的许用剪应力。许用剪应力是由实验测定出的极限剪应力 τ_0 除以安全系数而得到的。材料的许用剪应力 $[\tau]$ 的具体数值可在设计手册或技术规范中查得。

通常同种材料的许用剪应力 $[\tau]$ 和许用拉应力 $[\sigma]$ 之间存在着一定的近似关系。因此，也可以根据其关系式由许用拉应力 $[\sigma]$ 的值得出许用剪应力 $[\tau]$ 的值。

对于塑性材料　　$[\tau]=(0.6\sim0.8)[\sigma]$

对于脆性材料　　$[\tau]=(0.8\sim1.0)[\sigma]$

前面说过，产生剪切变形的同时，在铆钉与钢板的接触面上还伴随着严重的挤压现象。两接触面上存在的相互的压力称为挤压力 P_j，相互接触面称为挤压面。在挤压面上，单位面积上的挤压力称为挤压应力，用符号 σ_j 表示。σ_j 和轴向压缩时的正应力不同，挤压现象只是在挤压面附近的局部范围内发生的，所以挤压应力 σ_j 也只限于在挤压面附近的局部范围内存在，而轴向压力则遍及整个杆件，且在横截面上均匀分布。

挤压应力的分布情况与材料的性质和接触面的形状等因素有关系。铆钉受挤压时，其相互接触面是圆柱面的一部分，在接触面上，铆钉与钢板之间的挤压应力分布情况如图 4-5 (b)所示。最大应力发生在圆柱形接触面的中线上。因此，挤压应力分布的复杂性决定了在挤压计算中，同样也是采用实用的计算方法。即假定挤压应力在铆钉的直径平面上是均匀分布的，如图 4-5 (c) 所示，这样可得到挤压应力的计算公式为：

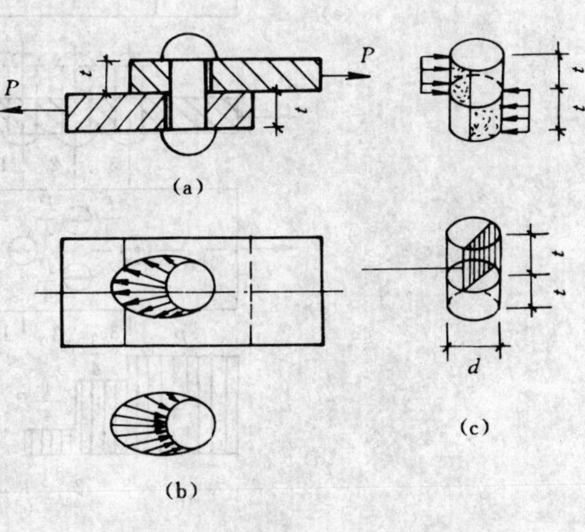

图 4-5

$$\sigma_j=\frac{P_j}{A_j} \qquad (4\text{-}3)$$

式中 P_j 为挤压面上的挤压力。A_j 为挤压面的计算面积。我们规定：当接触面为平面时，挤压面计算面积 A_j 直接取接触平面的面积进行计算；当接触面为圆柱面时，挤压面的计算面积 A_j 取圆柱体的直径平面面积。

对铆钉来说，挤压面的计算面积为铆钉的直径 d 与一块板板厚 t 的乘积。在图 4-5（c）中就是画阴影线部分的面积，即：

$$A_j = d \cdot t$$

根据强度要求，挤压面上的应力不能超过材料的许用挤压应力［σ_j］。因此，可以建立挤压强度条件为：

$$\sigma_c = \frac{P_c}{A_c} \leqslant [\sigma_c] \tag{4-4}$$

式中材料的许用挤压应力［σ_j］，也是通过实验测定出极限挤压应力后，除以安全系数而得出的。各种材料的许用挤压应力可在有关手册中查到。

同种材料的许用挤压应力和许用拉应力之间存在一定的近似关系：

对于塑性材料　　$[\sigma_c] = (1.5 \sim 2.5)[\sigma]$

对于脆性材料　　$[\sigma_c] = (0.9 \sim 1.5)[\sigma]$

下面用图 4-6（a）所示铆接构件来说明铆接的实用计算。

［例 4-1］　对图 4-6（a）所示的铆接构件，已知钢板和铆钉材料相同，许用应力［σ］＝160MPa，［τ］＝140MPa，［σ_j］＝320MPa，铆钉直径 d＝16mm，P＝110kN。试校核该铆接连接件的强度。

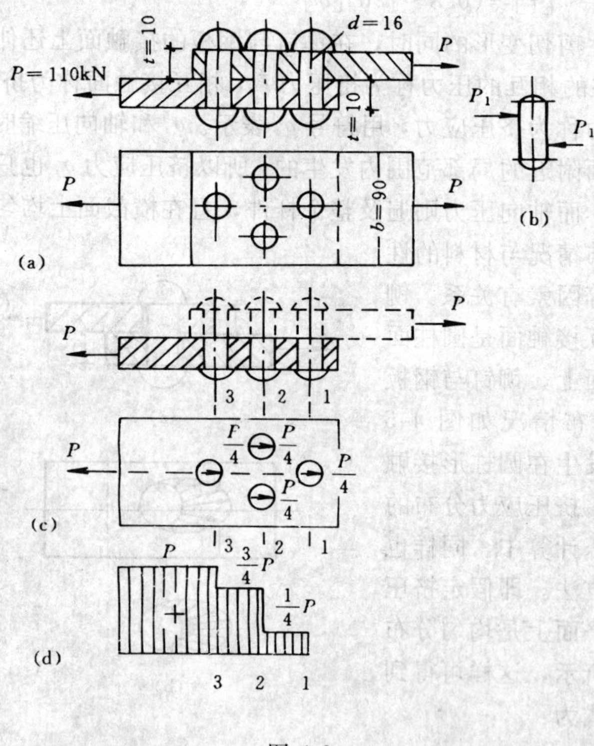

图 4-6

详细分析，可得知铆接接头的破坏可能有下列三种形式：

（1）铆钉直径不够大的时候铆钉将被剪断。

（2）当铆钉直径不够大或钢板的厚度不够厚时，会发生铆钉与钢板之间的挤压破坏。

（3）如果钢板的厚度不足或铆钉布置不当致使钢板截面削弱过大时，钢板会沿削弱的截面被拉断。

因此，为了保证一个铆接接头的正常工作，就必须避免上述三种可能破坏形式中的任何一种形式的发生，这样就要求对上述三种情况都作出相应的强度校核。

解：（1）铆钉的剪切强度校核

以铆钉作为研究对象，画出铆钉的受力图，图 4-6（b）。当连接件上有几个铆钉时，可假定各铆钉剪切变形相同，所受的剪力也相同，拉力 P 将平均地分布在每个铆钉上。对于本例，即可求得每个铆钉受到的作用力为：

$$P_1=\frac{P}{n}=\frac{P}{4}$$

而每个铆钉受剪面积为：

$$A=\frac{\pi d^2}{4}$$

由剪切强度条件式（4-2）

$$\begin{aligned}\tau&=\frac{Q}{A}\\&=\frac{P_1}{A}\\&=\frac{P}{n\times\frac{\pi d^2}{4}}\\&=\frac{110\times10^3}{4\times\frac{\pi\times(16\times10^{-3})^2}{4}}\\&=136.8\times10^6\text{N/m}^2\\&=136.8\text{MPa}<[\tau]=140\text{MPa}\end{aligned}$$

所以铆钉的剪切强度条件满足。

（2）校核铆钉与钢板的挤压强度

每个铆钉与钢板接触处的挤压力为：

$$P_j=P_1=\frac{P}{4}$$

挤压面面积按规定应采用铆钉圆柱体的直径平面面积 $A_j=td$

由挤压强度条件式（4-4）

$$\begin{aligned}\sigma_j=\frac{P_j}{A_j}&=\frac{P}{n\cdot td}\\&=\frac{110\times10^3}{4\times10\times16\times10^{-6}}\\&=172\times10^6\text{N/m}^2\\&=172\text{MPa}<[\sigma_j]=320\text{MPa}\end{aligned}$$

所以，铆钉与钢板的挤压强度条件也满足。

(3) 校核钢板的拉伸强度

因两块钢板受力和开孔情况相同，只需校核其中一块即可如图 4-6(c)所示。现以下面一块钢板为例。钢板相当一根受多个力作用的拉杆，先作出其轴力图如图 4-6(d)所示。

1—1 截面与 3—3 截面受铆钉孔削弱后的净面积相同，而 1—1 截面上的轴力比 3—3 截面上的轴力小，所以，3—3 截面比 1—1 截面更危险，不再校核 1—1 截面。而 2—2 截面与 3—3 截面相比较，前者净面积小，轴力也较小；后者净面积大而轴力也大。因此，两个截面都有可能发生破坏，到底谁最危险，难于一眼看出，都需计算并校核其强度。

截面 2—2：$\sigma_{2-2}=\dfrac{N_2}{(b-2d)\ t}$

$$=\frac{\frac{3}{4}\times110\times10^3}{(90-2\times16)\ \times10\times10^{-6}}$$

$$=142\times10^6\text{N/m}^2$$

$$=142\text{MPa}<[\sigma]=160\text{MPa}$$

截面 3—3：$\sigma_{3-3}=\dfrac{N_3}{(b-d)\ t}$

$$=\frac{110\times10^3}{(90-16)\ \times10\times10^{-6}}$$

$$=149\times10^6\text{N/m}^2$$

$$=149\text{MPa}<[\sigma]=160\text{MPa}$$

所以，钢板的拉伸强度条件也是满足的。因此，图 4-6 (a) 所示的整个连接件的强度都是满足的。

[例 4-2]　已知钢板厚度 $t=10$mm，其剪切极限应力为 $\tau_b=300$MPa，如图 4-7 (a) 所示。若用冲床将钢板冲出直径 $d=25$mm 的孔，问最小需要用多大的冲剪力 P？

解：由图 4-7 (a) 所示，冲头作用在工件上的力 P 使工件产生剪切变形，当 P 力增大到最大荷载时，工件沿冲头的外周线被剪切破坏，从而被冲出直径为 d 的圆孔。这时的 P 就是所需用的最小冲剪力。所以，冲剪力 P 可按剪切破坏条件求得。剪切面就是图 4-7 (b) 所示的钢板被冲头冲出的圆饼的侧面，其面积为：

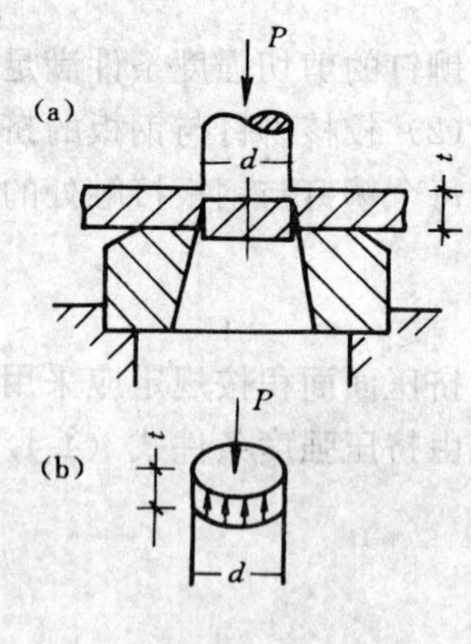

图 4-7

$$A=\pi\cdot d\cdot t$$
$$=\pi\times25\times10$$
$$=785\text{mm}^2$$

所以产生剪切破坏所需要的冲剪力为：

$$P\geqslant A\cdot\tau_b$$
$$=785\times10^{-6}\times300\times106$$
$$=236\times10^3\text{N}$$
$$=236\text{kN}$$

第三节 剪切的应力—应变关系

观察图 4-8，杆件受到一对横向力作用后，截面上产生剪力，同时杆的两截面 ab 和 cd 开始发生相对错动，使原来的矩形 $abcd$ 变成平行四边形 $abc'd'$，即产生了剪切变形。cc' 为两平行截面 ab 和 cd 沿剪力方向相对错动的一段距离，用 Δs 来表示，称为总剪切变形，也可称为绝对剪切变形。两横向力之间的距离用 s 来表示，显然 Δs 与 s 有关，当所有其它条件都相同时，s 值越大，则 Δs 值也越大；s 值越小，则 Δs 值也越小。

因为在弹性范围以内研究问题，所以受剪后两平行截面 ab 和 cd 从原来的矩形变成平行四边形时，边 ab 或 cd 偏斜的角度 γ 和 ab 与 cd 间错动的距离 Δs 都应该非常小，这样当角度 γ 用弧度（rad）来表示时，对此微小角度其弧度值近似地等于它的正切函数值，即

$$\gamma=\operatorname{tg}\gamma=\frac{cc'}{bc}=\frac{\Delta s}{s}$$

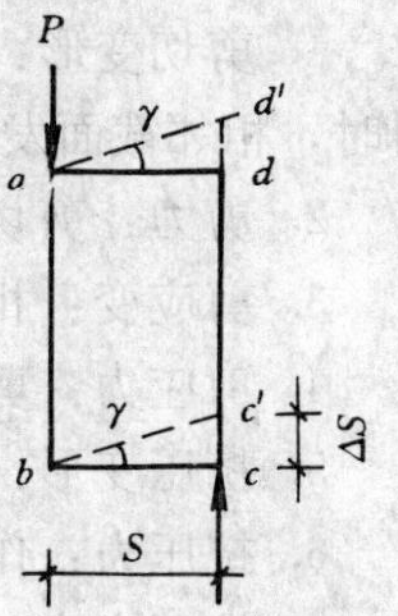

与简单拉伸和压缩中定义的线应变 ε 相类似，称 γ 为剪应变或相对剪切变形。但需指出的是剪应变 γ 是角变形，而拉伸压缩变形是线变形。

图 4-8

下面讨论剪应力与剪切变形的关系。实验证明，当材料在比例极限之内时，绝对剪切变形 Δs 与剪力 Q 发生剪切的剪切面间的距离 s 成正比，而与截面面积成反比，用公式来表示，即：

$$\Delta s=\frac{Q\cdot S}{G\cdot A} \tag{4-5}$$

式中 A 为剪切面的面积；G 为材料的剪切弹性模量，是个比例常数，其单位与弹性模量 E 相同。材料的剪切弹性模量 G 表示材料抵抗剪切变形的能力。各种材料的 G 值是由实验测定的，进行工程设计计算时，可从有关手册中查到。常用材料的 G 值见表 4-1。

表 4-1 常用材料的剪切弹性模量 G

材料	G		材料	G	
	MPa	kgf/cm²		MPa	kgf/cm²
钢	$8\sim8.1\times10^4$	$(8\sim8.1\times10^5)$	铝	$2.6\sim2.7\times10^4$	$(2.6\times2.7\times10^5)$
铸铁	4.5×10^4	(4.5×10^5)	木材	5.5×10^2	(0.055×10^5)
铜	$4\sim4.6\times10^4$	$(4\sim4.6\times10^5)$			

下面将公式变换一下，因为

$$\frac{\Delta s}{s}=\frac{\frac{Q}{A}}{G}$$

再将公式 $\gamma=\frac{\Delta s}{s}$ 和公式 $\tau=\frac{Q}{A}$ 代入，可得

$$\gamma=\frac{\tau}{G} \quad 或 \quad \tau=G\cdot\gamma \tag{4-6}$$

这就是说当剪应力 τ 不超过材料的剪切比例极限 τ_p 时，剪应力 τ 与剪应变 γ 成正比关系，比例常数就是剪切弹性模量 G。此关系为剪切弹性定律，也就是剪切虎克定律。

剪切虎克定律与拉、压虎克定律是完全相似的。在建筑力学中，无论进行实验分析，还是进行理论研究，经常用到这两个定律。

小　结

（一）基本概念

1. 剪切变形：构件受到一对大小相等、方向相反，作用线彼此非常接近的横向力作用时，相邻截面发生相对错动，受剪部位的矩形变力平行四边形。

2. 剪力：剪切变形时横截面上的内力、方向与横截面相切。

3. 剪应变：相对剪切变形。

4. 剪应力：剪力在横截面上的分布集度。

5. 挤压变形：发生在局部受压接触面上的变形。

6. 挤压力：作用在接触面上的压力。

7. 挤压应力：接触面上挤压力的分布集度。

（二）铆接或螺栓连接实用计算

1. 名义剪应力强度条件：

$$\tau=\frac{Q}{A}\leqslant[\tau]$$

2. 名义挤压应力强度条件：

$$\sigma_j=\frac{P_j}{A}\leqslant[\sigma_j]$$

（三）剪切变形计算及剪切虎克定律

$$\Delta s=\frac{Qs}{GA} \quad 或 \quad \tau=G\gamma$$

思 考 题

1. 剪切变形的受力特点与变形特点是什么？举出两个剪切变形的实例。

2. 什么叫挤压？构件受挤压与受压缩有什么区别？

3. 剪应力 τ 与正应力 σ 有何区别？

4. 剪切与挤压的实用计算都作了什么假设？

5. 铆接连接要进行哪三方面的强度计算？

6. 剪切虎克定律的内容是什么？在什么条件下成立？

习　题

1. 图 4-9 所示接头，受轴向荷载 P 作用，试校核其强度。已知：$P=80\text{kN}$，$b=80\text{mm}$，$t=10\text{mm}$，$d=16\text{mm}$，$[\sigma]=160\text{MPa}$，$[\tau]=120\text{MPa}$，$[\sigma_c]=340\text{MPa}$。

（答：安全）

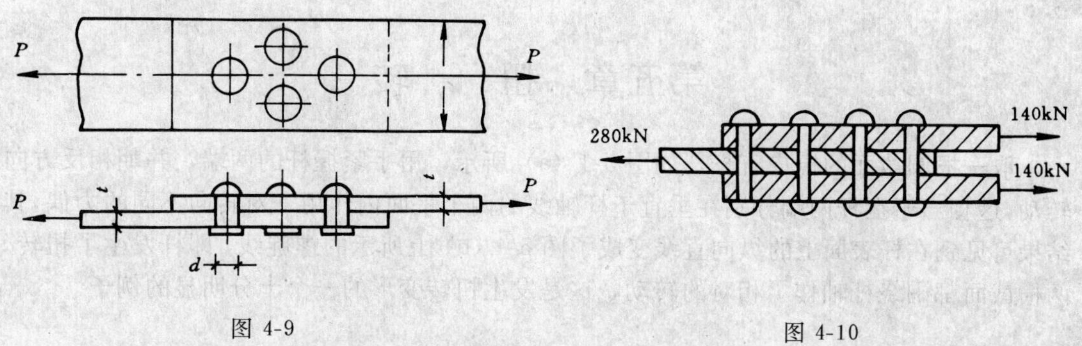

图 4-9　　　　图 4-10

2. 图 4-10 所示铆钉连接，承受轴力 $N=280\text{kN}$，铆钉直径 $d=20\text{mm}$，许用剪应力 $[\tau]=140\text{MPa}$。试按剪切强度条件确定所需铆钉数。

（答：$n=3.18$，取 $n=4$）

3. 图 4-11 所示一个直径 $d=40\text{mm}$ 的螺栓，受拉力 $P=10\text{kN}$ 作用，已知 $[\tau]=60\text{MPa}$。求螺母所需的最小高度 h。

（答：$h=13.3\text{mm}$，取 $h=14\text{mm}$）

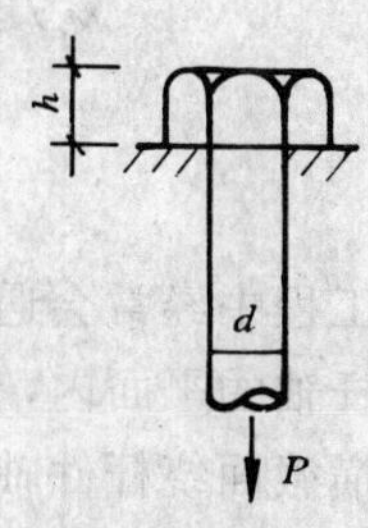

图 4-11

第五章　扭　　转

取一根圆截面的橡皮直杆，如图 5-1（a）所示，用手紧握杆的两端，并朝相反方向转动，这相当于在杆两端分别在垂直于杆轴线的两个平面内作用一对转向不同的力偶，其结果可见到在杆表面上的纵向直线变成了图 5-1（b）上所示的螺旋线，即杆发生了扭转。两横截面都围绕杆轴作了相对的转动，这是发生扭转变形的一个十分明显的例子。

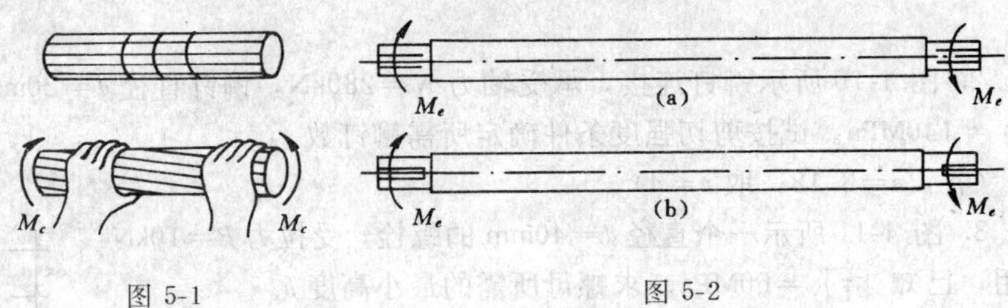

图 5-1　　　　图 5-2

工程中经常会遇到承受扭转作用的杆件，如图 5-2（a）所示的传动轴，在其两端垂直于杆轴的平面内，作用一对大小相等、方向相反的力偶。在上述力偶的作用下，传动轴各横截面绕杆件轴线作相对转动变成了图 5-2（b）所示的情况。

又如，汽车方向盘的操纵杆，当驾驶员转动方向盘时，相当于在转向轴 A 端施加了一个力偶，同时，转向轴的 B 端受到了来自转向器的阻抗力偶的作用，如图 5-3 所示。于是在轴 AB 的两端实际上受到了一对大小相等、方向相反的力偶作用，也将产生如上所述的扭转变形。另外房屋建筑中的某些梁，如图 5-4 所示雨篷过梁，在墙的压力和雨篷板荷载的共同作用下，梁除发生中部向下弯曲的变形外还会发生一定的扭转变形。

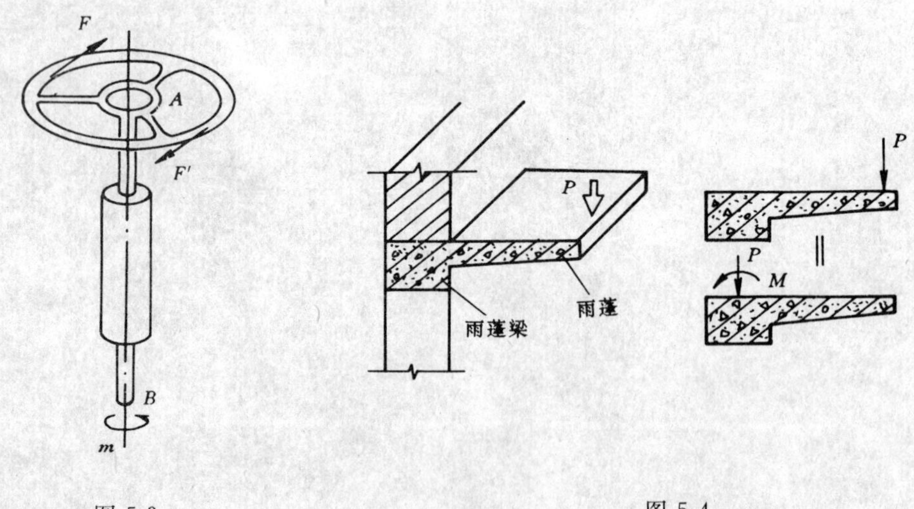

图 5-3　　　　图 5-4

从上述几例可以看出，这些受扭构件的共同特点是：杆件都是直杆，并且在垂直于杆件的轴线的两个有一定距离的平面内作用着一对大小相等、方向相反的力偶。在这种情况下，杆件各横截面均绕轴线作了相对转动，如图 5-5 所示。扭转变形是构件的基本变形之一。凡是以扭转变形为主要变形的构件称为轴。轴的变形情况是用横截面间绕轴线的相对角位移来描述和表示的，这个相对角位移称为扭转角。

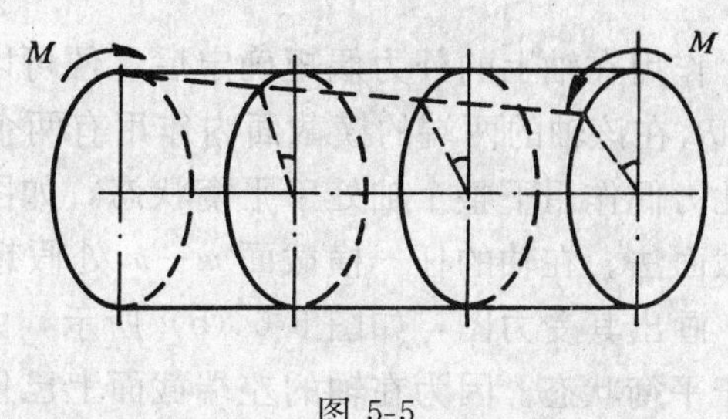

图 5-5

本章主要研究圆形截面杆——圆轴的外力、内力、应力和变形的计算，同时讨论圆轴的强度和刚度的计算与校核。

第一节　扭转时的内力——扭矩

一、功率、转速和力偶矩之间的关系

为了研究圆轴扭转时的内力，首先需要知道作用在轴上的外力偶矩。作用在轴上的外力偶矩，一般可通过力的平移，并利用平衡条件来确定。但是对于机械中传动轴等转动构件，通常只知道它们的转速 n 和所传递的功率 N_P。这样，在分析内力之前，首先就需要根据转速和功率计算外力偶矩。

力或力偶在单位时间内所作的功称为功率，力偶的功率标记为 N_P，它等于其力偶矩 M_e 与轴在单位时间内转过的角度 ω（称为轴转动的角速度）的乘积，即：

$$N_P = M_e \cdot \omega$$

式中功率的单位是 W（瓦）；力偶矩的单位是 kN · m；轴转动的角速度的单位是弧度/秒。

在实际工程中，功率的常用单位为 kW（千瓦），转速的常用单位为 rpm（转/分）。在转速为 n，功率为 N_P 的情况下，因轴转动的角速度 ω 为 $\frac{2\pi n}{60}$ 弧度/秒，则上式可表示为：

$$N_P \times 10^3 = M_e \times \frac{2\pi n}{60}$$

由此得外力偶矩：

$$M_e = 9.55\ \frac{N_P}{n}\quad \text{kN} \cdot \text{m} \tag{5-1}$$

式中 N_P 为轴传递的功率（kW）；n 为轴的转速（rpm）。

由于工程上，功率的单位也常用公制马力，1 公制马力等于 0.7355kW，所以当输入的功率 N_P 用公制马力为单位表示时，外力偶矩的计算公式化为：

$$M_e = 7\ \frac{N_P}{n}\quad \text{kN} \cdot \text{m} \tag{5-2}$$

二、扭转时的内力——扭矩

作用在轴上的外力偶矩确定后，便可以通过外力偶矩进一步研究轴的内力。设一圆轴 AB，在该轴的两端的横截面内作用有两个大小相等、方向相反、力偶矩均为 M_e 的力偶。在此力偶作用下整个轴处于平衡状态，如图 5-6（a）所示。为了分析轴的内力，仍然利用截面法。在轴的任一横截面 $m-m$ 处假想地将轴截成两部分，若取左边部分为研究对象。画出其受力图，如图 5-6（b）所示，由于整个轴是平衡的，所以轴的左部分也应该处于平衡状态。因为在轴的左端截面上已作用有外力偶矩 M_e，所以在截面 $m-m$ 上，必存在一力偶 M_n 与之平衡。此力偶是由轴两部分间相互作用的分布内力构成的，其转向与外力偶 M_e 相反，称之为扭矩，并用 M_n 表示，即轴受扭时在横截面上的内力称为扭矩 M_n。

根据左部分的平衡条件：

$$\Sigma m_x = 0 \qquad M_n - M_e = 0$$

于是得截面 $m-m$ 上作用在左半轴的扭矩为：

$$M_n = M_e$$

同样，若以右边部分为研究对象，在截面 $m-m$ 上作用于右半轴的扭矩 M_n 也等于 M_e，结果相同，但转向相反。可见，$m-m$ 截面上的扭矩实际上是截面上相互作用的分布内力的合力偶矩。

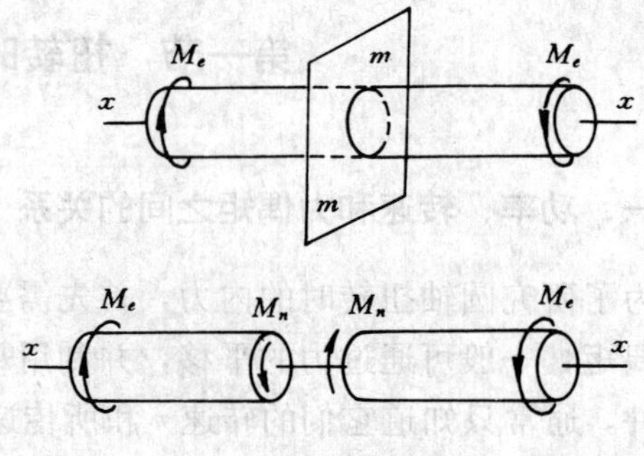

图 5-6

为了使轴位于同一截面处的用左、右两部分分离体求得的扭矩不仅数值相等，而且符号也相同，对扭矩的符号作如下的规定：用右手的四指表示扭矩的转向，若大拇指的指向与截面的外法线 n 的方向相同时，该扭矩规定为正，如图 5-7（a）所示；反之为负，如图 5-7（b）所示。显然，根据此规定，图 5-6 中截面 $m-m$ 的扭矩为正扭矩。这种确定扭矩正、负符号的方法称为右手螺旋法则。

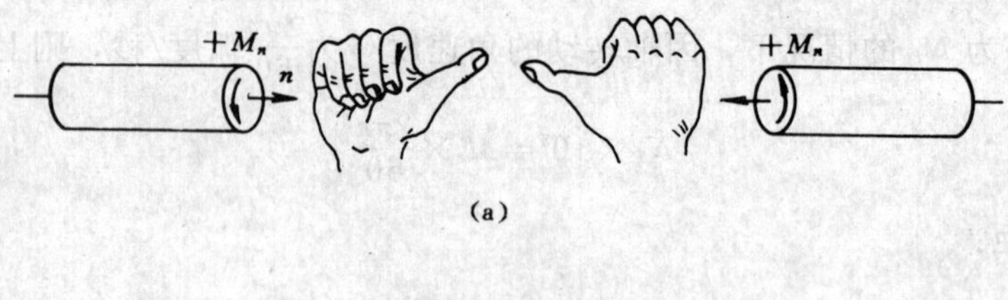

(a)

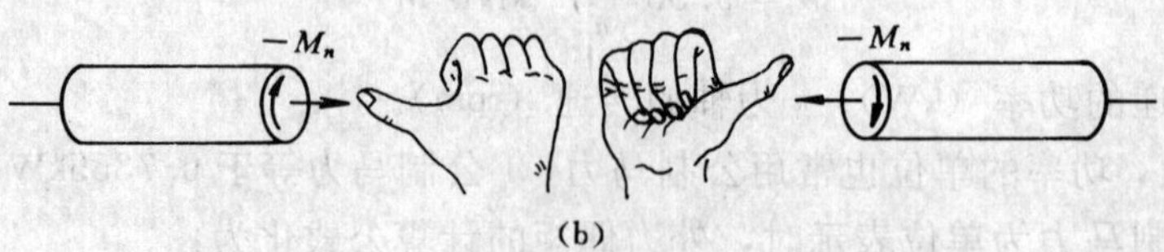

(b)

图 5-7

在国际单位制中，扭矩的常用单位为千牛顿·米（kN·m）及牛顿·米（N·m）。

三、扭矩图

若作用在轴上的外力偶多于两个时，则每一段轴的扭矩将不同。因此，此时各段的扭矩应当分别计算，这和轴向拉、压问题中多力杆轴力的计算一样，而且也像画轴力图一样，将扭矩沿杆轴的变化情况用图线来表示。通常以横坐标表示横截面的位置，纵坐标表示相应截面上的扭矩，正扭矩画在横坐标上方，负扭矩则画在下方，这个图称为扭矩图。扭矩图是标明扭矩随截面变化的图形。下面举例说明扭矩的计算和扭矩图的画法。

［例 5-1］　图 5-8（a）所示传动轴，其转速 $n=500$rpm，B 轮为主动轮，其输入的功率 $N_B=10$kW，A、C 轮为从动轮，输出功率分别为 $N_A=4$kW、$N_C=6$kW。试计算轴的扭矩。

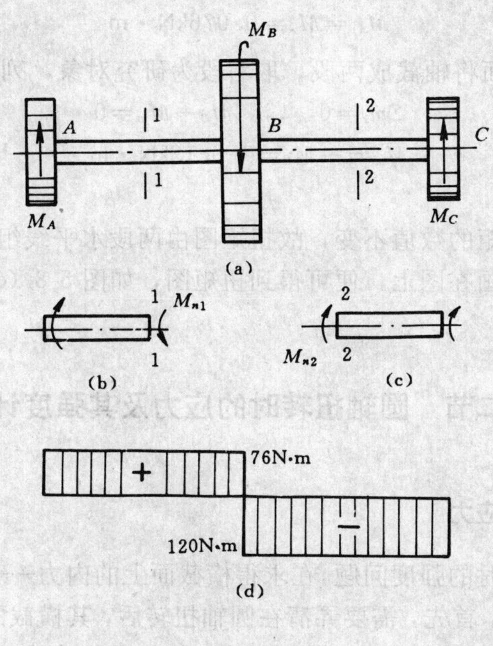

图 5-8

解：（1）外力偶矩计算

由计算外力偶矩的公式（5-1）可知，作用在 A、B、C 轮上的外力偶矩分别为：

$$M_A=9.55\,\frac{N_A}{n}=9.55\times\frac{4}{500}=0.076\text{kN}\cdot\text{m}$$

$$M_B=9.55\,\frac{N_B}{n}=9.55\times\frac{10}{500}=0.19\text{kN}\cdot\text{m}$$

$$M_C = 9.55\frac{N_C}{n}$$
$$= 9.55 \times \frac{N_C}{500}$$
$$= 9.55 \times \frac{6}{500}$$
$$= 0.12\text{kN} \cdot \text{m}$$

（2）扭矩计算

用截面法计算轴上各段的扭矩。将轴分为 AB 和 BC 两段，逐段计算扭矩。在画受力图时，标记 AB 和 BC 段的扭矩均为正方向，并分别用 M_{n_1} 和 M_{n_2} 表示，结果如图 5-8（b）、（c）所示。

AB 段：用 1—1 截面将轴截成两段，取左段为研究对象，列平衡方程：

$$\Sigma m_x = 0 \quad , \quad M_A - M_{n_1} = 0$$
$$M_{n_1} = M_A = 0.076\text{kN} \cdot \text{m}$$

BC 段：用 2—2 截面将轴截成两段，取右段为研究对象，列出该段的平衡方程：

$$\Sigma m_x = 0 \quad , \quad M_C + M_m = 0$$
$$M_m = -M_C = -0.12\text{kN} \cdot \text{m}$$

（3）画扭矩图

由于在每一段内扭矩的数值不变，故扭矩图由两段水平线组成，将各段带有正负号的扭矩的数值，按比例画在图上，便可得到扭矩图，如图 5-8（d）所示。由图可知扭矩的最大值在 BC 段内。

第二节　圆轴扭转时的应力及其强度计算

一、圆轴扭转时的应力

为了解决圆轴扭转时的强度问题，在求得横截面上的内力——扭矩之后，还需要进一步研究横截面上的应力。首先，需要弄清在圆轴扭转后，其横截面上产生的是什么应力，是正应力，还是剪应力？它们又是怎样分布的，如何进行计算？为此，仍可由几何、物理、静力三方面的条件进行研究，通过实验，观察变形，提出假设，再进行理论推导等过程，使上述问题得到解决。

1. 几何条件

取一根如图 5-9 所示的圆形橡皮棒，在棒的表面上沿平行于轴线的方向划上等距离的平行直线和垂直于轴线的圆周线。这些线条把圆棒表面分成许多小方格，如图 5-10（a）所示。然后再用手握住两端将橡皮棒扭转，可以看到橡皮棒在扭转后有如下现象（如图 5-10（b））所示：

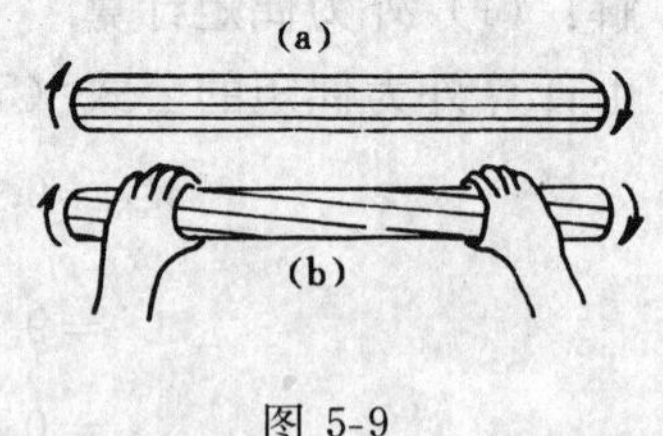

图 5-9

（1）所有纵向线都被扭成螺旋线，倾斜一个角度 γ，原来的小方格都歪斜成为菱形。不难看出，这种变形完全雷同于前一章讲过的剪切变形。

（2）各圆周线都绕杆轴旋转了一个角度，而且各圆周线的形状、大小和距离均不变．只是在扭转变形中，像一个个刚性圆盘一样绕杆轴作相对转动。

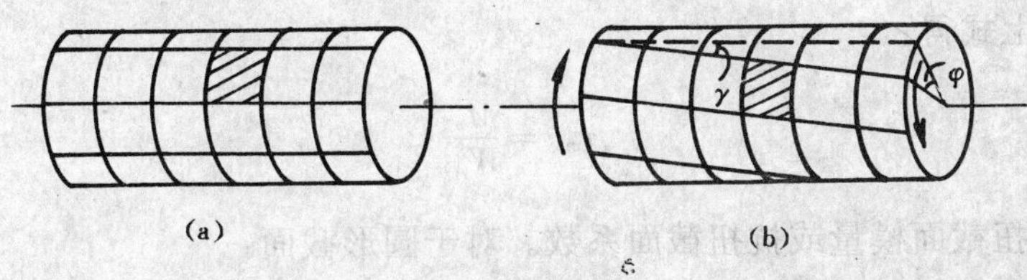

图 5-10

根据上述现象，可作出如下基本假设：圆轴在扭转前的横截面，变形后仍为平面，其形状、距离、大小不变，各横截面上的半径线变形后仍保持为直线。这个假设叫圆轴扭转的平面假设。

由上述基本假设可得出以下结论：

（1）纵向线应变为零，即 $\varepsilon=0$，只有剪应变。

（2）截面轴心处的剪应变为零，截面边缘处的剪应变最大，其它各点处的剪应变沿截面半径按直线规律变化。

2．物理条件

由拉压虎克定律 $\sigma=E\varepsilon$ 可知，截面上不存在正应力，只有剪应力。再根据剪切虎克定律 $\tau=G\gamma$ 可知，截面上各点的剪应力分布规律与剪应变沿截面半径变化的规律相同，即剪应力在截面上不是均匀分布的，轴心处的剪应力最小为零，边缘处的剪应力最大，其它各点处的剪应力从轴心到边缘按直线规律变化（见图 5-11）。这也就说明了为什么圆轴在扭转时，破坏总是由表面开始，逐步向里发展，直至彻底断开。

3．平衡条件

对截面的轴心建立力矩方程，经过推导整理（过程略）得到截面上任一点的剪应力公式为：

$$\tau_\rho=\frac{M_n\rho}{I_\rho} \tag{5-3}$$

式中 τ_ρ 为圆轴横截面上某点的剪应力。ρ 为所计算剪应力的点至圆心的距离。I_ρ 为截面对圆心的极惯性矩。它是截面图形的一种几何性质，与材料强度无关。

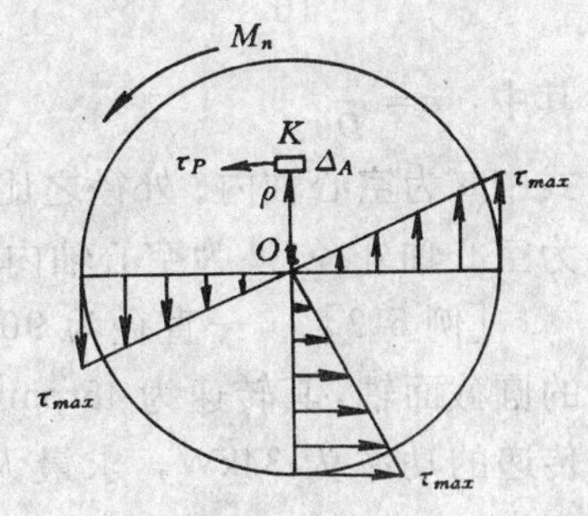

图 5-11

对圆轴来说，其横截面惯性矩的计算公式为：

$$I_\rho=\frac{\pi D^4}{32}$$

其中 D 为圆轴直径。由上式不难看出极惯性矩的量纲是长度的四次方，常用单位是 m^4 或 mm^4。

在知道了横截面上剪应力的分布规律后，我们所最关心的仍然是截面上的最大剪应力，如果能够保证截面边缘处在最大剪应力作用下不被破坏，那些截面的其它处就更不可能发生破坏，要求截面的最大剪应力，就应使式（5-1）中的 $\rho=R=\frac{D}{2}$，即：

$$\tau_{\max}=\frac{M_n R}{I_\rho}=\frac{M_n}{\frac{I_\rho}{R}}$$

令 $W_\rho=\frac{I_\rho}{R}$ 代入上式得：

$$\tau_{\max}=\frac{M_n}{W_\rho} \tag{5-4}$$

式中 W_ρ 称为抗扭截面模量或抗扭截面系数。对于圆形截面：

$$W_\rho=\frac{I_\rho}{R}=\frac{\frac{\pi D^4}{32}}{\frac{D}{2}}=\frac{\pi D^3}{16}$$

抗扭截面模量的量纲是长度的三次方，常用单位是 m^3 或 mm^3。由式(5-4)可知，最大剪应力与扭矩成正比，与抗扭截面模量成反比。抗扭截面模量也是截面图形的一种几何性质。

由剪应力在横截面上的分布规律不难看出，剪应力在靠近圆心的部分数值很小，这部分材料不能充分发挥作用。因此，可以设想把中间的这部分材料去掉，使实心圆轴变成空心圆轴，从而可以使轴的自重大大降低，同时也减少了材料消耗。如果把中间这部分材料加在圆轴的外侧，使其成为直径更大的空心轴，那么它所能抵抗的扭矩就要比截面积相同的实心轴大得多。总之，在材料用量相同的条件下，材料分布的距轴心越远，轴所能承担的扭矩就越大。因此说，空心轴的截面即环形截面是轴的合理截面。工程实际中，空心轴得到了广泛的使用。

空心轴在扭转时，剪应力在横截面上的分布如图 5-12（b）所示。

空心轴的抗扭截面模量为：

$$W_\rho=\frac{\pi D^3}{16}\left(1-\alpha^4\right)$$

其中：$\alpha=\frac{d}{D}$

式中 α 为空心轴内、外径之比；D 为空心轴外径；d 为空心轴内径。

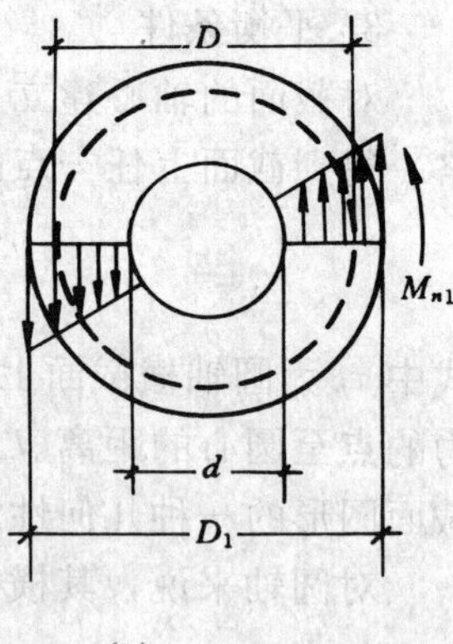

图 5-12

［例 5-2］ 一直径为 90mm 的圆截面轴，其转速为 45rpm，所传递的功率为 34kW，求最大剪应力。

解：由题意可知：$n=45\text{rpm}$、$N_\rho=34\text{kW}$，$D=90\text{mm}$。

由公式（5-1）得：

$$M_n=M_e=9.55\frac{N_\rho}{n}=9.55\frac{34}{45}=7.16\quad \text{kN}\cdot\text{m}$$

又

$$W_\rho=\frac{\pi D^3}{16}=\frac{3.14\times 90^3}{16}\approx 143\times 10^{-6}\quad \text{m}^3$$

∴ $$\tau_{max}=\frac{M_n}{W_\rho}=\frac{7.16\times10^3}{143\times10^{-6}}\approx50\quad\text{MPa}$$

二、圆轴扭转时的强度计算

为保证轴在工作时不致因强度不够而破坏，显然轴内最大工作剪应力不得超过材料的许用剪应力，即要求：

$$\tau_{max}=[\tau]$$

对于等截面圆轴来说，全轴的最大工作剪应力是发生在最大扭矩所在截面（即危险截面）的周边上任一点。因此，可得圆轴扭转时的抗扭强度条件的表达公式为：

$$\tau_{max}=\frac{M_{n\max}}{W_\rho}\leqslant[\tau]\tag{5-5}$$

式中 $M_{n\max}$ 为圆轴的最大扭矩；W_ρ 为圆轴的抗扭截面模量；$[\tau]$ 为材料的许用剪应力。确定 $[\tau]$ 的方法是通过扭转试验测出其极限剪应力 τ_0 后，再除以安全系数。当然，在工程应用中，各种材料的许用剪应力可在有关手册中查到，而且许用剪应力和许用拉压应力间还存在一定的近似关系。

对于阶梯形轴或变截面轴，因为抗扭截面模量 W_ρ 不是常量。所以最大剪应力 τ_{max} 不一定发生在扭矩最大的截面。这时需要综合考虑扭矩 M_n 与抗扭截面模量 W_ρ 两者的变化情况确定 τ_{max}。最简单的办法是逐段按等截面轴分别校核强度。

使用圆轴的强度条件式（5-5），可求解扭转构件的三方面问题：

1. 校核强度

已知构件所用的材料（即可查得许用剪应力 $[\tau]$）、截面尺寸（即可算出 I_ρ 或 W_ρ）及所受荷载（即可求得扭矩），直接应用式（5-5）检查构件是否满足强度要求。

2. 选择截面尺寸

已知构件所受荷载及所选用的材料，可按强度条件选择截面尺寸。此时式（5-5）可以改写为：

$$W_\rho\geqslant\frac{M_n}{[\tau]}$$

由上式求出所需的抗扭截面模量 W_ρ 后，再根据 W_ρ 的公式进一步确定截面尺寸。

对实心圆轴，$\because W_\rho=\frac{\pi D^3}{16}$

∴ $$D\geqslant\sqrt[3]{\frac{16M_n}{\pi[\tau]}}\tag{5-6}$$

对空心圆轴 $W_\rho=\frac{\pi D^3}{16}(1-\alpha^4)$

∴ $$D\geqslant\sqrt[3]{\frac{16M_n}{\pi(1-\alpha^4)[\tau]}}\tag{5-7}$$

3. 确定最大许用荷载

已知构件的材料和截面尺寸，可按抗扭强度条件计算构件所能承受的最大扭矩，从而计算出构件所能承受的最大外力偶矩 $[M_n]$。此时可以将式（5-5）改写为：

$$[M_n] \leqslant [\tau] \cdot W_\rho \tag{5-8}$$

［例 5-3］ 图 5-13（a）所示空心圆轴，已知 $M_A=500\text{N}\cdot\text{m}$，$M_B=200\text{N}\cdot\text{m}$，$M_C=300\text{N}\cdot\text{m}$，$[\tau]=300\text{MPa}$。试校核该轴的强度。

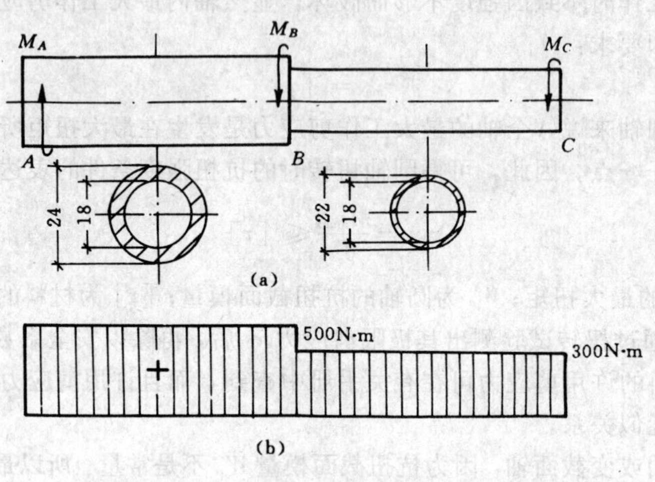

图 5-13

解：此空心圆轴的扭矩图如图 5-13（b）所示。可以看出，AB 段的扭矩最大，剪应力可能发生在该段，显然应该校核。然而，BC 段的扭矩虽然略小，但是该段的横截面尺寸也较小，也有发生最大剪应力的可能，也应该校核，所以两段都应进行校核。

根据公式（5-4）可知，AB 和 BC 段的最大剪应力分别为：

$$\begin{aligned}\tau_{\max 1} &= \frac{16M_1}{\pi D_1^3\left[1-\left(\dfrac{d_1}{D_1}\right)^4\right]} \\ &= \frac{16\times500\times10^3}{\pi\times24^3\left[1-\left(\dfrac{18}{24}\right)^4\right]} \\ &= 27\times10^7\text{Pa} \\ &= 270\text{MPa} < [\tau]\end{aligned}$$

$$\begin{aligned}\tau_{\max 2} &= \frac{16M_2}{\pi D_2^3\left[1-\left(\dfrac{d_2}{D_2}\right)^4\right]} \\ &= \frac{16\times300\times10^3}{\pi\times22^3\left[1-\left(\dfrac{18}{22}\right)^4\right]} \\ &= 26\times10^7\text{Pa} \\ &= 260\text{MPa} < [\tau]\end{aligned}$$

所以轴的抗扭强度满足要求。

［例 5-4］ 某传动轴横截面上的最大扭矩 $M_n=1.5\text{kN}\cdot\text{m}$，许用剪应力 $[\tau]=50\text{MPa}$，试按下列两种方案确定轴的截面尺寸，并比较其重量。

（1）横截面为实心圆截面；

（2）内外径比 $\alpha=0.9$ 的空心圆截面。

解：（1）确定实心轴的直径 d_O。

根据公式（5-6）

$$d_O \geqslant \sqrt[3]{\frac{16M_n}{\pi\,[\tau]}}$$

将有关数据代入上式，得实心圆轴的直径为：

$$d_O \geqslant \sqrt[3]{\frac{16\times1.5\times10^3\times10^3}{\pi\times50}}=53.5\text{mm}$$

取 $d_O=54$mm。

（2）确定空心轴的内径 d、外径 D

根据公式（5-7）

$$D \geqslant \sqrt[3]{\frac{16M_n}{\pi\,(1-\alpha^4)\,[\tau]}}$$

将有关数据代入上式，得空心圆截面轴的外径为：

$$D \geqslant \sqrt[3]{\frac{16\times1.5\times10^3\times10^3}{\pi\times\,(1-0.9^4)\,\times50}}=76.3\text{mm}$$

而轴的内径则相应为：

$$d=0.9D=0.9\times76=68.7\text{mm}$$

取　$D=76$mm，　$d=68$mm。

（3）重量比较

对于两根材料和长度相同的轴来说，它们的重量比显然等于它们的横截面面积之比，即：

$$\frac{\text{空心轴重量}}{\text{实心轴重量}}=\frac{\frac{\pi}{4}\,(D^4-d^2)}{\frac{\pi}{4}d_O^2}$$

$$=\frac{76^2-68^2}{54^2}$$

$$=0.395$$

上述数据说明，空心轴远比实心轴的重量轻得多。

第三节　圆轴扭转时的变形计算和刚度校核

一、圆轴扭转时的变形计算

在圆轴扭转过程中，各横截面象一个刚硬的圆盘绕杆轴作相对转动。转动的角度称为扭转角，用ϕ表示。扭转角ϕ是一个截面相对于某一截面的半径线所转过的角度，如图 5-14 所示。那么，如何计算扭转角ϕ呢？令截面$n—n$是固定端，圆轴扭转后，各截面都产生扭转变形，截面$n_1—n_1$相对于固定端$n—n$的扭转角为ϕ_1，截面$n_2—n_2$相对于固定端$n—n$的扭转角是ϕ_2。从图上看到，距离固定端$n—n$越远的截面，扭转角也就越大。在图 5-14 所示的轴中，最大扭转角显然发生在右边的横截面上。

当圆轴发生扭转时，由于变形一般都很微小，所以剪切角γ和扭转角ϕ也很微小，所以当角度以弧度表示时有：

$$\gamma = \mathrm{tg}\gamma$$

$$\phi = \mathrm{tg}\phi$$

同时可以把$\overset{\frown}{BB'}$视为直线，$\triangle nBB'$和$\triangle O_3BB'$视为直角三角形，则$\overset{\frown}{BB'}$的长度可分别表示成为：

$$|BB'| = R\phi$$

$$|BB'| = l\gamma$$

∴

$$R\phi = l\gamma$$

$$\phi = \frac{l\gamma}{R} \tag{a}$$

又∵

$$\tau = G\gamma \qquad \gamma = \frac{\tau}{G}$$

而

$$\tau = \frac{M_n R}{I_\rho} \qquad \gamma = \frac{M_n R}{G I_\rho} \tag{b}$$

将式（b）代入式（a）得：

$$\phi = \frac{M_n l}{G I_\rho} \tag{5-9}$$

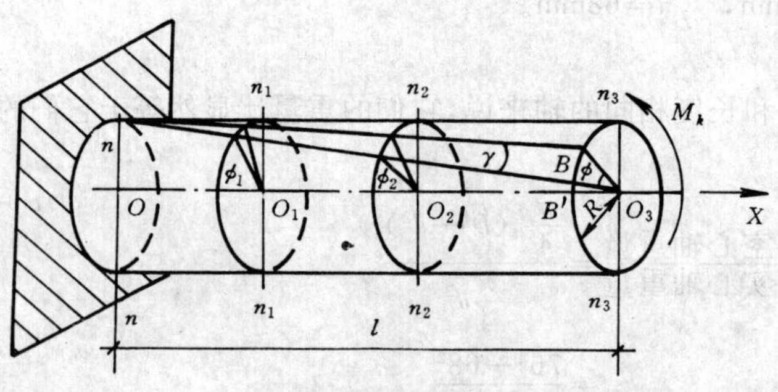

图 5-14

这就是圆轴扭转角的计算公式。式中M_n为扭矩；l为轴长；G为剪切弹性模量；I_ρ为极惯性矩。

扭转角的计算单位为弧度（rad），规定其转向与扭矩的转向相同。所以，扭转角中的正负符号随扭矩的正负符号而定。从式（5-9）可以看到，扭转角ϕ与扭矩M_n、轴长l成正比，与GI_ρ成反比。在扭矩M_n一定时，GI_ρ越大，扭转角ϕ就越小。反之，GI_ρ越小，扭转角ϕ越大。这说明GI_ρ反映了截面抵抗扭转变形的能力，称为截面抗扭刚度，或简称为抗扭刚度。

[例 5-4]　一钢制空心圆轴外直径 $D=120\text{mm}$，内径 $d=90\text{mm}$，长度 $l=1\text{m}$，圆轴承受扭矩 $M_n=25\text{kN}\cdot\text{m}$，钢材的剪切弹性模量 $G=81\text{GPa}$。求扭转角 ϕ。

解：先计算极惯性矩 I_ρ

$$I_\rho=\frac{\pi}{32}(D^4-d^4)$$

$$=\frac{\pi}{32}(0.12^4-0.09^4)$$

$$=13.9\times10^{-6}\text{m}^4$$

再利用公式（5-9）计算 ϕ 值

$$\phi=\frac{M_n\cdot l}{G\cdot I_\rho}$$

$$=\frac{25\times10^3\times1}{81\times10^9\times13.9\times10^{-6}}$$

$$=0.022\quad\text{rad}$$

所以此空心圆轴的扭转角 ϕ 等于 0.022 弧度。它大约相当于 1°16′20″。

二、圆轴扭转时的刚度校核

在设计轴时，除了应考虑强度问题外，对于许多轴，还常常需要考虑其刚度问题。也就是说，要校核其扭转变形是否超过允许范围而影响结构的正常使用。特别是在某些机械传动轴中，对刚度的要求比较高，例如：如果车床的丝杠扭转变形过大就会影响螺纹加工精度；镗床主轴变形过大也会因产生剧烈的振动而影响加工精度和光洁度。

为避免受扭构件因抗扭刚度不够而影响正常使用，工程上常对受扭杆件的单位长度扭转角加以限制，即要求：

$$\frac{\phi}{l}=\frac{M_n}{GI_\rho}\leqslant\left[\frac{\phi}{l}\right]\tag{5-10}$$

公式（5-10）称为扭转的刚度条件。许用单位长度扭转角 $\left[\frac{\phi}{l}\right]$ 的数值，可从有关手册中查到。公式（5-10）中由左边计算所得的单位长度扭转角 $\frac{\phi}{l}$ 的单位是弧度/m（rad/m）；而式（5-10）的右边的许用单位长度扭转角在工程中常用的或从手册中查出的常常是以度/m（°/m）为单位。因此，应用公式（5-10）时，一定要注意应使两边的单位一致。由于 $1\text{rad}=\frac{180°}{\pi}$，可将公式（5-10）左段的 $\frac{\phi}{l}$ 改用°/m 表达，这样就得到以度/米表示的受扭杆件抗扭刚度条件为：

$$\frac{\phi}{l}=\frac{M_n}{G\cdot I_\rho}\cdot\frac{180°}{\pi}\leqslant\left[\frac{\phi}{l}\right]\tag{5-11}$$

当然也可从手册中查出的以度/米为单位的许用单位长度扭转角 $\left[\frac{\phi}{l}\right]$ 化为弧度后再用式（5-10）计算校核。

与强度条件的应用相类似，刚度条件公式（5-11）也可以用来进行校核刚度，设计截面和计算许用荷载等三方面问题的求解计算。

［例 5-5］ 某传动轴，受到扭矩 $M_n=200\text{kN}\cdot\text{m}$ 的作用，若$[\frac{\phi}{l}]=0.3°/\text{m}$，$G=80\text{GPa}$，试根据刚度要求设计轴径 d。

解：由刚度条件

$$\frac{M_n}{GI_\rho}\leqslant [\frac{\phi}{l}]$$

将 $I_\rho=\frac{\pi d^4}{32}$代入上式得

$$\frac{32M_n}{G\pi d^4}\leqslant [\frac{\phi}{l}]$$

由此可得
$$d\geqslant\sqrt[4]{\frac{32M_n}{G\pi\ [\frac{\phi}{l}]}}$$

许用单位长度扭转角为

$$\begin{aligned}[\frac{\phi}{l}] &=0.3°/\text{m}=0.3\times\frac{\pi}{180°}\\ &=5.24\times10^{-3}\text{rad/m}\\ &=5.24\times10^{-6}\text{rad/mm}\end{aligned}$$

将上述 $[\frac{\phi}{l}]$ 值和有关数据代入上式，得：

$$\begin{aligned}d &\geqslant\sqrt[4]{\frac{32\times200\times10^3\times10^3}{80\times10^9\times10^{-6}\times\pi\times5.24\times10^{-6}}}\\ &=264\text{mm}\end{aligned}$$

取 $d=265\text{mm}$

小　结

（一）基本概念

1. 扭矩：发生扭转变形时，杆件横截面上的内力。

2. 扭转角：发生扭转变形时，两个横截面间的相互转角。

3. 扭转变形：直杆在垂直于杆件轴线的两个有一定距离的平面内作用一对大小相等，方向相反的力偶，使杆件的各个横截面绕轴线发生了相对转动的现象。

4. 扭转时的剪应力分布规律：轴心处的剪应力为零，边缘处的剪应力最大，其它各点处的应力沿半径按直线规律变化。

（二）基本公式

1. 强度条件：

$$\tau_{\max}=\frac{M_{n\max}}{W_\rho}\leqslant [\tau]$$

2. 刚度条件

$$\theta=\frac{\phi}{l}=\frac{M_n}{GI_\rho}\leqslant [\frac{\phi}{l}] = [\theta]$$

思 考 题

1. 杆件在怎样的荷载作用下会发生扭转变形？

2. 直径 D 和长度 l 都相同，材料不同的两根轴，在相同的扭矩 M_n 作用下，它们的最大剪应力 τ_{max} 是否相同？扭转角 ϕ 是否相同？为什么？

3. 圆轴扭转的强度条件、刚度条件是怎样的？除了强度条件被保证外，为什么有时还要根据刚度条件来设计轴？

4. 为什么空心轴的材料能得到比较充分的发挥？

习　题

1. 根据图 5-15 所示，试绘出各轴的扭矩图。

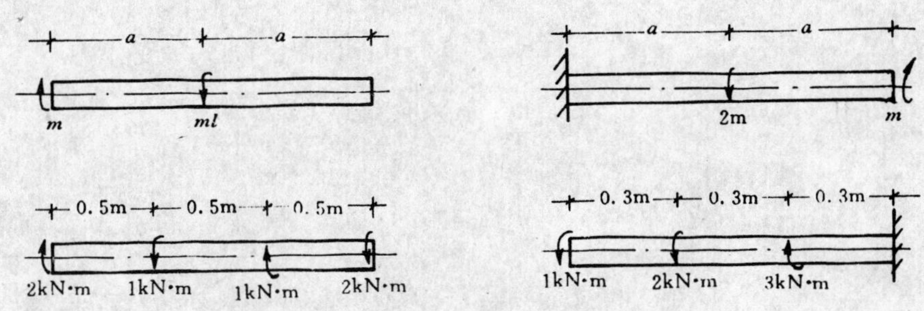

图 5-15

2. 如图 5-16 所示，轴的转速 $n=300\text{rad}$，求轴各段的扭矩。

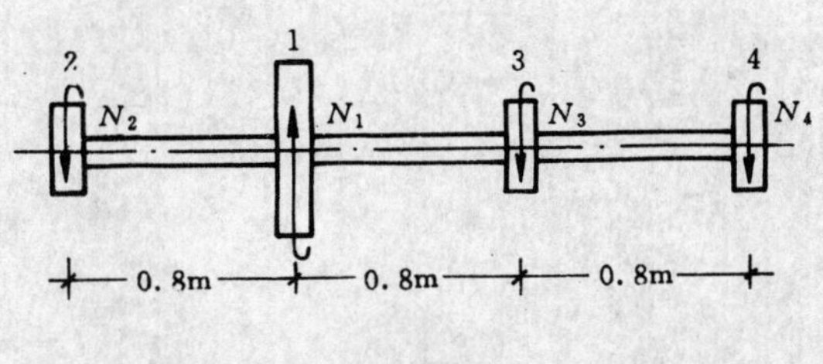

图 5-16

3. 图 5-17 所示钢制空心圆轴外径 $D=80\text{mm}$，内径 $d=62.5\text{mm}$，两端承受外力偶矩 $M_e=10\text{kN}\cdot\text{m}$。已知材料的 $G=8.2\times10^4\text{MPa}$，试

（1）作横截面上剪应力分布图；

（2）求最大剪应力及单位长度扭转角。

（答：$\tau_{max}=158.7\text{MPa}$）

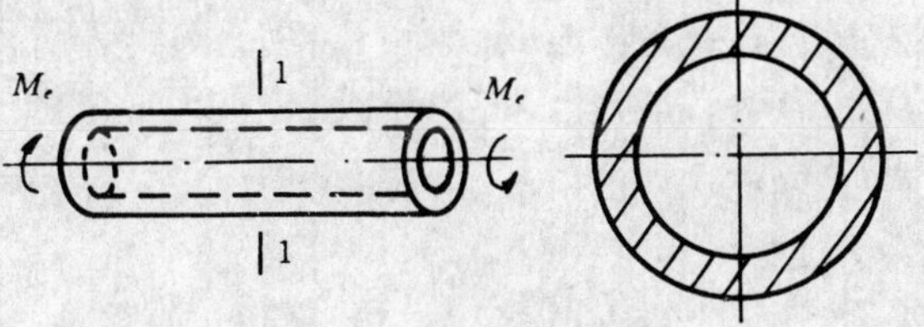

图 5-17

4. 已知钢圆轴受力如图 5-18 所示，$M_A=8\text{kN}\cdot\text{m}$，$M_B=12\text{kN}\cdot\text{m}$，$M_C=4\text{kN}\cdot\text{m}$；$l_1=0.3\text{m}$，$l_2=0.7\text{m}$。若轴的直径 $d=60\text{mm}$，$[\tau]=50\text{MPa}$，$\left[\frac{\phi}{l}\right]=0.25°/\text{m}$，弹性模量 $G=8.2\times10^4\text{MPa}$。试校核强度和刚度。

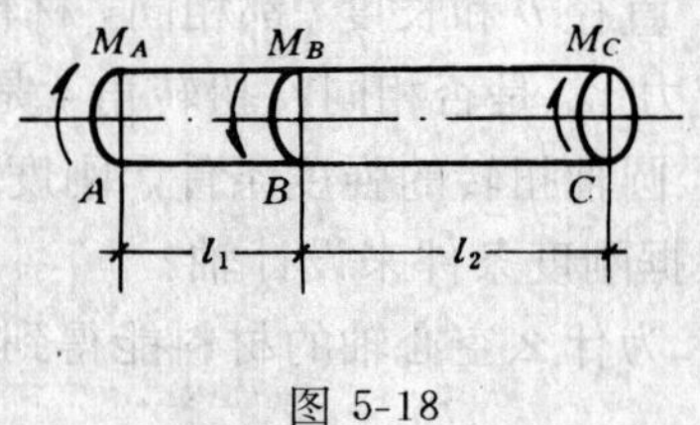

图 5-18

第六章　梁的内力

在日常生活和工程实际中，经常会遇到直杆发生弯曲变形的情形，例如：当两人用一根直扁担抬一重物时，扁担便发生弯曲变形，其受力情况如图 6-1 所示。由于重物的重力 P 与扁担的纵轴线垂直，所以将这种荷载 P 称为横向荷载。在横向荷载 P 作用下扁担的轴线由直线变成曲线，这就是弯曲变形的特征。凡是发生弯曲变形或以弯曲变形为主的杆件或构件，通常叫做梁。梁是一种十分重要的构件，它的功能是通过弯曲变形将承受的荷载传向两端支承，从而形成较大的空间供人们活动。因此，梁在建筑工程中占有十分重要的地位，如在吊车轮的作用下，工业厂房中的吊车梁（见图 6-2）发生弯曲变形；在荷载作用下，阳台的两根挑梁（见图 6-3）也发生弯曲变形。

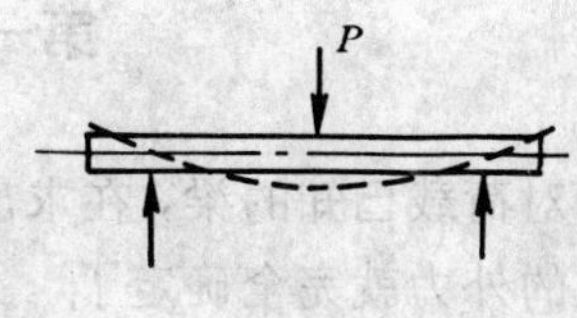

图 6-1

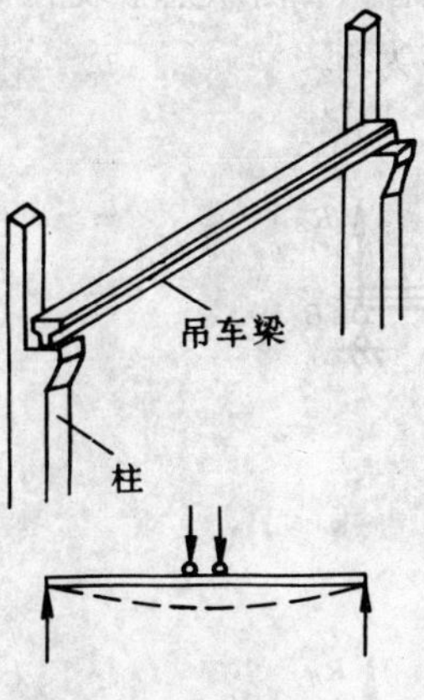

吊车梁

柱

图 6-2

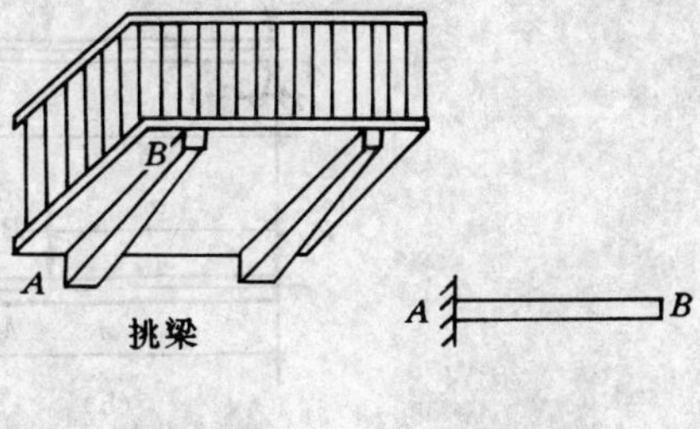

挑梁

图 6-3

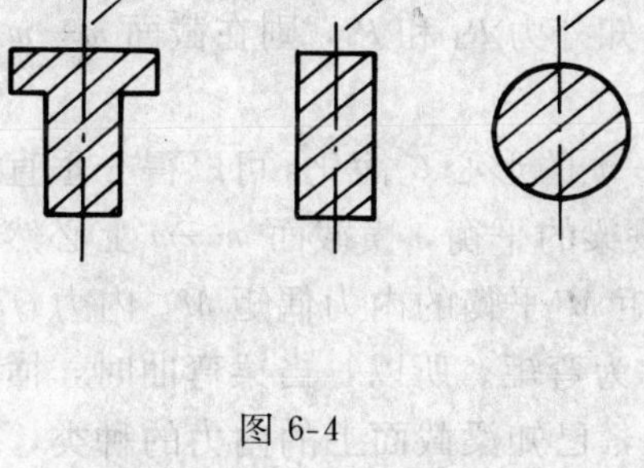

对称轴

对称轴

对称轴

图 6-4

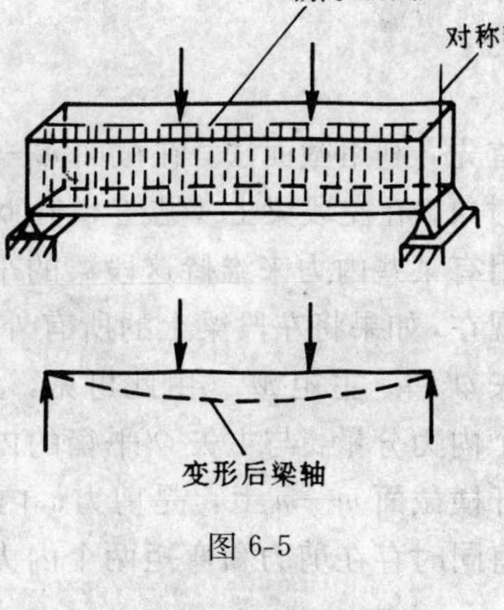

纵向对称轴

对称轴

变形后梁轴

图 6-5

在工程中常见的梁的横截面多为矩形、圆形、工字形等，这些梁的横截面通常至少有一个对称轴（见图 6-4）。可以想到，梁的各横截面的对称轴将组成一个纵向对称面，显然纵向对称平面是与横截面垂直的（见图 6-5），如梁上荷载及支座反力均作用在这个对称面内，则弯曲后的梁轴线将仍在这个平面内而成为一条平面曲线，这种弯曲一般称为平面弯曲。平面弯曲是梁弯曲中最简单的一种，实际上，这也是最常见的梁。本章只研究梁的平面弯曲时的内力。

第一节　弯曲内力——剪力和弯矩

对荷载已知的梁，在求出梁的支座反力后（用第二章第六节中介绍的方法），作用于梁上的外力就完全确定了。外力确定后，即可进一步分析梁内各个横截面上的内力。

一、梁的内力——剪力和弯矩

梁受外力作用后，在各个横截面上会引起与外力相当的内力。内力的确定是解决强度问题的基础和选择横截面尺寸的依据。

分析横截面上的内力仍采用截面法。

考虑一任意梁 AB 如图 6-6 (a) 所示，在外力作用下处于平衡状态。现在研究梁上任一横截面 $m—m$ 上的内力，截面 $m—m$ 离左端支座的距离为 x。

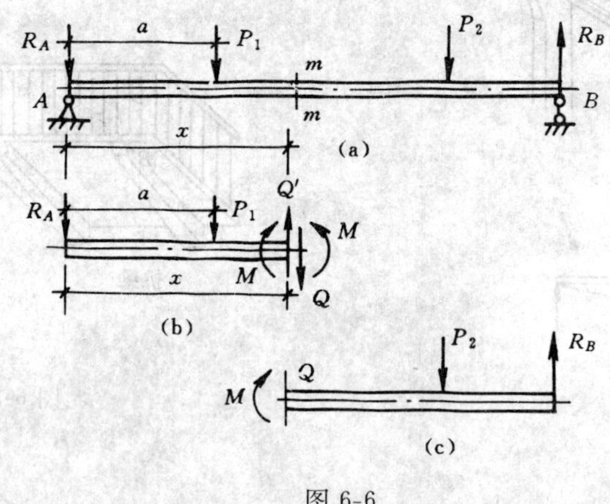

图 6-6

首先，利用截面法，在截面 $m—m$ 处将梁切成左、右两段，并任取一段（如左段）为研究对象。在左段梁上（见图 6-6 (b)）作用有已知外力 R_A 和 P_1，则在截面 $m—m$ 上，一定作用有某些内力来维持这段梁的平衡。

现在，如果将左段梁上的所有外力向截面 $m—m$ 的形心 C 简化，可以得一垂直于梁轴的主矢 Q' 和一主矩 M'。由此可见，为了维持左段梁的平衡，横截面 $m—m$ 上必然同时存在两个内力分量：与主矢 Q' 平衡的内力 Q；与主矩 M' 平衡的内力偶矩 M。内力 Q 应位于所切开横截面 $m—m$ 上，是剪力；内力偶矩 M 称为弯矩。所以，当梁弯曲时，横截面上一般将同时存在剪力和弯矩两个内力分量。显然，已知梁截面上的内力的种类，就可以在分离体图上标记这些内力后，利用平衡条件求解这些内力。

这样根据左段梁的平衡条件，由投影平衡方程：

$$\Sigma F_y=0,\ R_A-P_1-Q=0$$

得
$$Q=R_A-P_1 \quad (1)$$

再由力矩平衡方程：

$$\Sigma m_c=0 \quad M+P_1(x-a)-R_Ax=0$$

$$M=R_Ax-P_1(x-a) \quad (2)$$

同样，如果以右端梁为研究对象，如图 6-6（c）所示，并根据其平衡条件计算截面 m—m 上的内力，将得到与式（1）数值相同的剪力和与式（2）数值相同的弯矩，但其方向则分别与图 6-6（b）所示的 Q、M 相反。

剪力的常用单位为牛顿（N）或千牛顿（kN），弯矩的常用单位为牛顿米（N·m）或千牛顿米（kN·m）。

二、剪力 Q 与弯矩 M 的符号

为了使由左段或右段梁作为研究对象求得的同一个截面上的弯矩和剪力，不但数值相同而且符号也一致，把剪力和弯矩的符号规则与梁的变形联系起来，规定：在横截面 m—m 处，从梁中取出一微段，若剪力 Q 使微段绕对面一端作顺时针转动［见图 6-7（a）］，则横截面上的剪力 Q 的符号为正；反之如图 6-7（b）所示剪力的符号为负。若弯矩 M 使微段产生向下凸的变形（上部受压，下部受拉）［见图 6-7（c）］，则截面上的弯矩 M 的符号为正；反之如图 6-7（d）所示弯矩的符号为负。

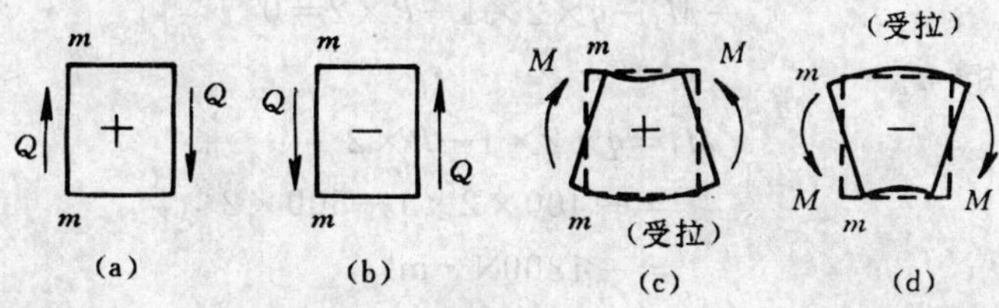

图 6-7

按上述规定，一个截面上的剪力和弯矩无论用这个截面左侧的外力或右侧的外力来计算，所得数值与符号都是一样的。此外，根据上述规则可知，对某一指定的截面来说，在它左侧的指向向上的外力，或在它右侧的指向向下外力将产生正值剪力；反之，则产生负值剪力。至于弯矩，则无论力在指定截面的左侧还是右侧，向上的外力总是产生正值弯矩，而向下的外力总是产生负值弯矩。

三、截面法计算梁指定截面内力步骤

综上所述，可将截面法计算梁指定截面内力的方法和步骤概括如下：

（1）计算梁的支座反力。

（2）在需要计算内力的横截面处，将梁假想地切开，并任选一段为研究对象。

（3）画所选梁段的受力图，这时剪力和弯矩的方向都按规定的正方向标记，即假设这些力均为正方向。当由平衡方程解得内力为正号时，表示实际方向与所设方向一致，即内力为正值。若解得内力为负号时，表示实际方向与所设方向相反，即内力为负值。

（4）通常由平衡方程 $\Sigma F_y=0$，计算剪力 Q。

（5）以所切横截面的形心 C 为矩心，由平衡方程 $\Sigma m_C=0$ 计算弯矩 M。

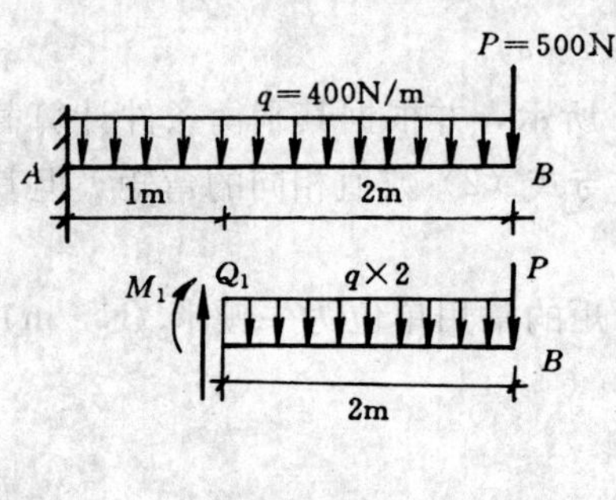

图 6-8

［例 6-1］ 图 6-8 所示一悬臂梁。已知 $q=400\text{N/m}$，$P=500\text{N}$。计算距梁自由端 B 为 2m 的 1—1 截面的内力。

解：对于悬臂梁，因为有一个自由端，所以求内力可不必先求固定支座反力。将梁从 1—1 截面处截成两段，取右段梁为研究对象，均布荷载可用其合力 $q\times2$ 代替，此合力作用在右段梁的中点，到自由端 B 的距离为 1m（图 6-8）。由投影方程得：

$$\Sigma F_y=0 \qquad Q_1-q\times2-P=0$$

得 1—1 截面的剪力 Q_1

$$\begin{aligned}Q_1&=q\times2+P\\&=400\times2+500\\&=1300\text{N}\end{aligned}$$

再由力矩方程得：

$$\Sigma m_{c1}=0$$

$$-M_1-q\times2\times1-P\times2=0$$

得 1—1 截面的弯矩 M_1

$$\begin{aligned}M_1&=q\times2\times1-P\times2\\&=-400\times2\times1-500\times2\\&=-1800\text{N}\cdot\text{m}\end{aligned}$$

弯矩值的负号表明，在竖直向下荷载作用下悬臂梁是上部受拉，下部受压。这一点与简支梁正好相反。所以在钢筋混凝土结构中，悬臂梁的受力钢筋配在上侧，而简支梁的受力钢筋配在下侧，即受力钢筋要配在受拉的一侧。

第二节 内力方程和内力图

从上面的讨论中可以看出，在一般情况下，梁横截面上的剪力和弯矩都是随截面位置不同而变化的。若以横坐标 x 表示横截面沿梁轴线的位置，则梁内各横截面上的剪力和弯矩均可以写成坐标 x 的函数，即：

$$Q=Q(x)$$

$$M=M(x)$$

上面的函数表达式分别称为梁的剪力方程和弯矩方程。它表明剪力、弯矩沿梁轴线变化的情况。

表示剪力、弯矩沿梁轴线变化情况的另一种方法是绘制剪力图和弯矩图。其绘制方法与轴力图相似，先用平行于梁轴线的横坐标 x 为基线表示该梁的横坐标位置，用垂直于梁的纵坐标的端点表示相应截面的剪力或弯矩。把各纵坐标的端点连结起来，得到的图形就称为内力图。如内力是剪力即剪力图，如内力是弯矩即弯矩图。习惯将正剪力画在 x 轴的上方，负剪力画在 x 轴的下方；而弯矩则规定画在梁受拉的一侧，即正弯矩画在 x 轴的下方，负变矩画在 x 轴的上方，即弯矩图在哪侧，受力钢筋就应配在哪侧。下面举例说明建立剪力方程和弯矩方程以及绘制剪力图和弯矩图的方法。

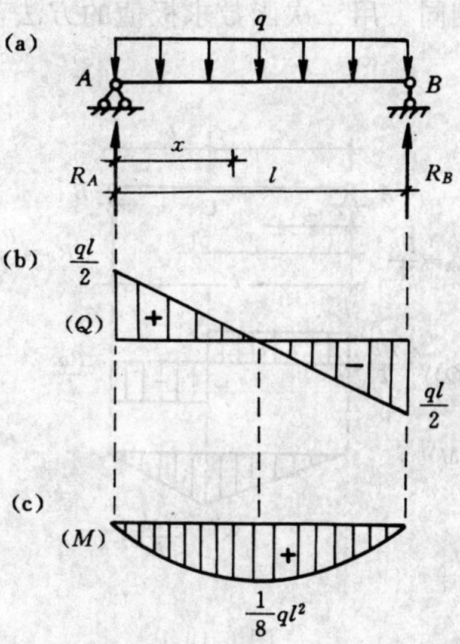

图 6-9

[例 6-2] 图 6-9 (a) 所示一简支梁，受均布荷载作用，试建立梁的剪力、弯矩方程，绘制 Q、M 图，并确定 $|Q|_{max}$ 及 $|M|_{max}$。

解：(1) 求支座反力

由于是对称荷载

所以 $R_A = R_B = \frac{ql}{2}$

(2) 建立剪力、弯矩方程

以 A 为原点建立坐标系，取任意截面为 x，列出剪力方程和弯距方程：

$$Q(x) = R_A - qx = \frac{1}{2}ql - qx \qquad (0<x<l) \tag{1}$$

它是一直线方程。

$$M(x) = R_A x - \frac{1}{2}qx^2 = \frac{1}{2}qx - \frac{1}{2}qx^2 \quad (0\leqslant x\leqslant l) \tag{2}$$

它是一个二次抛物线方程。

(3) 计算各特征点的 Q 值和 M 值（见表 6-1）

(4) 绘出剪力、弯矩图

根据剪力、弯矩方程及表 6-1 控制点值，绘出剪力、弯矩图如 6-9 (b)、(c) 所示。

(5) 确定 $|Q|_{max}$ 及 $|M|_{max}$

表 6-1

x	$Q(x)$	$M(x)$
0	$\frac{ql}{2}$	0
$\frac{l}{2}$	0	$\frac{1}{8}ql$
l	$-\frac{ql}{2}$	0

显然在 A、B 两端截面 $|Q|_{max} = \frac{1}{2}ql$

本例中梁上作用均布荷载，剪力图为一斜直线，弯矩图是一二次曲线，凸向与 q 的方向相同。用二次函数求极值的方法，可以推知在跨中 $x=\frac{l}{2}$ 处，$|M|_{\max}=\frac{1}{8}ql^2$。

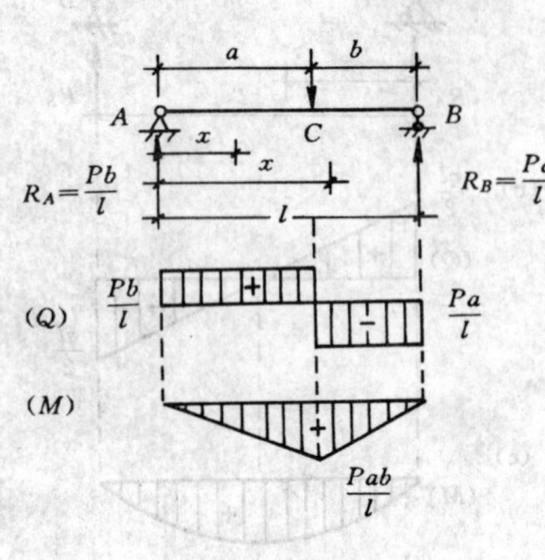

图 6-10

［例 6-3］　图 6-10 (a) 所示一简支梁，在 C 点处受一集中荷载 P 作用，试建立梁的剪力、弯矩方程，绘制 Q、M 图，并确定 $|Q|_{\max}$ 及 $|M|_{\max}$。

解：(1) 求梁的支座反力

$$R_A=\frac{Pb}{l}\qquad R_B=\frac{Pa}{l}$$

(2) 建立剪力、弯矩方程

梁上集中力把梁分为 AC 和 CB 两段，若分别用截面在 AC 和 BC 段将梁分开，均取截面以左部分为研究对象，则 AC 段上外力只有 R_A，CB 段上外力有 R_A 和 P，两段的内力分布情况必然不同，所以梁的剪力方程和弯矩方程应分别列出。

$$AC\text{ 段：}Q(x)=R_A=\frac{Pb}{l}\qquad(0<x<a)\qquad(1)$$

$$M(x)=R_Ax=\frac{Pb}{l}x\qquad(0\leqslant x\leqslant a)\qquad(2)$$

$$CB\text{ 段：}Q(x)=R_A-P=\frac{Pb}{l}-P=-\frac{Pa}{l}\qquad(a<x<l)\qquad(3)$$

$$M(x)=R_Ax-P\ (x-a)$$

$$=\frac{Pb}{l}x-P\ (x-a)$$

$$=\frac{Pa}{l}\ (l-x)\qquad(a\leqslant x\leqslant l)\qquad(4)$$

(3) 计算各特征总的 Q 值和 M 值（见表 6-2）

表 6-2

x	$Q\ (x)$	$M\ (x)$
0	$\frac{Pb}{l}$	0
a	左侧：$\frac{Pb}{l}$　右侧：$\frac{-Pa}{l}$	$\frac{Pab}{l}$
l	$-\frac{Pa}{l}$	0

(4) 绘出剪力图和弯矩图

根据剪力、弯矩方程及特征总的值绘出剪力图和弯矩图［图 6-10 (b)、(c)］。

(5) 确定 $|Q|_{\max}$ 及 $|M|_{\max}$

设 $a>b$ 由剪力、弯矩图可以看出在集中力作用处的截面有：

$$|Q|_{\max}=\frac{Pa}{l}\qquad|M|_{\max}=\frac{Pab}{l}$$

从本例的内力图中又一次看到，对于梁上设有荷载的梁段，剪力图是一条水平直线，而弯矩图是一条斜直线。

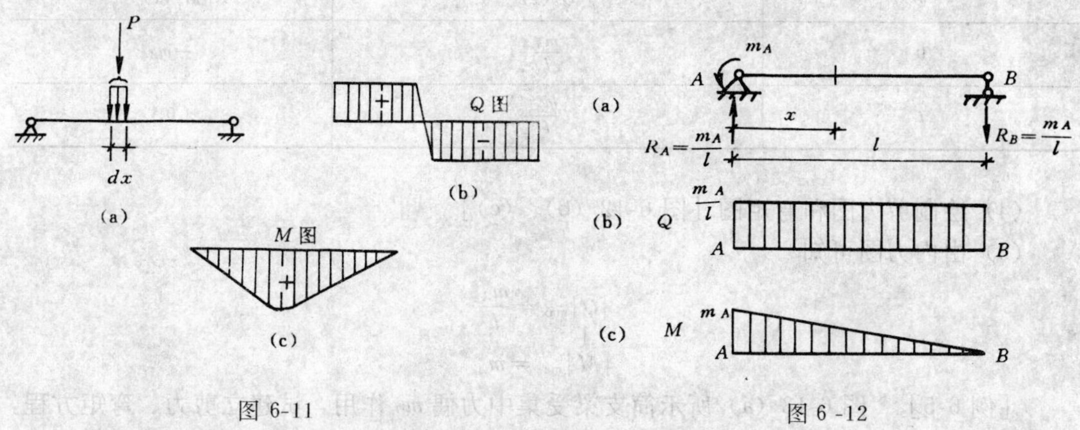

图 6-11　　　　图 6-12

同时，此例也说明当梁上荷载不连续时，应分段建立内力方程和绘制内力图。

在集中力 P 作用处的截面，如图 6-11 (a) 所示，弯矩图出现一个尖角，剪力图发生突变。从左往右，剪力由 $+\frac{Pb}{l}$ 变到 $-\frac{Pa}{l}$，剪力图突变的方向和集中力 P 的作用方向一致，突变值的大小等于集中力的大小，即 $\frac{Pb}{l}+\frac{Pa}{l}=P$。这种突变现象是由于假设集中力作用在一“点”上造成的。实际上荷载应该作用在很短的一段梁上，剪力图和弯矩图在这一小段上应是连续变化的，如图 6-11 (b)、(c) 所示。

［例 6-4］　图 6-12 (a) 所示简支梁，在 A 端作用一集中力偶 m_A（比如在 A 点左边另有构件，m_A 代表此构件对梁的作用），试建立梁的剪力、弯矩方程，绘制梁的内力图，并确定 $|Q|_{max}$ 及 $|M|_{max}$。

解：(1) 计算支座反力

$$R_A=\frac{m_A}{l} \qquad R_B=\frac{m_A}{l}$$

(2) 建立剪力、弯矩方程

以 A 为原点，取任意截面 x，列出方程：

$$Q(x)=R_A=\frac{m_A}{l}$$

因为此方程是一常数，所以剪力图是一水平线。

$$M(x)=R_Ax-m_A$$

$$=\frac{m_A}{l}x-m_A$$

$$=m_A\left(\frac{x}{l}-1\right)$$

这是一直线方程。

(3) 计算各特征点的 Q 值和 M 值（见表 6-3）。

表 6-3

x	$Q(x)$	$M(x)$
0	$\frac{m_A}{l}$	$-m_A$
l	$\frac{m_A}{l}$	0

（4）绘制剪力图和弯矩图［图 6-12（b）、（c）］

（5）由内力图可知

$$|Q|_{\max}=\frac{m_A}{l}$$

$$|M|_{\max}=m_A$$

［例 6-5］　图 6-13（a）所示简支梁受集中力偶 m_O 作用，试建立剪力、弯矩方程，绘制 Q、M 图，并确定 $|Q|_{\max}$ 及 $|M|_{\max}$。

解：（1）计算支座反力

$$R_A-R_B=\frac{m_O}{l}$$

（2）建立剪力、弯矩方程

由于梁跨内有集中力偶 m_O 作用，在梁上荷载不连续，内力方程应分段建立。

AC 段：$Q(x)=R_A=\frac{m_O}{l}\qquad(0<x\leqslant a)\qquad(1)$

$M(x)=R_Ax=\frac{m_O}{l}x\qquad(0\leqslant x\leqslant a)\qquad(2)$

CB 段：$Q(x)=R_A=\frac{m_O}{l}\qquad(a\leqslant x<l)\qquad(3)$

$M(x)=R_Ax-m_O$

$=\frac{m_O}{l}x-m_O\qquad(a\leqslant x\leqslant l)\qquad(4)$

（3）计算各特征点的 Q 值和 M 值（见表 6-4）。

（4）绘制 Q、M 图

由（1）、（3）式知 AC、CB 两段剪力相同，同为一水平线。由式（2）、（4）知 AC、CB 两段的弯矩图为直线，由特征总的值绘出 Q、M 图（图 6-13）。

（5）确定 $|Q|_{\max}$ 及 $|M|_{\max}$

表 6-4

x	$Q(x)$	$M(x)$
0	$\frac{m_O}{l}$	0
Q	$\frac{m_O}{l}$	左侧：$\frac{m_Oa}{l}$，右侧：$\frac{-m_Ob}{l}$
l	$\frac{m_O}{l}$	0

从内力图上可得

$$|Q|_{max}=\frac{m_O}{l}$$

当 $a>b$ 时，从弯矩图上可以看出：

$|M|_{max}=\frac{m_O a}{l}$，发生在 C 截面左侧上。

由本例可看到，在集中力偶作用处，剪力图不受影响，弯矩图却出现突变。从左往右，m_O 逆时针方向时，弯矩图由下向上突变；m_O 顺时针方向时，弯矩图由上向下突变。突变值的大小等于集中力偶矩 m_O。

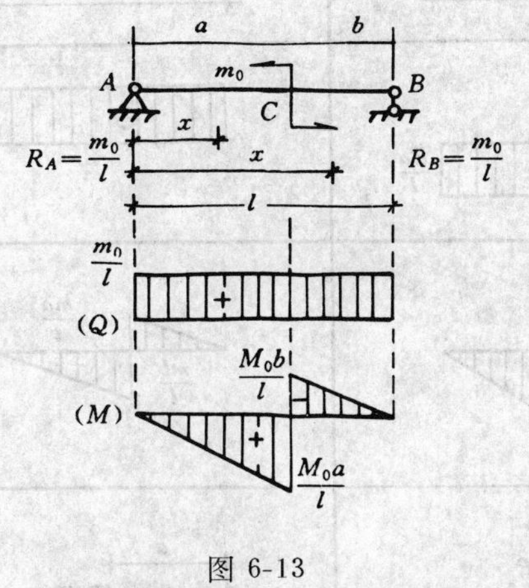

图 6-13

从以上论述可得出绘制剪力图和弯矩图的一般步骤：

(1)根据梁的支承情况和梁上作用的荷载，求出支座反力（悬臂梁可不用求支座反力）。

(2) 根据荷载和支座反力，分段列出剪力方程和弯矩方程。

(3) 根据剪力方程和弯矩方程所表现的曲线性质，确定画出这些曲线所需要的控制点，即所谓特征点。求出这些特征点的数值即求出若干控制截面的剪力和弯矩值。

(4)用与梁轴平行的直线为基线，取相应于特征点的截面的剪力或弯矩值为竖距，进行标记，并根据剪力方程和弯矩方程所表现的曲线性质绘出剪力图和弯矩图，同时在图中注明各特征点的剪力和弯矩的数值。

(5) 确定最大剪力和最大弯矩值及其所在截面。

此外，需注意在绘制 Q 图及 M 图的时候，一般要将它们放置在梁的受力图之下。无论是受力图，还是剪力图或弯矩图，其同一横截面都位于同一竖直线上。相对应地画出 Q 图和 M 图，这样可以很方便直观地从剪力图和弯矩图中查得梁中各截面的剪力和弯矩值。

对于简支梁、悬臂梁在单一荷载作用下的内力图，可直接熟记其结果列于表 6-5。

第三节　利用内力图的规律绘制内力图

由上节的讨论可知，利用内力方程绘制内力图是比较繁琐的，通过上节的几个例题，不难发现，荷载、剪力和弯矩之间的变化是有一定规律的，利用这些规律绘制内力图就可使计算工作量大为减少。

可将荷载分为四种情况：无荷载区段、均布荷载区段、集中荷载作用点和力偶荷载作用点。如果绘制内力图的工作一律从左至右进行，就可将内力随荷载的变化规律列于表 6-6。

需要特别注意：利用上表绘制内力图时，只能从左至右进行，否则就会出现错误结果。

表 6-5　简支梁、悬臂梁在单一荷载作用下的内力图

	均布荷载	集中荷载	力偶荷载
q 图	q　l	P　a　b　l	a　b　m　l
Q 图	$\frac{ql}{2}$　$\frac{ql}{2}$	$\frac{Pb}{l}$　$\frac{Pa}{l}$	⊕　$\frac{m}{l}$
M 图	$\frac{ql^2}{8}$	$\frac{Pab}{l}$	$\frac{ma}{l}$　$\frac{mb}{l}$
q 图	q　a	a　P	a　m
Q 图	qa	P	
M 图	$\frac{qa^2}{2}$	Pa	m

为了对上述规律进一步加深印象和便于记忆，用下面的口诀表述：

对于剪力图有：

没有荷载水平线，
均布荷载斜直线，
力偶荷载无影响，
集中荷载有突变。

对于弯矩图有：

没有荷载斜直线，
均布荷载抛物线，
集中荷载有尖点，
力偶荷载有突变。

表 6-6 内力随荷载变化的规律

q 图	Q 图	M 图
无荷载区段	水平线	斜直线（剪力为正斜向下，倾斜量等于此段剪力图的面积）
均布荷载区段	斜直线（斜向与荷载方向相同，倾斜量等于区段内荷载之和）	抛物线（凸向与荷载方向相同，剪力为零处为极值，其大小等于该点一侧剪力图的面积的代数和）
集中荷载作用点	有突变（突变方向与荷载方向相同、突变量等于荷载的大小）	有尖点（尖点方向与荷载方向相同）
力偶荷载作用点	无变化	有突变（荷载顺时针转向，向下突变，突变量等于荷载的大小）

利用上述规律绘制内力图的基本步骤：

（1）求支座反力。

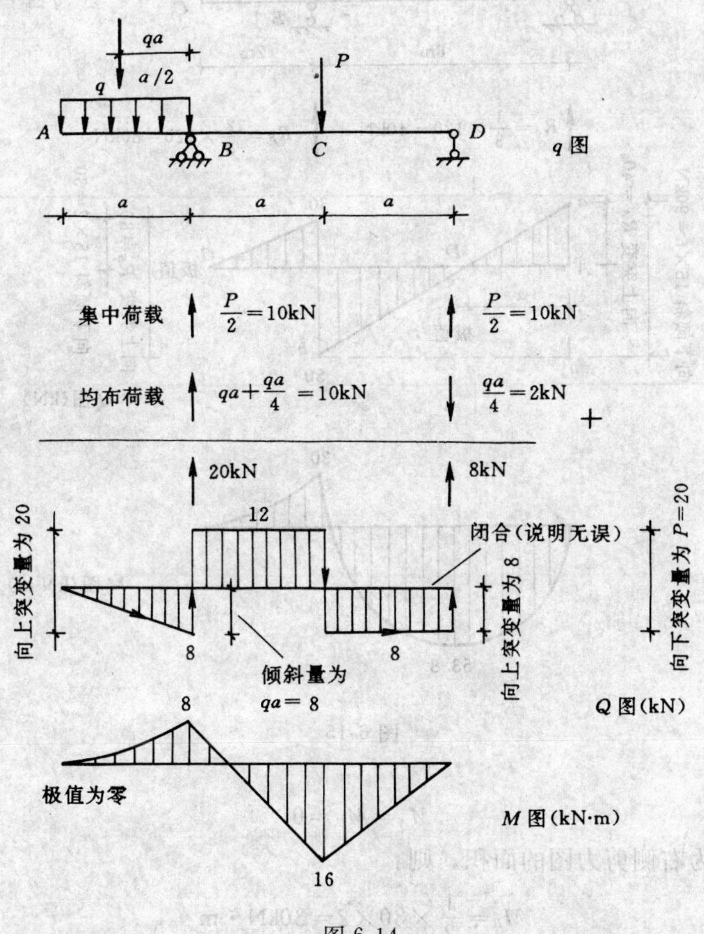

图 6-14

(2) 根据荷载和支座反力绘制剪力图。

(3) 根据剪力图绘制弯矩图。

(4) 计算极值处的弯矩值。

[例 6-6]　绘制图 6-14 所示梁的内力图。已知：$a=2\text{m}$，$P=20\text{kN}$，$q=4\text{kN/m}$。

解：

$$M_A=M_D=0$$

M_B 的数值可由左侧剪力图的面值计算，根据直角三角形的面积公式：

$$M_B=\frac{1}{2}\times 8\times 2=8\text{kN}\cdot\text{m}$$

M_C 可由剪力图右侧的面积计算，右侧为一矩形，则：

$$M_C=8\times 2=16\text{kN}\cdot\text{m}$$

[例 6-7]　绘制图 6-15 所示梁的内力图。

解：

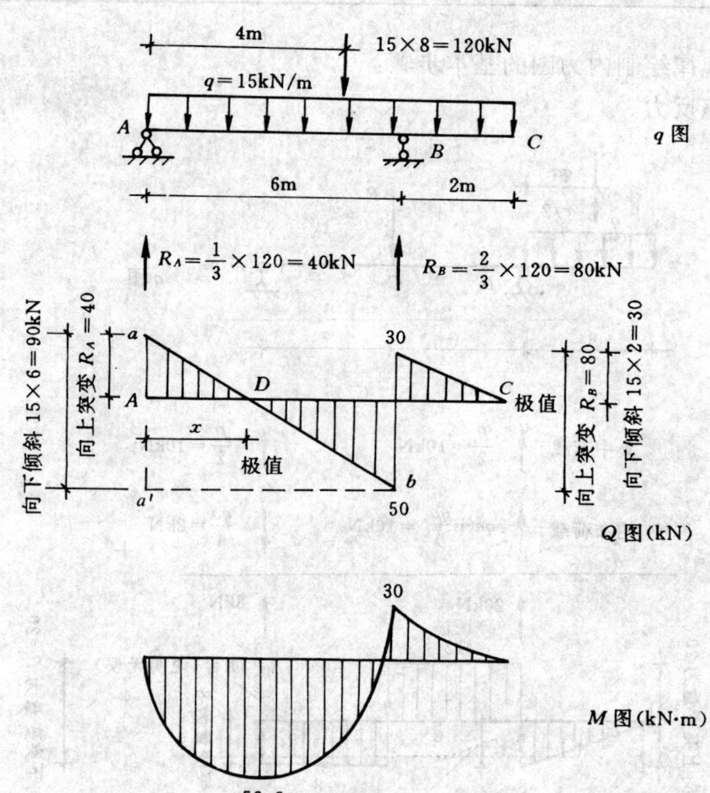

图 6-15

$$M_A=M_C=0$$

M_B 的数值为右侧剪力图的面积，则：

$$M_B=\frac{1}{2}\times 30\times 2=30\text{kN}\cdot\text{m}$$

剪力图在截面 D 为零，因此该截面弯矩为极值、需计算此值。首先要确定截面 D 的位置，为此，在 Q 图上作辅助线 $a'b$ 和 Aa'，得到大三角形 $aa'b$ 和小三角形 aAD，利用相似三角形的关系有：

$$\frac{x}{ab}=\frac{40}{90}$$

$$x=\frac{8}{3}\quad \text{m}$$

M_D 的数值应为小三角形 aAD 的面积：

$$M_D=\frac{1}{2}\times 40\times\frac{8}{3}=53.3\quad \text{kN}\cdot\text{m}$$

不难看出 M_D 是此梁的最大弯矩值，也就是说 D 截面是危险截面。上述这些计算过程在熟练之后，可不必在纸面上出现，直接画出内力图，并标出特征截面的内力值即可。

[例 6-8]　绘制图 6-16 所示梁的内力图。

解：支座 A 处的弯矩值等于力偶荷载的数值，并使梁的上侧受拉，即：

$$M_A=2\text{kN}\cdot\text{m}$$

支座 B 处的弯矩值等于右侧剪力图的面积，即：

$$M_B=2\times 1=2\text{kN}\cdot\text{m}$$

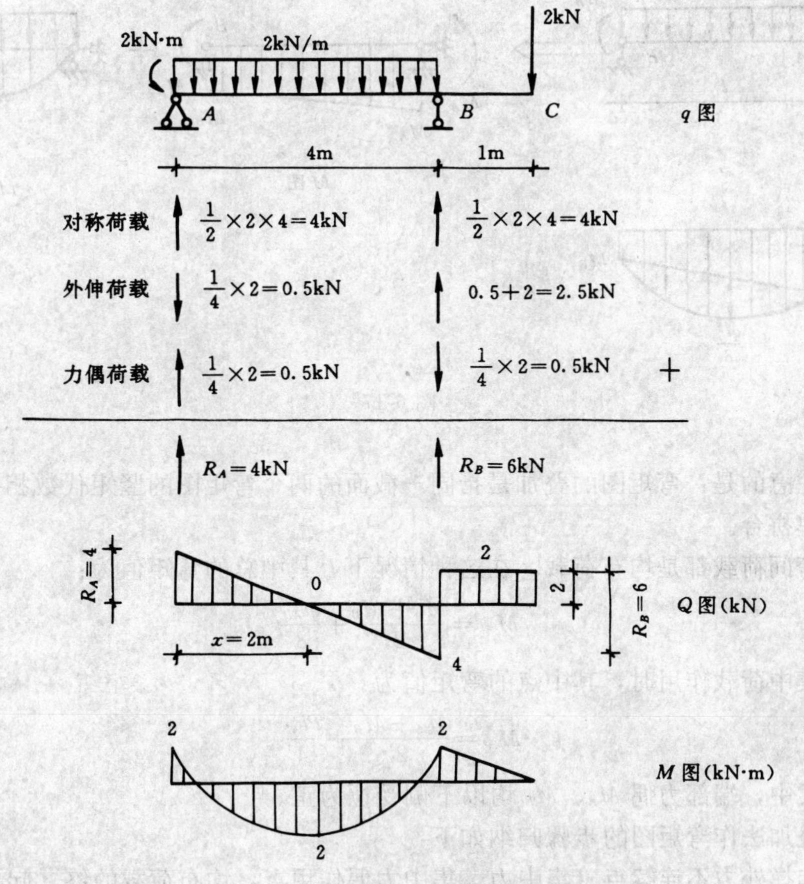

图 6-16

截面 D 的位置显然在跨中，则跨中弯矩值应为左侧剪力图的面积值减去力偶荷载的数值，即：

$$M_D=\frac{1}{2}\times4\times2-2=2\text{kN}\cdot\text{m}$$

第四节　用叠加法绘制内力图

一、叠加法作弯矩图

如图 6-17（a）所示，简支梁 AB 受跨间荷载 q 和端部力偶 M_A、M_B 的共同作用。如果简支梁 AB 单独在端部力偶 M_A 和 M_B 的作用下，其弯矩图为直线图形［见图 6-17（b）］。如果单独在跨间荷载 q 作用下，其弯矩图为曲线图形［见图 6-17（c）］。将两个弯矩图叠加，就得到了在端部力偶和跨间荷载共同作用下的弯矩图［见图 6-17（d）］。

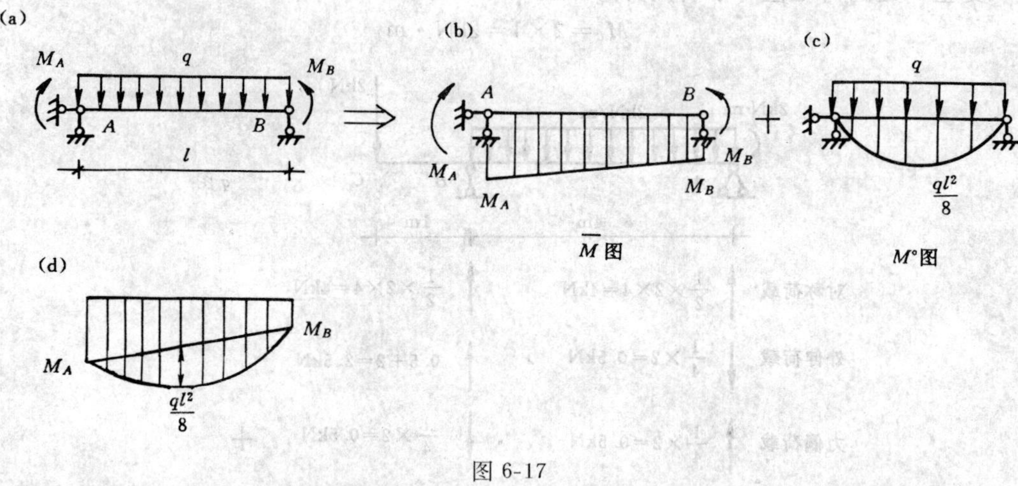

图 6-17

值得注意的是：弯矩图的叠加是指同一截面的两个弯矩图的竖矩代数相加，而不是图形的简单拼合。

通常跨间荷载都是均布荷载，在这种情况下，其中总的弯矩值为：

$$M_{中}=\frac{M_A+M_B}{2}+\frac{ql_{AB}^2}{8} \tag{6-1}$$

当跨中受集中荷载作用时，其中点的弯矩值为：

$$M_{中}=\frac{M_A+M_B}{2}+\frac{Pl_{AB}}{4} \tag{6-2}$$

在以上两式中，端部力偶 M_A、M_B 均以下侧受拉为正。

现将叠加法作弯矩图的步骤归纳如下：

(1) 选择外力不连续点（集中力、集中力偶作用点，均布荷载的终、起点等）为控制截面，用截面法求出各控制截面的弯矩值。

(2) 分段作弯矩图。当控制截面间无荷载时，根据控制截面的弯矩值作出直线弯矩图；当控制截面间有荷载时，作出直线弯矩图形后再叠加上由均布荷载或集中荷载引起的简支梁的弯矩图。

[例 6-9]　试作图 6-18 (a) 所示简支梁的弯矩图。

解：(1) 求支座反力

$$R_A = 70\text{kN} \qquad R_B = 50\text{kN}$$

(2) 作弯矩图

取 A、C、D、B 截面为控制截面，各弯矩值为：

$$M_A = M_B = 0$$

$$M_C = R_A \times 4 - \frac{1}{2} q \times 4^2 = 70 \times 4 - \frac{1}{2} \times 20 \times 4^2 = 120\text{kN} \cdot \text{m}$$

$$M_D = R_B \times 2 = 50 \times 2 = 100\text{kN} \cdot \text{m}$$

在 CD 和 DB 段上，无荷载作用，其弯矩图为直线图形，画出各控制截面弯矩值的竖距。然后，分别以直线联接两相临的竖距，于是，就得到 CD 和 DB 段的弯矩图。而 AC 段还应在直线图形的基础上再叠加上由均布荷载引起的相应简支梁的弯矩图，其 AC 段中点截面 F 的弯矩值为：

$$M_F = \frac{M_A + M_C}{2} + \frac{q l_{AC}^2}{8} = \frac{0 + 120}{2} + \frac{20 \times 4^2}{8} = 100\text{kN} \cdot \text{m}$$

弯矩图如图 6-18 (b) 所示。也可只取 A、C、B 为控制截面，将梁分为两段：AC 段和 CD 段，AC 段的作法与上述相同；CB 段可以叠加一个由跨中集中荷载引起的相应简支梁的弯矩图，D 截面的弯矩值为：

$$M_D = \frac{M_C + M_B}{2} + \frac{P l_{CB}}{4} = \frac{120 + 0}{2} + \frac{40 \times 4}{4} = 100\text{kN} \cdot \text{m}$$

这与前面计算的结果相同。

有两个问题需要注意：一是截面 F 的弯矩 M_F 不是该梁的最大弯矩，截面 C 由于没有集中力作用，故弯矩图在该截面处无尖点，图形应连接光滑。

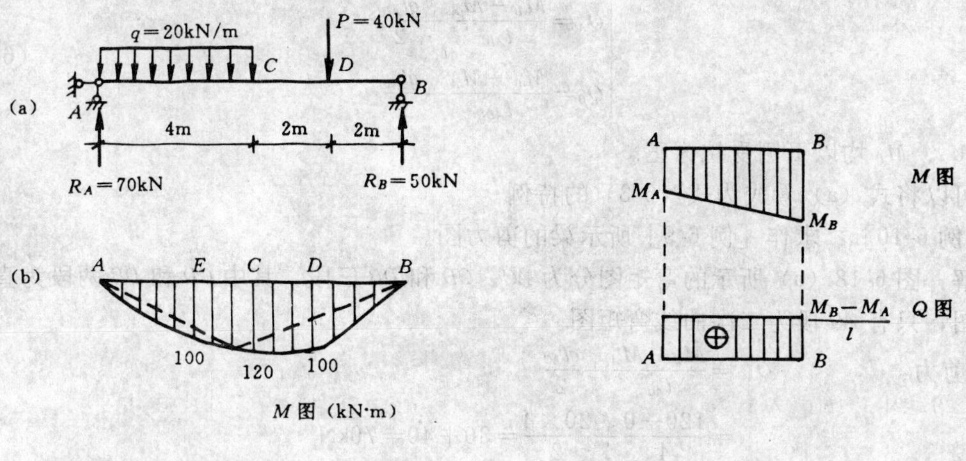

图 6-18　　　　图 6-19

二、剪力图的绘制

剪力图可根据弯矩图绘制，某一截面处的剪力等于弯矩图在该截面处的斜率；从左至右，当弯矩图下降时，剪力为正，反之为负。

弯矩图可分为直线弯矩图和二次曲线弯矩图两种情况。对于直线弯矩图，其斜率是一个常量（见图 6-19），其剪力可由下式确定：

$$Q=\frac{M_B-M_A}{l_{AB}} \tag{a}$$

对于二次曲线弯矩图，其斜率是一变量，但斜率的变化是均匀的，即沿杆轴按直线规律变化。为此，只要能确定左、右两端点处的剪力。然后，用一直线连接左、右两端点就绘制出该段的剪力图（见图 6-20）。

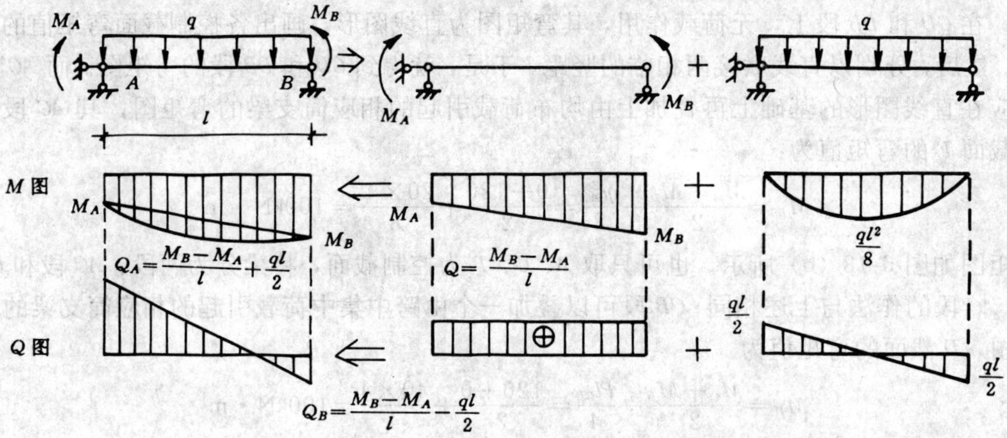

图 6-20

两端点的剪力可由下式确定：

$$\begin{cases} Q_A=\dfrac{M_B-M_A}{l_{AB}}+\dfrac{ql_{AB}}{2} \\ Q_B=\dfrac{M_B-M_A}{l_{AB}}+\dfrac{ql_{AB}}{2} \end{cases} \tag{6-3}$$

式中 M_A、M_B 均以下侧受拉为正。

可以将式（a）看成为式（6-3）的特例。

[例 6-10]　求作 [例 6-9] 所示梁的剪力图。

解：图 6-18（b）所示的弯矩图分为 AC、CD 和 DB 三段，其中 CD 和 DB 两段为直线弯矩图，只有 AC 段为二次曲线弯矩图。

AC 段剪力：

$$Q_{AC}=\frac{M_C-M_A}{l_{AC}}+\frac{ql_{AC}}{2}$$

$$=\frac{120-0}{4}+\frac{20\times4}{2}=30+40=70\text{kN}$$

$$Q_{CA}=\frac{M_C-M_A}{l_{AC}}-\frac{ql_{AC}}{2}$$

$$=\frac{120-0}{4}-\frac{20\times4}{2}=30-40$$

$$=-10\text{kN}$$

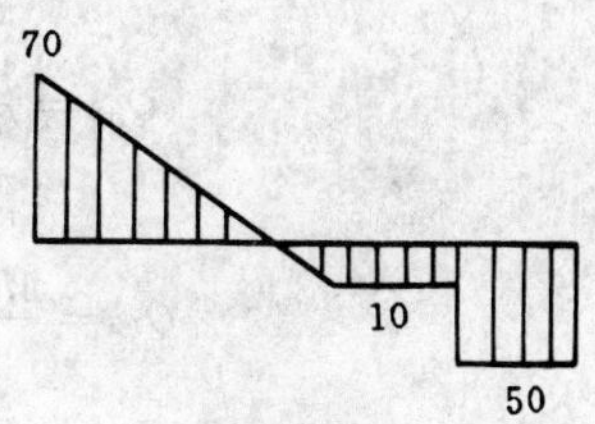

图 6-21

CD 段剪力：$Q_{CD}=Q_{DC}=\frac{M_D-M_C}{l_{CD}}=\frac{100-120}{2}=-10\text{kN}$

DB 段剪力：$Q_{DB}=Q_{BD}=\frac{M_B-M_D}{l_{DB}}=\frac{0-100}{2}=-50\text{kN}$

剪力图（见图 6-21）。

［例 6-11］　求图 6-22（a）所示梁的剪力图和弯矩图。

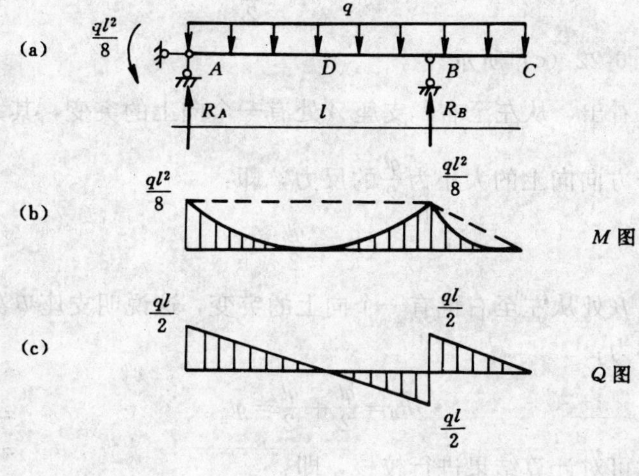

图 6-22

解：本例可不求反力。

（1）作弯矩图

分别取 *A*、*B*、*C* 为控制截面

$$M_A=-\frac{ql^2}{8}$$

$$M_B=-\frac{1}{2}q\left(\frac{l}{2}\right)^2=-\frac{ql^2}{8}$$

$$M_C=0$$

BC 段弯矩图可由表 6-5 直接查出。*AB* 段可由区段叠加法画出弯矩图，其中点的弯矩值可由式（6-1）求得，即：

$$M_D=\frac{M_A+M_B}{2}+\frac{ql_{AB}^2}{8}=\frac{1}{2}\left[-\frac{ql^2}{8}+\left(-\frac{ql^2}{8}\right)\right]+\frac{ql^2}{8}=0$$

其弯矩图如图 6-22（b）所示。

（2）作剪力图

可将弯矩图分为 *AB* 和 *BC* 两段，其各端的剪力分别为：

$$Q_{AB}=\frac{M_B-M_A}{l_{AB}}+\frac{ql_{AB}}{2}=\frac{-\frac{ql^2}{8}-\left(-\frac{ql^2}{8}\right)}{l}+\frac{ql}{2}=\frac{ql}{2}$$

$$Q_{BA}=\frac{M_B-M_A}{l_{AB}}-\frac{ql_{AB}}{2}=\frac{-\frac{ql^2}{8}-\left(-\frac{ql^2}{8}\right)}{l}-\frac{ql}{2}=\frac{-ql}{2}$$

$$Q_{BC}=\frac{M_C-M_B}{l_{BA}}+\frac{ql_{BC}}{2}=\frac{0-\left(-\frac{ql^2}{8}\right)}{\frac{l}{2}}+\frac{q\frac{1}{2}}{2}=\frac{ql}{2}$$

$$Q_{CB}=\frac{M_C-M_B}{l_{BC}}-\frac{ql_{BC}}{2}=\frac{0-\left(-\frac{ql^2}{8}\right)}{\frac{l}{2}}-\frac{q\frac{1}{2}}{2}=0$$

其剪力图如图 6-22（c）所示。

由剪力图可以看出，从左至右，支座 A 处有一个向上的突变，其大小为$\frac{ql}{2}$。这说明在支座 A 处有一个方向向上的大小为$\frac{ql}{2}$的反力，即：

$$R_A=\frac{ql}{2}$$

同理，在支座 B 处从左至右也有一个向上的突变，这说明支座 B 处也有一个方向向上的反力，其大小为：

$$R_B=\frac{ql}{2}+\frac{ql}{2}=ql$$

应用上述规律可对计算结果进行校核，即：

$$\text{反力总和}=\frac{ql}{2}+ql=\frac{3ql}{2}$$

$$\text{荷载总和}=q\times\frac{3}{2}l=\frac{3ql}{2}$$

故反力与荷载合力＝0

说明计算结果正确。

此例说明，当所取的区段刚好等于梁的跨度（两支座间的距离）时，作内力图可不必预先求出支座反力。

小　结

（一）基本概念

1．梁：以受弯为主的构件。

2．弯矩：梁产生弯曲变形时截面的内力。

（二）内力图的绘制方法：

1．利用内力方程绘制内力图的方法。

2．利用内力随荷载变化的规律绘制内力图的方法。

3. 利用叠加法绘制内力图。

后两种方法是本章的重点。

思 考 题

1. 平面弯曲的受力特点和变形特点是什么？

2. 剪力和弯矩的正、负号是怎样规定的？

3. 如何计算梁指定截面内力？

4. 什么叫剪力、弯矩方程？举例说明利用剪力和弯矩方程的方法步骤。

5. 梁的内力图有哪些规律？

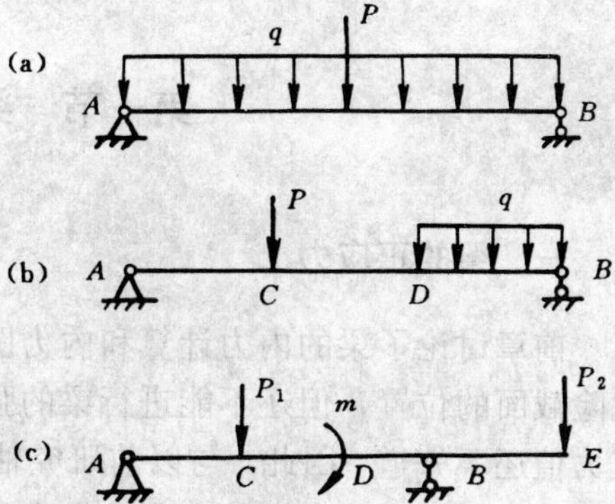

图 6-23

习 题

1. 图 6-23 所示，利用剪力、弯矩方程式的方法绘制剪力、弯矩图时，下列各梁应分成几段？

2. 图 6-24 所示，利用简便方法绘制各梁的剪力图和弯矩图。

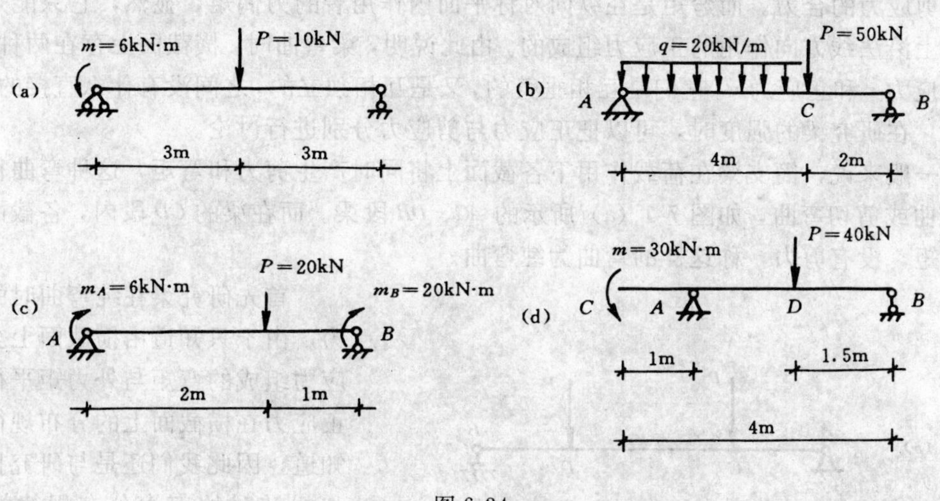

图 6-24

（答：(a) $|M_{max}|=12kN\cdot m$，$|Q_{max}|=6kN$；(b) $|M_{max}|=122.5kN\cdot m$，$|Q_{max}|=70kN$；(c) $|M_{max}|=20kN\cdot m$，$|Q_{max}|=22kN$；(d) $|M_{max}|=30kN\cdot m$，$|Q_{max}|=30kN$）

第七章　梁的弯曲应力

第一节　梁的正应力强度条件

一、梁的正应力

前章讨论了梁的内力计算和内力图的绘制，已能确定最大内力值及其所在截面——危险截面的位置，但还不能进行梁的强度计算，因为梁横截面上应力的分布情况和最大应力值还不知道。因此，与以前研究轴向拉、压和扭转一样，要解决梁的强度计算问题，还需要先研究横截面上的应力分布规律和应力计算公式，进而建立强度条件。

由直杆的拉、压和扭转可知，应力与内力是相联系的，应力为横截面上分布内力的集度（即单位面积上的分布内力），而内力则是由应力合成的。前面说过，梁弯曲时，横截面上一般产生两种内力，即剪力和弯矩。剪力是与横截面相切的内力，它只能是横截面上剪应力的合力。而弯矩是在纵向对称平面内作用着的力偶矩，显然，它只能是由横截面上沿法线方向作用的正应力组成的。由此说明，梁弯曲时，横截面上存在两种应力，即剪应力 τ 和正应力 σ。它们是互相垂直的，又是互相独立的，之间没有什么直接的关系。这样，在研究梁的强度时，可以把正应力与剪应力分别进行讨论。

一般来说，简支梁在荷载作用下各截面上将同时产生剪力和弯矩，这种弯曲称为横力弯曲或剪切弯曲，如图 7-1（a）所示的 *AC*、*DB* 段梁。而在梁的 *CD* 段内，各截面上只有弯矩，没有剪力，称这样的弯曲为纯弯曲。

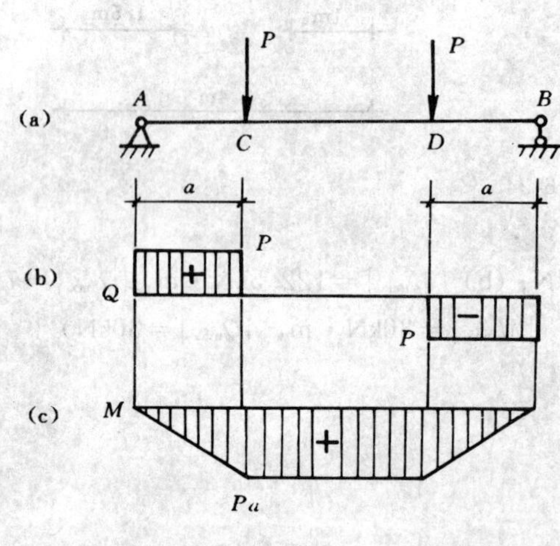

图 7-1

首先研究梁在纯弯曲时的正应力。由于只知道由横截面上全部正应力组成的弯矩与外力矩平衡，但正应力在横截面上的分布规律并不知道，因此我们还是与研究拉、压和扭转时的应力分布规律情况一样，仍然由几何、物理和静力三方面条件进行研究，通过实验，观查变形，提出假设，再进行理论推导，找出应变沿横截面的变化规律，进而即可得到应力在横截面上的分布规律，从而使问题得到解决。

1. 几何条件

为了便于观察，取一根细长的矩形截面橡皮梁进行实验。实验前，先在梁的表面画上一些与梁轴平行的纵线和与纵线垂直的横向线，纵、横线构成网格状，如图 7-2（a）所示。然后在梁两端的对称位置上施加大小相同的一对集中力 P，如图 7-2（b）所示，这时两集中力之间的梁段即发生了纯弯曲变形。

变形后可观察到以下现象：

(1)梁上横向线仍保持为直线，不过都相对转动了一个角度，由铅垂线变成了斜直线。

(2)各纵线都弯曲成了圆弧线，但仍与倾斜后的横线垂直，即小方格各角仍为直角。

(3) 弯曲后向下凸出的一边的纵线伸长，而且越靠近下边伸长的越多，下表面伸长最多；上面向里凹进的一边纵线缩短，而且越靠近上边缩短的越多，上表面缩短最多。

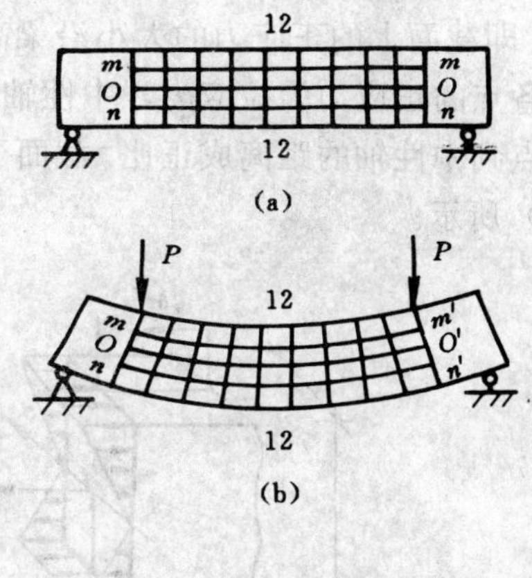

图 7-2

根据上述变形现象的特点，可做出以下假设：

(1) 变形前为平面的横截面，变形后仍为平面，且仍与变形后的梁轴线垂直。这就是平面假设。

(2) 假想梁是由无数条互不挤压或互不牵拉的纵向纤维组成，而梁内部的纵向纤维也象梁表面的纵线变形情况一样，凸边各层纤维伸长，凹边各层纤维缩短。

通过上面的分析和假设可知：梁的下部纵向纤维产生拉应变，上部纵向纤维产生压应变，从下部的拉应变过渡到上部的压应变，必有一层纤维既不伸长也不缩短，即此层的线应变 $\varepsilon=0$，这层纤维被称为中性层，中性层与横截面的交线称为中性轴，如图 7-3 中的 z 轴。显然，每一横截面都有一中性轴，所有这些中性轴正好就组成了中性层。

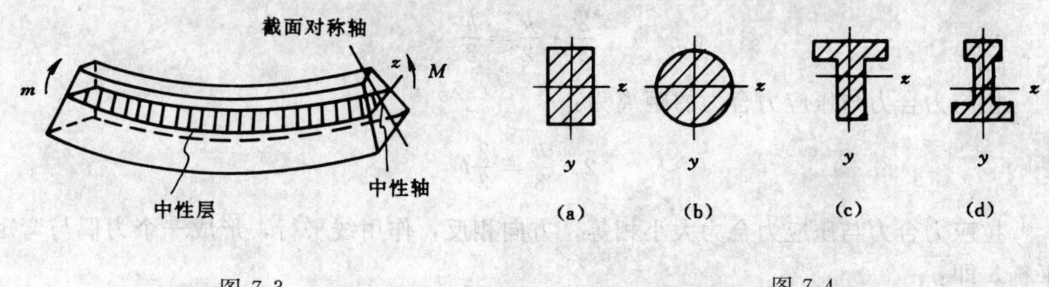

图 7-3　　图 7-4

对于具有竖向对称轴的截面，中性轴过截面形心并与竖向对称轴垂直，如图 7-4 中的各个截面，y 轴为竖向对称轴，z 轴即为中性轴，O 为截面形心。这几种截面是最常采用的梁的截面。

得出的纵向线应变沿梁高的变化规律为：纵向线应变沿梁高按直线规律变化，即中性层的线应变为零，中性层以下的线应变为拉应变，中性层以上的线应变为压应变，其大小与到中性层的距离成正比例关系。也就是说，梁的下表面拉应变最大，上表面压应变最大。

2. 物理条件

由拉伸虎克定律 $\sigma=E\varepsilon$ 可知，梁横截面上正应力的分布规律与线应变沿梁高的变化规律相同，即截面上的正应力的大小沿梁高按直线规律变化。中性轴处的正应力为零，中性轴以下各点的正应力为拉应力，中性轴以上各点的正应力为压应力，各点正应力的绝对值与该点到中性轴的距离成正比。截面下边缘的拉应力最大，上边缘的压应力最大。如图 7-5（a）所示。

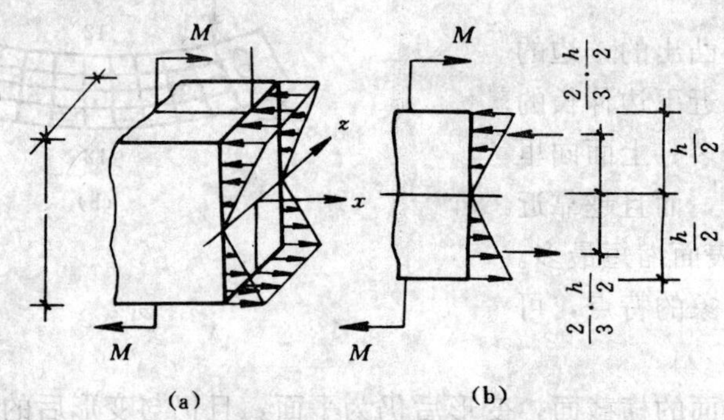

图 7-5

3. 静力条件

假定矩形截面梁高为 h，宽为 b，截面弯矩为 M，截面上下边缘的最大拉（压）应力为 $\sigma_{\max}$，则拉（压）应力的合力为：

$$N=\frac{1}{2}\cdot\frac{h}{2}\cdot\sigma_{\max}\cdot b=\frac{bh}{4}\sigma_{\max}$$

拉（压）应力的合力 N 分别作用在截面的下、上部，距中性轴的距离均为：

$$\frac{2}{3}\cdot\frac{h}{2}=\frac{h}{3}$$

拉应力合力与压应力合力的距离为：

$$2\times\frac{h}{3}=\frac{2}{3}h$$

拉应力合力与压应力合力大小相等，方向相反，作用线平行，形成一个力偶与弯矩平衡，即：

$$\Sigma m=0 \qquad M-\frac{bh}{4}\sigma_{\max}\cdot\frac{2}{3}h=0$$

$$\sigma_{\max}=\frac{M}{\frac{bh^2}{6}}$$

令 $W_z=\frac{bh^2}{6}$ 代入上式得：

$$\sigma_{\max}=\frac{M}{W_z} \tag{7-1}$$

式中　W_z 为抗弯截面模量。

对于不同的截面，抗弯截面模量是不同的，矩形截面的抗弯截面模量我们已经知道，圆形截面的抗弯截面模量为：

$$W_z=\frac{\pi d^2}{32}$$

型刚的抗弯截面模量可由附录Ⅲ查得，其它截面的抗弯截面模量可借助附录Ⅱ计算求得。

如果需要求截面上任一点的应力值可采用下式计算：

$$\sigma=\frac{2y}{h}\sigma_{\max} \tag{7-2}$$

式中 σ 为任一点的正应力；y 为任一点到中性轴的距离；h 为梁截面的高。

也可直接用下式计算：

$$\sigma=\frac{My}{I_z} \tag{7-3}$$

式中 M 为截面弯矩；y 为任一点到中性轴的距离；I_z 为截面惯性矩，不同的截面，惯性矩不同，矩形截面的惯性距为：

$$I_z=\frac{bh^3}{12}$$

圆形截面的惯性矩为：

$$I_z=\frac{\pi d^4}{64}$$

型钢的惯性矩可直接由附录Ⅲ型钢表查得。其它型式的截面可借助附录Ⅱ通过计算得到。

［例 7-1］　图 7-6 (a) 所示悬臂梁的横截面为矩形，该梁受荷载 $P=5\text{kN}$ 的作用，试计算梁内弯矩最大截面上的最大正应力和 K 点处的正应力。

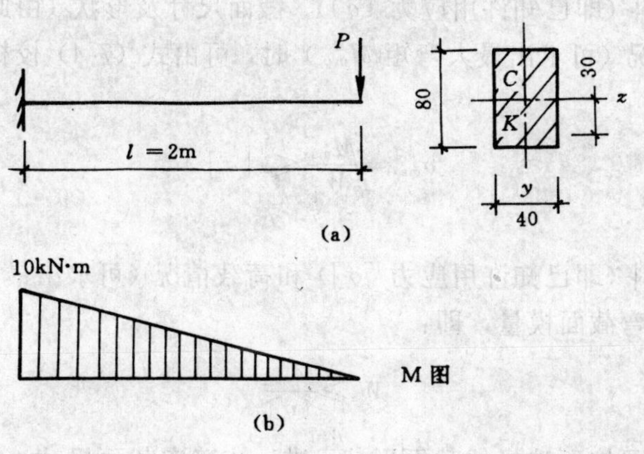

图 7-6

解：(1) 求梁内最大弯矩

$$M_{max}=10\text{kN}\cdot\text{m}$$

(2) 求最大正应力

$$W_z=\frac{bh^2}{6}=\frac{1}{6}\times 40\times 80^2=42.67\times 10^3\text{mm}^3$$

$$\sigma_{max}=\frac{M_{max}}{W_z}=\frac{10\times 10^3}{42.67\times 10^3\times 10^{-9}}=234.35\text{MPa}$$

(3) 求 K 点处的正应力

$$\sigma_K=\frac{3}{4}\sigma_{max}=\frac{3}{4}\times 234.35=175.76\text{MPa}$$

二、弯曲正应力强度条件

在进行等截面梁的强度计算时，首先画出梁的弯矩图，找出数值最大的弯矩值 M_{max} 及其所在截面。这个截面称为弯曲正应力的危险截面。在危险截面上，横截面最外缘处各点的正应力是梁数值最大的正应力，破坏往往从这些点开始，所以这些点被称为危险点。危险点的正应力为：

$$\sigma_{max}=\frac{M_{max}}{W_z}$$

为了保证梁的正常工作，并有一定的安全储备，显然应该使危险点处的最大正应力不能超过弯曲时的许用正应力，即：

$$\sigma_{max}=\frac{M_{max}}{W_z}\leqslant [\sigma] \tag{7-4}$$

式中 σ_{max} 为梁内最大弯曲正应力。M_{max} 为梁的最大弯矩。W_z 为梁的抗弯截面模量。$[\sigma]$ 为弯曲时的许用正应力。对于塑性材料，其许用弯曲拉应力与许用弯曲压应力相同。对于脆性材料，其许用弯曲压应力要远大于许用弯曲拉应力。

与轴向拉、压时的情况一样，运用式（7-4）可以进行以下三方面的强度计算：

1. 强度校核

当已知梁的材料（即已知许用应力 $[\sigma]$）、截面尺寸及形状（由此可求出抗弯截面模量 W_z）及其荷载情况（可求出最大弯矩 M_{max}）时，可由式（7-4）校核梁是否满足强度条件：

$$\sigma_{max}=\frac{M_{max}}{W_z}\leqslant [\sigma]$$

2. 设计截面

当已知梁的材料（即已知许用应力 $[\sigma]$）和荷载情况（可求出最大弯矩 M_{max}）时，可由式（7-4）确定抗弯截面模量，即：

$$W_z\geqslant\frac{M_{max}}{[\sigma]} \tag{7-5}$$

在确定了 W_z 后，即可按所选择的截面形状，进一步确定截面尺寸。当选用型钢时，可按附录Ⅲ确定型钢型号。

3. 确定许用荷载

当已知梁的材料（即已知许用应力〔σ〕）及截面尺寸（可计算出 W_z）时，可根据式（7-4）计算梁所能承受的最大弯矩 M_{max}，即：

$$M_{max} \leqslant [\sigma] W_z \tag{7-6}$$

然后根据最大弯矩与荷载的关系，计算出许用荷载值。

［例 7-2］ 一外伸钢梁，荷载及尺寸如图 7-7 所示，若弯曲许用正应力〔σ〕=160MPa，试分别选择工字钢、矩形（$\frac{h}{b}=2$）、圆形三种截面，并比较截面积的大小。

解：(1) 绘制弯矩图，可采用叠加法，因此可不必求出支座反力。

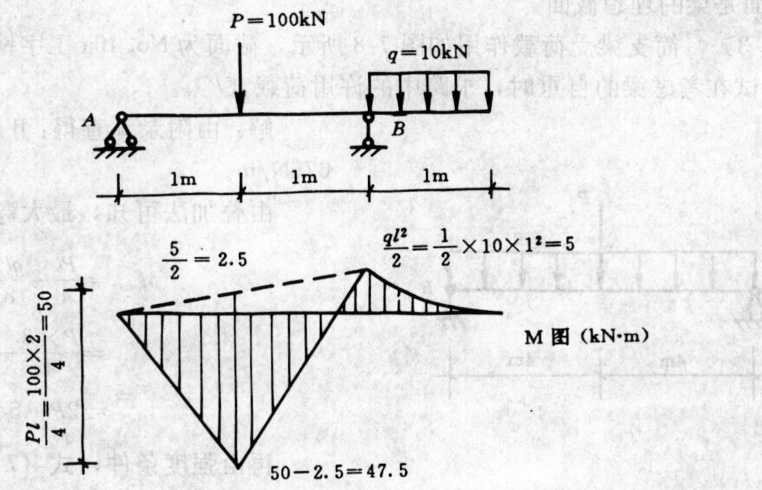

图 7-7

由 M 图可以看出，最大弯矩值为：

$$M_{max} = 47.5\text{kN} \cdot \text{m}$$

(2) 选择截面

$$W_{z1} \geqslant \frac{M_{max}}{[\sigma]} = \frac{47.5 \times 10^3}{160 \times 10^6} = 297\text{cm}^3$$

采用工字钢：查附录Ⅱ，选择工字钢型号，使 W_z 值接近且略大于 297cm³，故选用 No. 22a，$W_{z1}=30\text{g}\text{cm}^3 \geqslant 297\text{cm}^3$，$A_1=42\text{cm}^2$。

采用矩形截面：取 $\frac{h}{b}=2$ 则：

$$W_{z2} = \frac{bh^2}{6} = \frac{h^3}{12} \geqslant 297\text{cm}^3$$

$$h \geqslant \sqrt[3]{12 \times 297} = 15.3\text{cm}$$

取：$b=7.7\text{cm}$，$h=15.3\text{cm}$，$A_2=bh=117.8\text{cm}^2$。

采用圆形截面：

$$W_{z3}=\frac{\pi D^3}{32}\geqslant 297\text{cm}^3$$

$$D\geqslant\sqrt[3]{\frac{32\times 297}{3.14}}=14.46\text{cm}$$

取 $D=14.5\text{cm}$，$A_3=\frac{\pi D^2}{4}=165\text{cm}^2$

三种截面面积之比为：

$A_1:A_2:A_3=42:117.8:165=1:2.8:3.93$

由上例可知：工字形截面最节约材料，其次为矩形截面，圆形截面用料最多。因此，工字形截面是梁的理想截面。

〔例 7-3〕　简支梁受荷载作用如图 7-8 所示，截面为 No. 40a 工字钢，已知〔σ〕$=$ 140MPa，试在考虑梁的自重时，求跨中的许用荷载〔P〕。

图 7-8

解：由附录Ⅲ查得：$W_z=1090\text{cm}^3$，$q=676\text{N/m}$。

由叠加法可知，最大弯矩为：

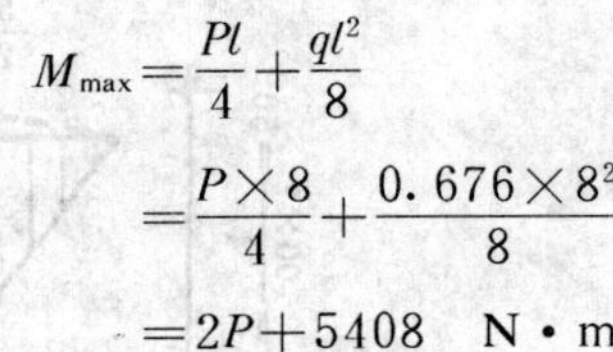

$$M_{\max}=\frac{Pl}{4}+\frac{ql^2}{8}$$

$$=\frac{P\times 8}{4}+\frac{0.676\times 8^2}{8}$$

$$=2P+5408\quad \text{N}\cdot\text{m}$$

再由强度条件，式（7-6）得：

$$M_{\max}\leqslant W_z〔\sigma〕$$

$$=1090\times 10^{-6}\times 140\times 10^6$$

$$=152.6\times 10^3\quad \text{N}\cdot\text{m}$$

则　$2P+5408\leqslant 152.6\times 10^3$

$$P\leqslant\frac{1}{2}(152.6\times 10^3-5408)$$

$$=73600\text{N}=73.6\text{kN}$$

∴　〔P〕$=73.6\text{kN}$

第二节　提高梁抗弯强度的途径

设计梁时，一方面要保证梁具有足够的强度，使梁在荷载作用下能安全地工作，也就是不致于弯曲折断；另一方面还要使梁能充分发挥材料的潜力，减少材料用量，以降低造价。

设计梁的主要依据是弯曲正应力强度条件，从正应力强度条件 $\sigma=\frac{M_{\max}}{W_z}\leqslant〔\sigma〕$ 来看，梁的弯曲强度与其所用材料，横截面的形状和尺寸，以及外力引起的弯矩有关。因此，为了提高梁的强度也应该围绕这三个因素从以下三个方面来考虑。

一、选择合理的截面形状

从弯曲强度方面考虑，梁内最大工作应力与抗弯截面模量 W_z 成反比，W_z 值愈大，梁能够抵抗的弯矩也愈大。因此，经济合理的截面形状应该是在截面面积相同的情况下，取得最大抗弯截面模量的截面。

对于高为 h，宽为 b 的矩形截面，它的抗弯截面模量为：

$$W_z=\frac{bh^2}{6}=\frac{1}{6}Ah \tag{a}$$

式中 A 表示截面面积。这个式子表明两个面积相等的矩形截面，高度 h 愈大则 W_z 愈大，因此也就愈经济合理。

式（a）还表明同是一个长边为 h，短边为 b 的矩形截面，平放比竖放强度要差得多，如图 7-9 所示，因为平放时 $W_z=\frac{hb^2}{6}=\frac{1}{6}Ab$ 要小于竖放时的 $W_z=\frac{bh^2}{6}=\frac{1}{6}Ah$。

对于直径为 d 的圆形截面：

$$W_z=\frac{1}{32}\pi d^3=\frac{1}{8}\times\frac{1}{4}\pi d^3=\frac{1}{8}Ad=0.125Ad \tag{b}$$

现将两个截面面积相等的正方形和圆形截面作一比较。因正方形截面面积相等，即 $A=h^2=\frac{\pi}{4}d^2$，则正方形边长 h 为：

$$h=\frac{d\sqrt{\pi}}{2}$$

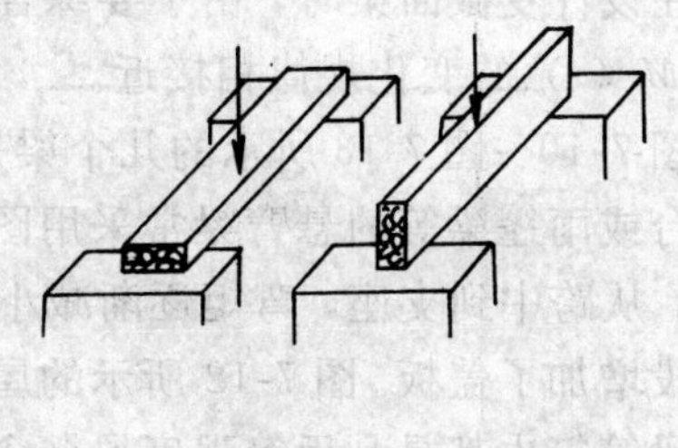

图 7-9

代入式（a）得正方形截面 W_z 为：

$$W_z=0.147Ad$$

与式（b）相比，可知在截面面积相同时，正方形的抗弯截面模量比圆形截面要大，所以正方形截面较圆形截面在抗弯时要经济合理。

同时，根据正应力在截面上的分布规律（沿截面高度呈直线规律分布），离中性轴愈远正应力就愈大。当离中性轴最远处的正应力到达许用应力时，中性轴附近各点处的正应力仍很小，而且，由于它们离中性轴近，力臂小，所承担的弯矩也很小。所以，如果设法将较多的材料放置在远离中性轴的部位，必然会提高材料的利用率。因此，人们把矩形截面中性轴附近的一部分材料移到应力较大的上下边缘，就形成工字形和槽形截面。例 7-2 就说明了这个道理。在工程中常见的空心板，有孔薄腹梁等都是通过在中性轴附近挖去部分材料而收到良好的经济效果的例子。

在研究截面合理形状时，除应注意使材料远离中性轴外，还应考虑到材料的特性，最好使截面上最大的拉应力和最大压应力同时达到各自的许用值。因此，对于抗拉、抗压强度相同的塑性材料（如钢材）应优先使用对称于中性轴的截面形状。对于抗拉、抗压强度不相同的脆性材料（如铸铁），其截面形状最好使中性轴偏于强度较弱一侧，比如采用 T 形截面等等。

以上所讲的合理截面是从强度这一方面考虑的，这是通常用以确定合理截面形状的主要因素。此外，还应综合考虑梁的刚度、稳定性，以及制造、使用等诸方面的因素，才能真正保证所选截面的合理性。

二、采用变截面梁和等强度梁

在一般情况下，梁内不同截面处的弯矩是不同的。因此，在按最大弯矩所设计的等截面梁中，除最大弯矩所在截面外，其余截面的材料强度均不能得到充分利用。根据上述情况，为了减轻构件重量和节省材料，在工程实际中，常根据弯矩沿梁轴的变化情况，使梁也相应地设计成变截面的。在弯矩较大处，宜采用大截面。在弯矩较小处，宜选用小截面。这种截面沿梁轴变化的梁称为变截面梁。

从弯曲强度来考虑，理想的变截面梁应该使所有横截面上的最大弯曲正应力均相同，并等于许用应力，即：

$$\sigma_{\max}=\frac{M_{(}x)}{W\ (x)}=[\sigma]$$

这种梁称为等强度梁。由式中可看出，在等强度梁中 $W\ (x)$ 应当按照 $M\ (x)$ 成比例地变化。在设计变截面梁时，由于要综合考虑其它因素，通常只要求 $W\ (x)$ 的变化规律大体上与 $M\ (x)$ 的变化规律相接近。

图 7-10～图 7-13 所示的几个梁是建筑工程中比较常见的几种变截面梁的例子。对于像阳台或雨篷梁等的悬臂梁常采用图 7-10 所示的变截面形式，对于跨中弯矩大，两边弯矩小，从跨中到支座，弯矩逐渐减小的简支梁。常采用图 7-11 的工字形组合钢梁，在梁的中段增加了盖板。图 7-12 所示的屋盖上的薄腹大梁，图 7-13 中的工业厂房中的鱼腹式吊车梁等等也都是利用等强度梁概念的例子。

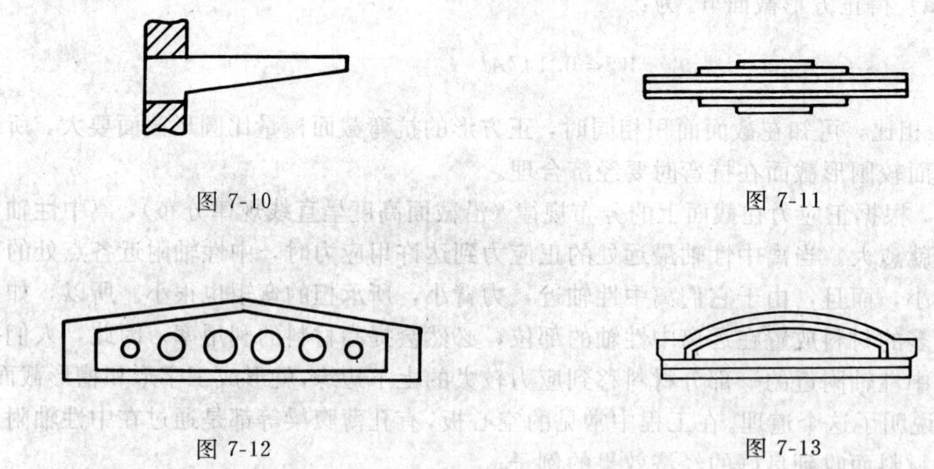

图 7-10　图 7-11

图 7-12　图 7-13

三、设法改善梁的受力情况

提高梁强度的另一重要途径是合理安排梁的约束和加载方式，从而达到提高梁的承载能力的目的。

例如：图 7-14 (a) 所示简支梁，受均布荷载 q 作用，梁的最大弯矩：

$$M_{\max}=\frac{ql^2}{8}$$

然而，如果梁两端的铰支座各向内移动 0.2l 如图 7-14（b）所示，则其最大弯矩变为：

$$M'_{\max}=\frac{ql^2}{40}$$

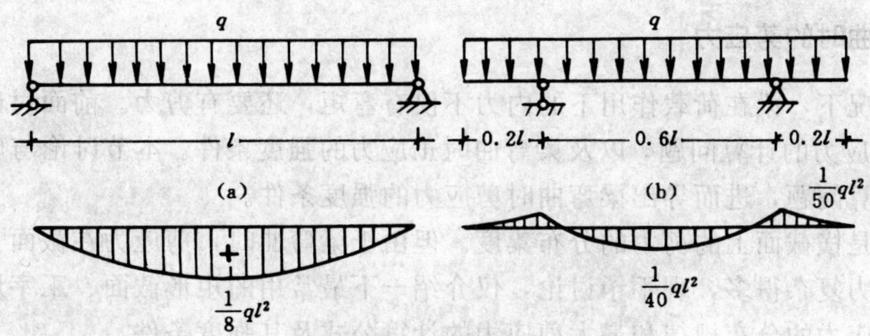

图 7-14

即仅为前者的$\frac{1}{5}$。

施工中起吊等载面钢筋混凝土构件时，便是根据上述原理选择两起吊点位置的。在一般情况下，图 7-14 所给出的就是最合理的吊点位置。起吊时构件所受的力是它本身的自重，可视为均布线荷载 q。

又如图 7-15(a) 所示的简支梁 AB，在跨度中点受集中荷载 P 作用，梁的最大弯矩为：

$$M_{\max}=\frac{Pl}{4}$$

然而，如果将该荷载分解成几个大小相等、方向相同的力加在梁上，梁内弯矩将显著减小，例如：如图 7-15（b）所示，在梁的中部安置一长为$\frac{l}{2}$的辅助梁 CD，这时，梁 AB 内的最大弯矩将减小为：

$$M'_{\max}=\frac{Pl}{8}$$

即仅为前者的一半。

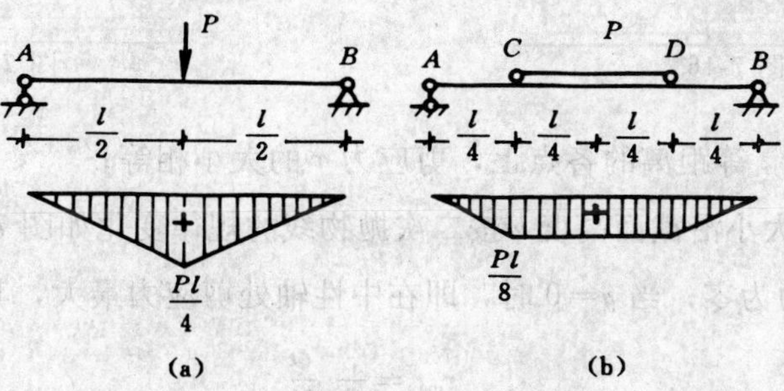

图 7-15

当然为了减小梁跨中的弯矩，还可以采用增加支座以减小梁的跨度的办法来达到。在工程实际中，到底如何处理，可根据具体情况而定。

第三节　梁弯曲时的剪应力强度条件

一、弯曲时的剪应力

一般情况下，梁在荷载作用下的内力不仅有弯矩，还要有剪力。前面讨论了与弯矩 M 对应的正应力的计算问题，以及梁弯曲时正应力的强度条件。本节讨论与剪力 Q 对应的剪应力计算问题，进而导出梁弯曲时剪应力的强度条件。

剪应力是横截面上的剪力的分布集度。但由于梁弯曲时，剪应力在截面上的分布规律要比正应力复杂得多，现不予讨论，仅介绍一下最常用的矩形截面、工字形截面及圆形截面上剪应力的分布规律和最大剪应力的计算公式及其强度条件。

（一）矩形截面

图 7-16 所示一宽为 b、高为 h 的矩形截面。截面上的剪力为 Q，沿 y 轴方向作用。如截面高度 h 大于宽度 b，则可以证明矩形梁横截面上剪应力的分布有以下规律：

（1）截面上每一点处的剪应力 τ 都与剪力 Q 平行而且指向与 Q 相同；

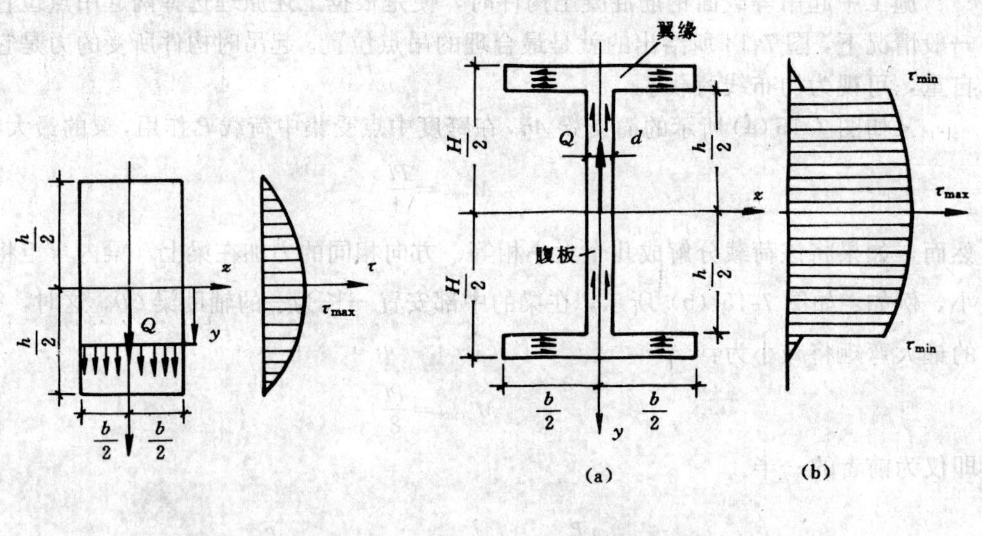

图 7-16　　　　图 7-17

（2）离中性轴 z 等距离的各点上，剪应力 τ 的大小相等；

（3）剪应力的大小沿截面高度 h 按二次抛物线的规律变化如图 7-16 所示。当 $y=\pm\frac{h}{2}$ 时，$\tau=0$ 即剪应力为零；当 $y=0$ 时，即在中性轴处剪应力最大，其值为：

$$\tau_{max}=\frac{3}{2}\ \frac{Q}{bh} \tag{7-7}$$

如将 $\frac{Q}{bh}$ 看作平均剪应力，则式（7-7）表明矩形截面梁的最大剪应力为截面上平均剪应力的$\frac{3}{2}$倍。

（二）工字形截面

图 7-17 所示的工字形截面梁在土建工程中是经常遇到的。通常工字形截面是由上下各一条横板和中间一条竖板组合而成的，横板叫翼缘，竖板叫腹板。

实验研究和理论分析表明，翼缘和腹板上剪应力分布规律是不同的。在翼缘上的剪应力基本上是水平方向的，即沿平行于翼缘的中线方向。由于翼缘上的剪应力比腹板上的剪应力小得很多，它在梁弯曲时的剪应力强度计算中并不重要，所以这里不再讨论。

由于腹板是个狭长的矩形，所以，腹板上各点的剪应力与矩形截面的剪应力分布规律基本相同，即剪应力与剪力 Q 平行且指向相同，剪应力的大小沿腹板高度按抛物线规律变化，在中性轴上达到最大值，而且可以推导出：

$$\tau_{\max}=\frac{QS_z}{I_z t} \tag{7-8}$$

式中 Q 为横截面的剪力；S_z 为中性轴以上或以下部分（包括翼缘）面积对中性轴的静矩。

使用公式（7-8）计算工字截面腹板上的最大剪应力是很麻烦的，由图 7-17（b）可见，腹板上的最大和最小剪应力大小相差很小，通常在工程实用计算中，腹板上的剪应力可近似地看成是均匀分布的。同时，横截面上的剪力 Q 几乎全部（95%～97%）由腹板承担。因此，可以近似的用下列公式计算工字形截面腹板上的最大剪应力：

$$\tau_{\max}=\frac{Q}{hd} \tag{7-9}$$

式中 h 为腹板高度；d 为腹板厚度。

对于工字形型钢梁来说，因为 I_z 值和 S_z 值均可以从型钢表中查出，所以为计算精确，仍可使用公式（7-8）。

（三）圆形截面

圆形截面的梁多用于木结构。圆形截面上的剪应力分布规律更为复杂。但根据实验和理论分析表明，圆形截面上的最大剪应力也发生在中性轴处，并且可以认为是沿中性轴均匀分布的，如图 7-18（a）所示。它的值为：

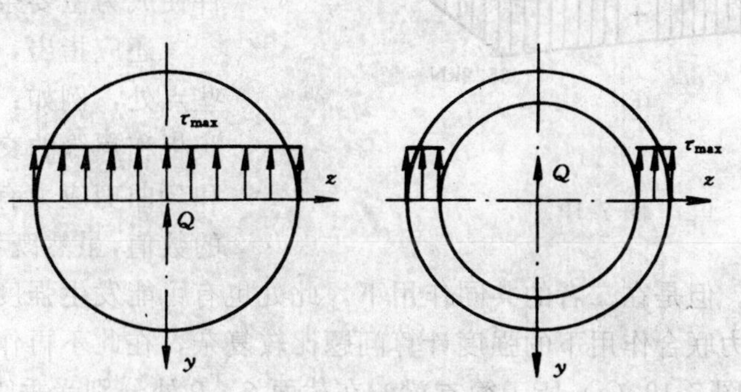

图 7-18

$$\tau_{max}=\frac{4}{3}\frac{Q}{A} \tag{7-10}$$

式中 A 为横截面面积。

可见圆形截面最大剪应力值为截面上平均剪应力的 4/3 倍。

利用圆面积法可以推知，对于环形截面，公式（7-10）仍然成立，但这里 A 是环形截面面积如图 7-18（b）所示。

二、弯曲剪应力的强度条件

与梁的正应力强度条件一样，弯曲剪应力的强度条件也要求截面上的剪应力不能太大。如果剪应力超过材料的许可限度，就会导致发生剪切破坏，而不能正常使用。因此，应加以验算。

梁截面上的最大剪应力与其剪力有关。剪应力是沿梁长度而变化的。在进行剪应力强度计算时，把剪力最大的截面称为危险截面。而剪应力的最大值又发生在截面的中性轴上。因此，剪应力强度计算的危险点是在剪力（绝对值）最大截面的中性轴上。

显然，对于任何形状截面的梁，弯曲剪应力的强度条件都应使危险点上的剪应力 τ_{max} 不应大于材料的许用剪应力〔τ〕，即：

$$\tau_{max}\leqslant[\tau] \tag{7-11}$$

必须指出，在一般情况下，梁很少发生剪切破坏，往往都是弯曲破坏。所以，在实际计算中，通常都是以梁的正应力强度条件去选择截面，再用剪应力强度条件进行校核。只有在少数情况下，比如梁的跨度较小而荷载又较大，或者在支座附近有很大的集中力，这时在靠近梁支座处可能被剪断。此外，使用某些抗剪能力较差的材料（木材料）制作梁时，梁的剪应力强度条件便成为主要条件。

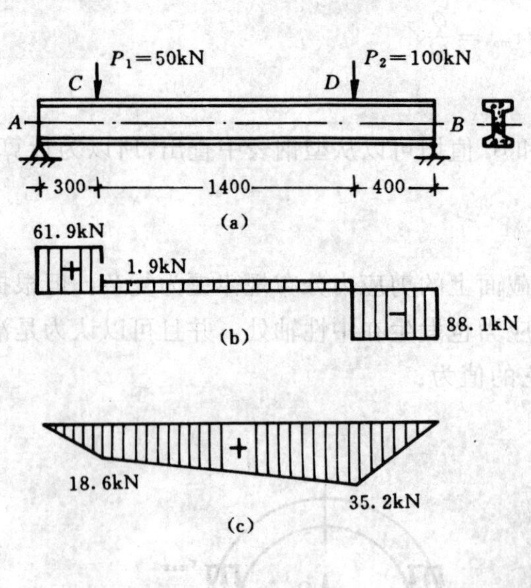

图 7-19

还应指出，在某些薄壁梁的某些点处，例如：在工字形截面梁的腹板和翼缘的交界处，弯曲正应力和弯曲剪应力有时同时具有相当大的数值，虽然既不是最大正应力，也不是最大剪应力。但是在二者的共同作用下，此处也有可能发生强度不足的情况，这种在正应力和剪应力联合作用下的强度计算问题比较复杂，在此不再作研究。

［例 7-4］　图 7-19（a）所示简支梁，在截面 C、D 处分别受垂直集中力 P_1 和 P_2 作用。已知：$P_1=50$kN，$P_2=100$kN，〔σ〕$=160$MPa，〔τ〕$=100$MPa。试选择工字钢型号。

解：(1) 画内力图

梁的剪力图和弯矩图分别如图 7-19（b）、（c）所示，由图可知：

$$|Q|_{max}=88.1\text{kN}$$
$$M_{max}=35.2\text{kN}\cdot\text{m}$$

（2）按梁弯曲时的正应力强度条件选择截面

根据正应力强度条件，得梁的抗弯截面模量为：

$$W_z \geqslant \frac{M_{max}}{[\sigma]}=\frac{35.2\times10^3\times10^3}{160}=220\times10^3\text{mm}^3$$

从型钢表中查得 No. 20a 工字钢的抗弯截面系数为 $W_z=237\times10^3\text{mm}^3$，与计算得到的 $W_z=220\times10^3\text{mm}^3$ 接近，且比计算数值大。所以，选择 No. 20a 工字钢作梁，符合弯曲正应力强度条件。

（3）按剪应力强度条件校核

由于荷载 P_1、P_2 靠近支座，梁的最大弯曲剪应力可能不小。因此，还应按剪应力强度条件进行校核。

从型钢表中查得：$I_z/S_z=172\text{mm}$，腹板厚度 $t=7\text{mm}$。将有关数据代入公式（7-8），得梁的最大弯曲剪应力为：

$$\tau_{max}=\frac{Q\cdot S_z}{I_z\cdot t}=\frac{Q}{\frac{I_z\cdot t}{S_z}}$$
$$=\frac{88.1\times10^3}{172\times7}=73\text{MPa}<100\text{MPa}=[\tau]$$

可见，选择 No. 20a 工字钢作梁将同时满足弯曲正应力强度条件和弯曲剪应力强度条件。

［例 7-5］　试选择图 7-20 所示的枕木的矩形截面尺寸，已知截面的尺寸的比例为 $b:h=3:4$，许用拉应力为 $[\sigma_+]=10\text{MPa}$，许用剪应力 $[\tau]=2.5\text{MPa}$，枕木跨度 $L=2\text{m}$，钢轨传给枕木的压力为 $P=98\text{kN}$，并且二钢轨间的间距（轨距）为 1.6m。

解：（1）按正应力强度条件设计截面

最大弯矩在集中力 P 作用处。

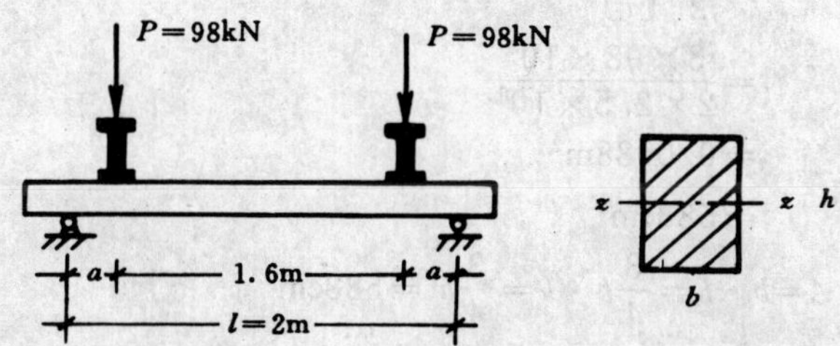

图 7-20

$$M_{max}=P\cdot a=98\times10^3\times\frac{1}{2}\ (2-1.6)$$

$$=19600\text{N}\cdot\text{m}$$

根据梁弯曲的正应力强度条件，得梁的抗弯截面模量为：

$$W_z\geqslant\frac{M_{max}}{[\sigma]}=\frac{19600\times10^3}{10}$$

$$=1960\times10^3\text{mm}^3$$

$$=1960\text{cm}^3$$

对于矩形截面 $W_z=\frac{1}{6}bh^2$，而 $b:h=3:4$

则 $b=\frac{3}{4}h$ 所以得 $W_z=\frac{1}{6}\times\frac{3}{4}h\times h^2=\frac{1}{8}h^3$

因此 $h\geqslant\sqrt[3]{8\times W_z}$

$$=\sqrt[3]{8\times1960}$$

$=25.03\text{cm}$ 取 $h=26\text{cm}$

$b=\frac{3}{4}h=19.5\text{cm}$ 取 $b=20\text{cm}$

(2) 按剪应力强度条件进行校核

由于钢轨靠近枕木支座，枕木弯曲时的剪应力将很大。因此，应按梁弯曲的剪应力强度条件进行校核。

最大剪应力为：$Q_{max}=P=98\text{kN}$

根据公式 (7-7) 得梁内最大剪应力为：

$$\tau_{max}=\frac{3}{2}\ \frac{Q_{max}}{A}=\frac{3}{2}\times\frac{98\times10^3}{0.26\times0.2}$$

$$=2.83\text{MPa}>2.5\text{MPa}=[\tau]$$

说明按梁弯曲的正应力强度条件设计的截面 ($h=26\text{cm}$, $b=20\text{cm}$)，其弯曲剪应力强度不足。

(3) 再按剪应力强度条件重新设计截面尺寸

由剪应力强度条件，根据公式 (7-7)、(7-11)，即：

$$\tau_{max}=\frac{3}{2}\ \frac{Q_{max}}{A}\leqslant[\tau]$$

可得 $A\geqslant\frac{3}{2}\ \frac{Q_{max}}{[\tau]}$

$$=\frac{3\times98\times10^3}{2\times2.5\times10^6}$$

$$=0.0588\text{m}^2$$

$$=588\text{cm}^2$$

由 $A=b\cdot h=\frac{3}{4}h\cdot h=\frac{3}{4}h^2=588\text{cm}^2$

得 $h=\sqrt{\frac{4}{3}\times588}=28\text{cm}\quad b=21\text{cm}$

最后枕木选用截面尺寸为：$h=28\text{cm}$，$b=21\text{cm}$。

显然此时梁弯曲的正应力强度条件一定满足，不用再验算了。

小　结

（一）弯曲正应力强度条件

$$\sigma_{\max}=\frac{M_{\max}}{W_z}\leqslant[\sigma]$$

（二）弯曲剪应力强度条件

1. 矩形截面：

$$\tau_{\max}=\frac{3}{2}\frac{Q_{\max}}{A}\leqslant[\tau]$$

2. 工字形截面：

$$\tau_{\max}=\frac{Q_{\max}S_z}{I_z t}\leqslant[\tau]$$

$$\tau_{\max}=\frac{Q_{\max}}{A_{腹}}\leqslant[\tau]$$

3. 圆形或环形截面：

$$\tau_{\max}=\frac{4}{3}\frac{Q_{\max}}{A}\leqslant[\tau]$$

思 考 题

1. 梁的横截面上有几种应力，分别与哪一种内力有关？

2. 何谓中性层？何谓中性轴？中性轴位于何处？

3. 弯曲正应力在横截面上是怎样分布的？如何计算最大弯曲正应力？

4. 矩形截面梁、工字形截面梁、圆形截面梁弯曲时，弯曲剪应力是怎样分布的？并如何计算最大弯曲剪应力？

5. 弯曲正应力强度条件和弯曲剪应力强度条件如何应用？

6. 如何提高梁的承载能力？

习　题

1. 一简支梁上作用两个集中力，如图 7-21 所示。已知：$l=6\text{m}$，$P_1=15\text{kN}$，$P_2=21\text{kN}$，如梁选用 No20la 工字钢，其许用应力 $[\sigma]=170\text{MPa}$，试校核梁的强度。

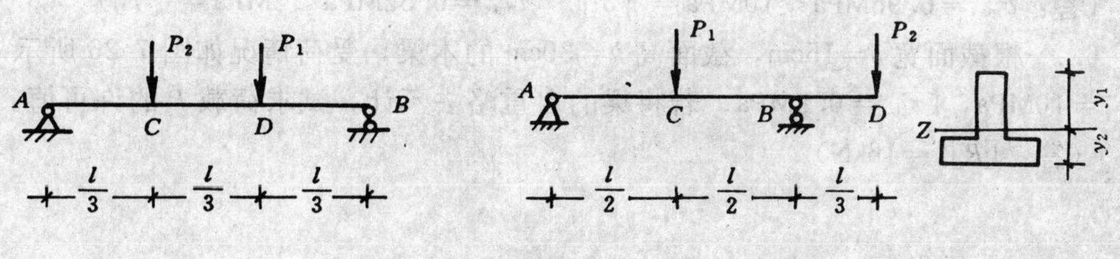

图 7-21　　　　图 7-22

（答：M_{max}＝160.34MPa＜170MPa＝［σ］，安全）

2. 一倒T形截面的外伸梁，如图7-22所示。已知：l＝6m，P_1＝40kN，P_2＝15kN，材料的许用拉应力〔σ〕$_{拉}$＝45MPa，许用压应力〔σ〕$_{压}$＝175MPa，截面形心位置及对中性轴的惯性矩为 y_1＝0.072m，y_2＝0.038m，I_z＝573×10^{-5}m^4。试校核梁的强度。

（答：$\sigma_{拉max}$＝37.5MPa＜45MPa＝［σ］$_{拉}$　$\sigma_{压max}$＝19.9MPa＜175MPa＝［σ］$_{压}$）

3. 一简支木梁受力，如图7-23所示。荷载 P＝5kN，距离 a＝0.7m，材料的许用应力〔σ〕＝10MPa，横截面为 h：b＝3的矩形。试确定此梁横截面尺寸。

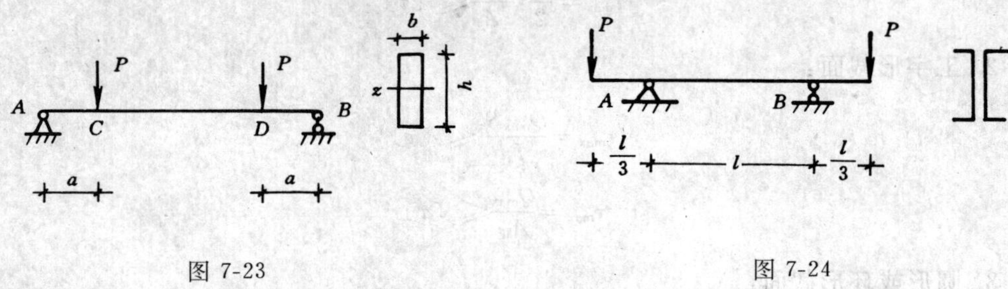

图 7-23　　　　图 7-24

（答：b＝6.2cm　h＝18.6cm）

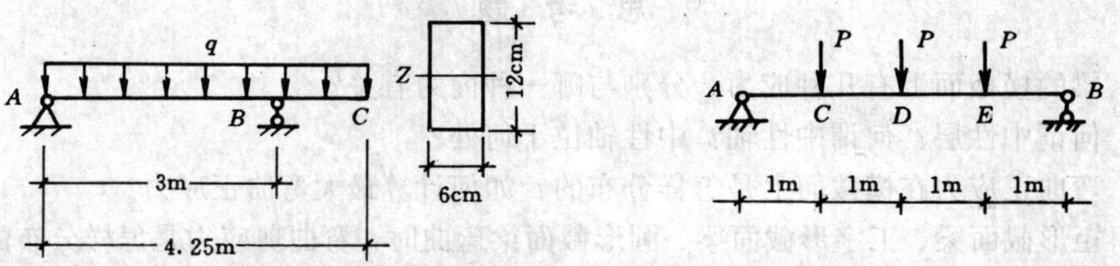

图 7-25　　　　图 7-26

4. 两个No.16a槽钢组成的外伸梁，梁上荷载如图7-24所示。已知：l＝6m，钢材的许用应力〔σ〕＝170MPa。求此梁能承受的最大荷载 P_{max}。

（答：P_{max}＝18.36kN）

5. 一矩形截面木梁，其截面尺寸及荷载如图7-25所示，q＝1.3kN/m，〔σ〕＝10MPa，〔τ〕＝2MPa。试校核梁的正应力强度和剪应力强度。

（答：σ_{max}＝6.95MPa＜10MPa＝［σ］　τ_{max}＝0.52MPa＜2MPa＝［τ］）

6. 一根截面宽 b＝15cm，截面高 h＝30cm 的木梁，受荷情况如图7-26所示。已知：〔σ〕＝10MPa，〔τ〕＝0.8MPa，若将梁的自重略去不计，试求荷载 P 的许可值。

（答：［P］＝16kN）

第八章　梁的弯曲变形及位移计算

在前两章中，已经讨论了梁的弯曲内力和应力，从而解决了梁的强度计算问题。但是为了保证梁的正常使用，仅满足强度要求是不够的，还必须要满足刚度要求。所谓刚度要求就是要控制梁的变形，例如：钢筋混凝土吊车梁在受载变形时，其梁轴线的最大下垂度（即挠度）不得超过跨度的$\frac{1}{600}$～$\frac{1}{500}$，否则，将影响吊车的正常使用。因此，除了对梁进行强度计算外，还必须对梁进行刚度计算。在进行刚度计算时，首先需要进行变形计算。

梁发生变形后，由原来的直线变成了曲线，各截面均发生了位移，其大小各不相同。由于计算梁的变形比较复杂。因此，本章仅对梁的最大位移进行计算，其计算方法也较多，现仅介绍一种方法——图乘法。

第一节　梁的线位移与角位移

由第六章可知，梁发生弯曲时，由受力前的直线变成了曲线，这条弯曲后的曲线就称为弹性曲线或挠曲线。在平面弯曲的情况下，梁的挠曲线是一条位于外力作用面内的连续而光滑的平面曲线，如图 8-1 所示。由此可见，梁变形时，各横截面均发生了位移。因此，梁的变形可由受力前与受力后的相对位移来度量。

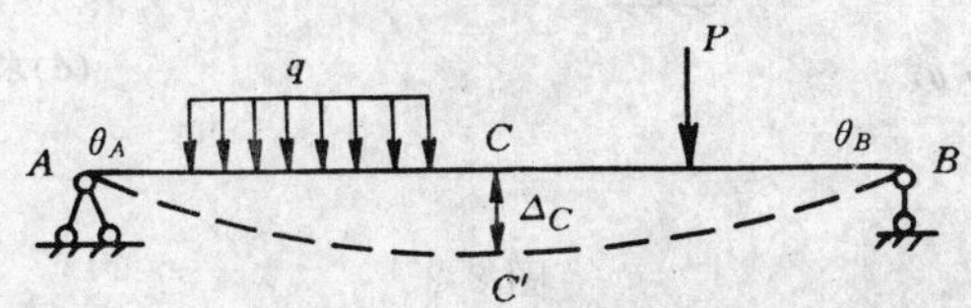

图 8-1

梁的位移可分为两种，一种是线位移，一种是角位移，例如：图 8-1 所示的梁在荷载作用下，截面 C 的形心从 C 点移到了 C' 点，则 Δ_C 就是截面 C 的线位移，而截面 A 虽然没有线位移，但此截面绕中性轴转了一个角度 θ_A，这个转角 θ_A 就是截面 A 的角位移，同理，转角 θ_B 就是截面 B 的角位移，而其它各截面即有线位移又有角位移。

实际上线位移既有水平方向的，又有垂直方向的，但由于变形及其微小，水平方向的线位移与垂直方向的线位移相比也极其微小，因此，水平线位移在计算中忽略不计，而只考虑垂直线位移。

第二节　用图乘法计算位移

本节只介绍图乘法的计算方法，直接给出图乘法的公式，其推导过程不做介绍。

一、图乘法公式

$$\Delta_K=\frac{w \cdot y_C}{EI} \tag{8-1}$$

式中 Δ_K 为 K 截面的线位移或角位移；w 为荷载弯矩图或 M_P 图的图形面积；y_C 为单位弯矩图或 $\overline{M}$ 图在 M_P 图形心处的弯矩值；EI 为梁的抗弯刚度。

二、图乘法的计算步骤

(1) 画出荷载弯矩图即 M_P 图，其绘制方法在第六章已经介绍。

(2) 在欲求位移的截面处加单位力或单位力偶。如果所求的位移是线位移即加单位力，所求的位移是角位移即加单位力偶。

例如：求图 8-2 (a) 所示梁的 Δ_C、θ_A、θ_B 时，其单位力或单位力偶的加法分别如图 8-2 (b)、(c)、(d) 所示。

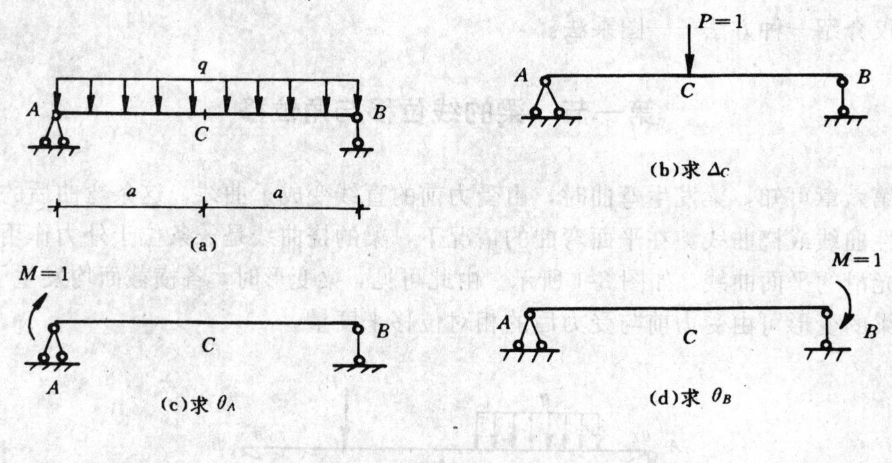

图 8-2

(3) 画出梁在单位力（或力偶）作用下引起的弯矩图即 $\overline{M}$ 图，绘制方法仍采用第六章介绍的方法。

(4) 应用公式 (8-1) 图乘计算结果。

在应用图乘法对梁进行位移计算时，一旦知道 M_P 图的图形面积 w 和其形心位置，就不难求出 M_P 图形心处的 $\overline{M}$ 图的弯矩值 y_C，从而也就不难由公式 (8-1) 求出位移。可见如何确定 M_P 图的图形面积 w 和其形心位置就成了图乘法计算位移的关键。

现将常见的几何弯矩图形的面积和形心位置列于图 8-3 以备查用，在各抛物线图形中，“顶点”是指其切线平行于底边的点。顶点在中点或端点者即称为“标准抛物线”图形。对于非标准抛物线图形可化为直线图形（三角形）和标准抛物线图形叠加的形式。这里需要注意的是：叠加形式的标准抛物线图形和没有叠加的标准抛物线图形的图形面积是相同的，形心的水平位置也是相同的，所不同的是，前者的基线是水平线，而后者的基线是斜直线。这是因为弯矩图叠加实际上就是同一截面上的两个弯矩值代数相加。

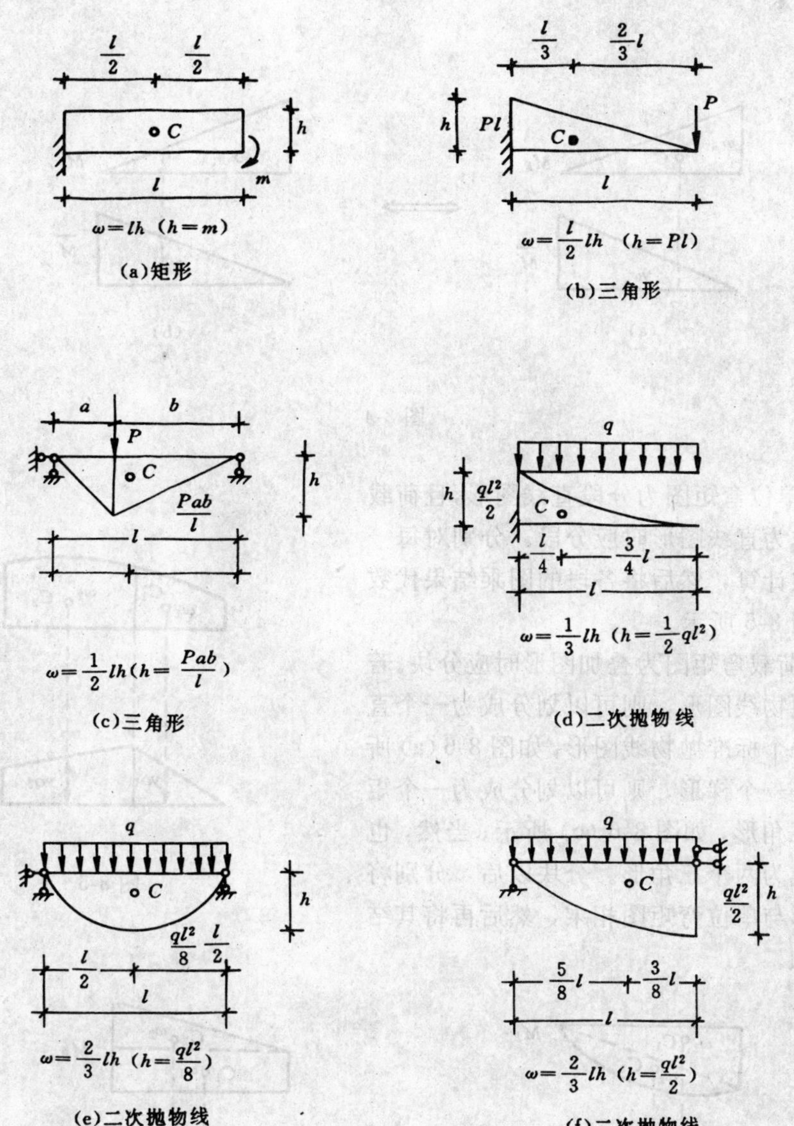

图 8-3

通过以上的叙述可知，应用图乘法计算梁位移必须满足下列条件：

(1) 梁的抗弯刚度 EI 为常数，即材料相同的等截面梁。

(2) 梁轴线为直线。

(3) $\overline{M}$图为直线或分段直线的图形。

一般等截面梁，当求任一指定截面的位移时，都满足上述条件。

在具体计算时，可能会经常遇到以下几种情况：

(1) 前面说过，y_C 取自单位弯矩图，这是因为单位弯矩图均为直线或分段直线图形。如荷载弯矩图也为直线图形，则 y_C 也可取自荷载弯矩图，即用单位弯矩图的图形面积 w

乘以荷载弯矩图在单位弯矩图形心位置处的弯矩值 y_c，此时，图形相乘符合乘法的交换律如图 8-4 所示。

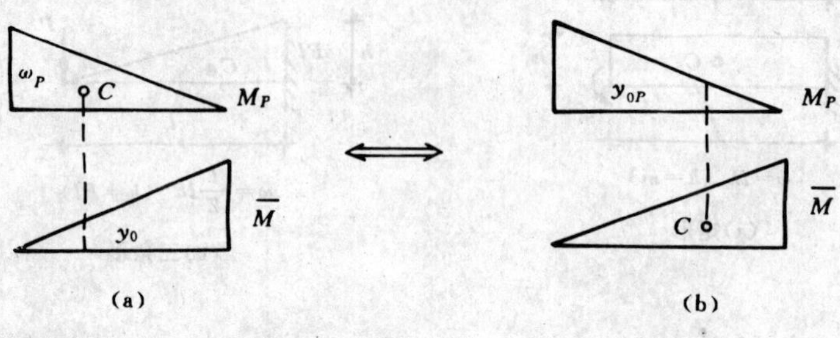

图 8-4

(2)当单位弯矩图为分段直线图形，且荷载弯矩图并非为直线图形时应分段。分别对每一段进行图乘计算，然后将各段的图乘结果代数相加，如图 8-5 所示。

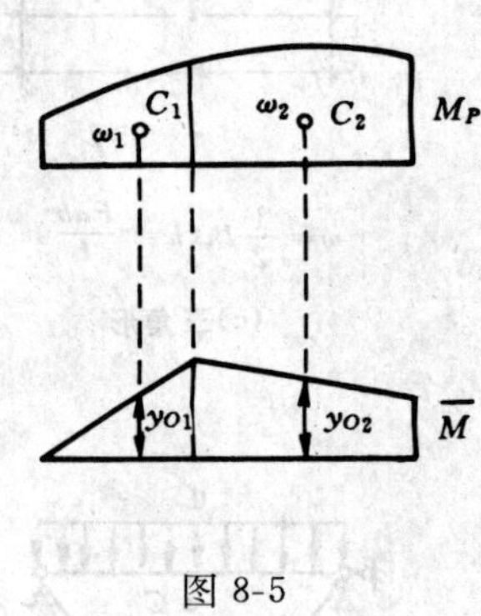

图 8-5

(3)当荷载弯矩图为叠加图形时应分块。若是非标准抛物线图形，则可以划分成为一个直线图形和一个标准抛物线图形，如图 8-6 (a) 所示。如果是一个梯形，则可以划分成为一个矩形和一个三角形，如图 8-6 (b) 所示。当然，也可以划分成为两个三角形。分块以后，分别将每一块图形与单位弯矩图相乘，然后再将其结果代数相加。

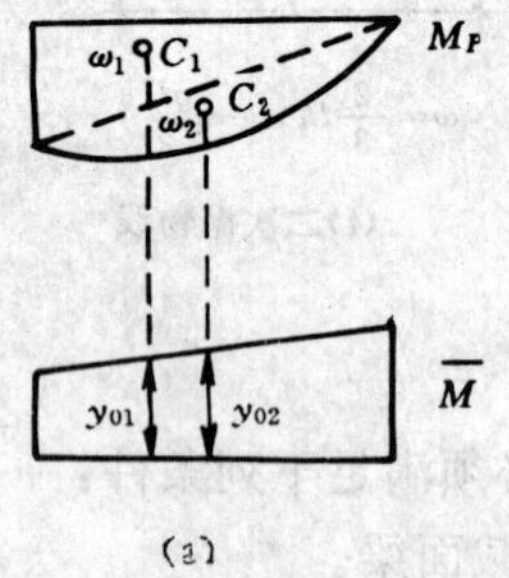

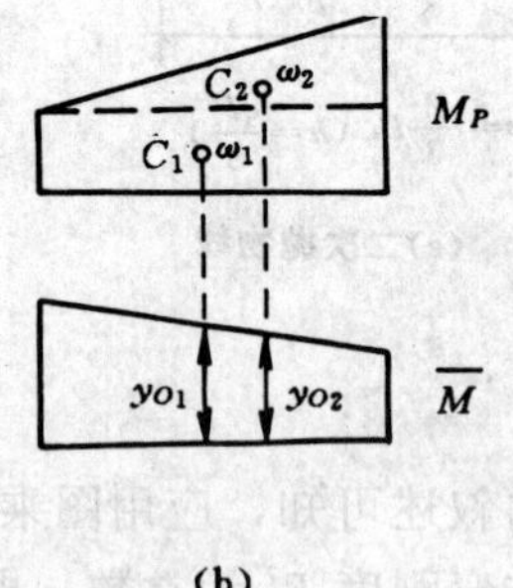

图 8-6

［例 8-1］　求图 8-7 (a) 所示简支梁在均布荷载作用下 B 端的转角 θ_B 和跨中截面 C 的铅垂线位移 Δ_C。

解：由于角位移 θ_B 和线位移 Δ_C 均由同一荷载作用而产生，因此，两者的荷载弯矩图

M_P 应是共同的。其均布荷载作用下的 M_P 图如图 8-7（a）所示。

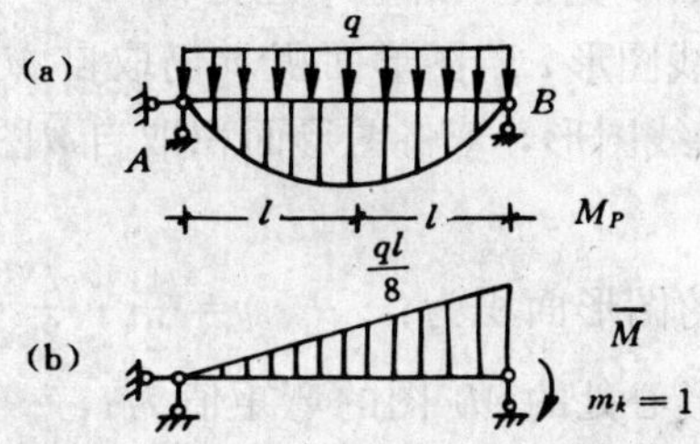

（1）求支座 B 处的角位移 θ_B

为此，需在支座 B 处加一单位力偶 $M_K=1$，于是，在铰支座 B 处有一集中外力偶 $M_K=1$ 的作用，梁在 B 端的弯矩在数值上就等于外力偶，而在铰支座 A 处无任何外力偶作用，所以，梁在 A 端的弯矩为零。然后将 A 端与 B 端的 1 以直线联接，便得到单位弯矩图 $\overline{M}$，如图 8-7（b）所示。

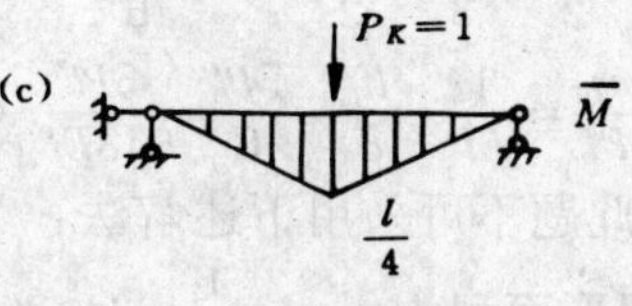

图 8-7

由于 $\overline{M}$ 图为一段直线，所以图乘时不分段。而 M_P 图是标准抛物线图形。因此，以 M_P 图的图形面积乘以其形心处的 $\overline{M}$ 图的弯矩值，即：

M_P 图的图形面积为 $w=\frac{2}{3}\cdot l\cdot\frac{ql^2}{8}=\frac{ql^3}{12}$

M_P 图形心处的 $\overline{M}$ 图的弯矩值为 $y_C=\frac{1}{2}\times 1=\frac{1}{2}$

则
$$\theta_B=\frac{wy_C}{EI}=-\frac{1}{EI}\cdot\frac{ql^3}{12}\cdot\frac{1}{2}=-\frac{ql^3}{24EI}\ (\downarrow)$$

计算结果为负，说明转角 θ_B 的实际转向与虚拟单位力偶的转向相反。

（2）求跨中截面 C 的铅垂线位移 Δ_C

为此，应在截面 C 处加一铅垂向下的单位力 $P_K=1$，由于此单位力作用在跨中截面 C 处，所以，两支座的铅垂反力均为 $\frac{1}{2}$，跨中截面 C 的弯矩值为：

$$\overline{M}_C=\frac{1}{2}\cdot\frac{l}{2}=\frac{l}{4}$$

而 A、B 端均无外力偶作用，其弯矩值均为零。将 A、B 各端与截面 C 的弯矩值以直线相联接便得 $\overline{M}$ 图，如图 8-7（c）所示。

由于 $\overline{M}$ 图为分段直线图形（即折线图形），则应在截面 C 处分段。又因两弯矩图 M_P 和 $\overline{M}$ 均对称于截面 C，因此，可取一半图乘，然后将图乘结果乘 2 就是所求结果。当取一半时

M_P 图的面积为：$w_1=\frac{2}{3}\cdot\frac{ql^2}{8}\cdot\frac{l}{2}=\frac{ql^3}{24}$

M_P 图形心处的 $\overline{M}$ 图的弯矩值为：$y_{C_1}=\frac{5}{8}\cdot\frac{l}{4}=\frac{5l}{32}$

则
$$\Delta_C=2\,\frac{w_1y_{C_1}}{EI}=2\cdot\frac{1}{EI}\cdot\frac{ql^3}{24}\cdot\frac{5l}{32}=\frac{5ql^4}{384EI}\ (\downarrow)$$

计算结果为正，说明位移 Δ_{C_1} 的实际方向与虚拟单位力的方向相同。

[例 8-2]　图 8-8（a）所示为一悬臂梁，在自由端 A 作用一集中力 P。求中点截面 C 处的铅垂线位移 Δ_C。

解：首先画出由荷载 P 引起的弯矩图 M_P，如图 8-8（a）所示。

在截面 C 处加一铅垂单位力 $P_K=1$，其弯矩图$\overline{M}$如图 8-8（b）所示。不难看出 $\overline{M}$ 图是分段直线图形，若图形面积 w 仍取自 M_P 图，势必图乘时要分段，计算相当复杂。由于 M_P 图是直线图形，若将图形面积取自$\overline{M}$图，则图乘时就可避免分段，从而使计算大为简化。则

$\overline{M}$图的图形面积为： $w=\frac{1}{2}\cdot\frac{l}{2}\cdot\frac{l}{2}=\frac{l^2}{8}$

$\overline{M}$图形心处的 M_P 图的弯矩值为：

$$y_C=\left(\frac{1}{2}+\frac{2}{3}\cdot\frac{1}{2}\right)Pl=\frac{5}{6}Pl$$

所以 $\Delta_C=\frac{wy_C}{EI}=\frac{1}{EI}\cdot\frac{l^2}{8}\cdot\frac{5Pl}{6}=\frac{5Pl^3}{48EI}$ （↓）

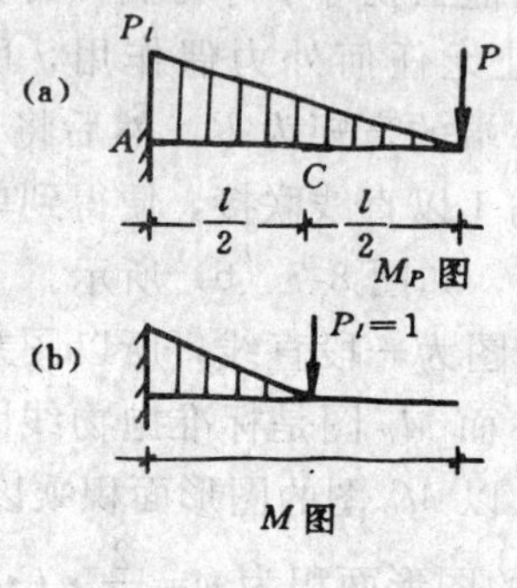

图 8-8

请注意，此题不可采用下述解法：

M_P 图的图形面积为：$w=\frac{1}{2}\cdot Pl\cdot l=\frac{Pl^2}{2}$

M_P 图形心处的$\overline{M}$图的弯矩值为：

$$y_C=\frac{1}{3}\cdot\frac{l}{2}=\frac{l}{6}$$

$$\Delta_C=\frac{wy_C}{EI}=\frac{1}{EI}\cdot\frac{Pl^2}{2}\cdot\frac{l}{6}=\frac{Pl^3}{12EI}$$

其计算结果是错误的，原因就在于没有分段，如图 8-9 所示。

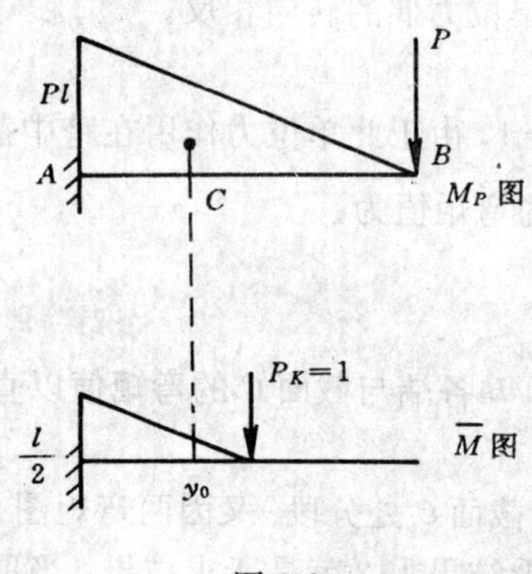

图 8-9

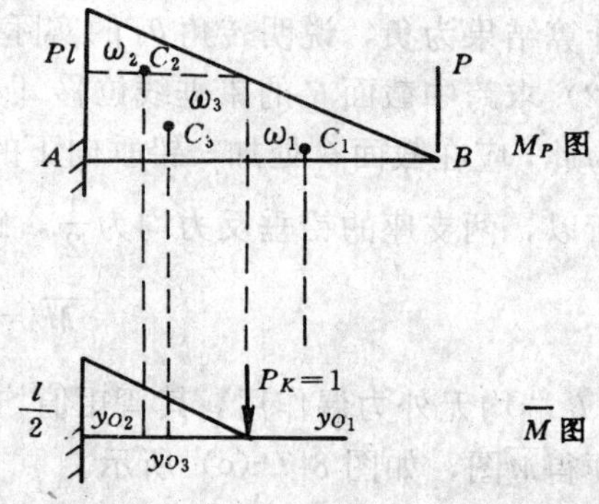

图 8-10

若按上述方式计算，其正确的作法是：$\overline{M}$图应在截面 C 处分段，对应于 CB 段的 M_P 图为梯形。再对其分块：划分为一个矩形和一个三角形，如图 8-10 所示。

计算过程如下：

$$w_1=\frac{1}{2}\cdot\frac{Pl}{2}\cdot\frac{l}{2}=\frac{Pl}{8} \qquad y_{C_1}=0$$

$$w_2=\frac{1}{2}\cdot\frac{Pl}{2}\cdot\frac{l}{2}=\frac{Pl^2}{8} \qquad y_{C_2}=\frac{2}{3}\cdot\frac{l}{2}=\frac{l}{3}$$

$$w_3=\frac{Pl}{2}\cdot\frac{l}{2}=\frac{Pl^2}{4} \qquad y_{C_3}=\frac{1}{2}\cdot\frac{l}{2}=\frac{l}{4}$$

所以 $\Delta_C=\Sigma\frac{wy_C}{EI}=\frac{1}{EI}\Sigma wy_C=\frac{1}{EI}\ (w_1y_{c_1}+w_2y_{c_2}+w_3y_{c_3})$

$$=\frac{1}{EI}\ (\frac{Pl^2}{8}\cdot 0+\frac{Pl^2}{8}\cdot\frac{l}{3}+\frac{Pl^2}{4}\cdot\frac{l}{4})$$

$$=\frac{5Pl^3}{48EI}$$

结果与图形面积 w 取自 $\overline{M}$ 图的计算结果相同。可见此种计算方法较为复杂。

［例 8-3］ 求图 8-11 (a) 所示外伸梁在均布荷载作用下截面 C 的铅垂线位移 Δ_C。

解：首先画出 M_P 图。在画 M_P 图时，可不必将端部力偶引起的弯矩和跨中荷载引起的弯矩叠加起来，而是直接分块画出，从而可不再进行分块，如图 8-11 (b) 所示。

然后在截面 C 处加一竖向单位力 $P_K=1$，其弯矩图 $\overline{M}$ 为两段直线图形。因此，图乘时还应在支座 B 处分段，如图 8-11 (c) 所示。

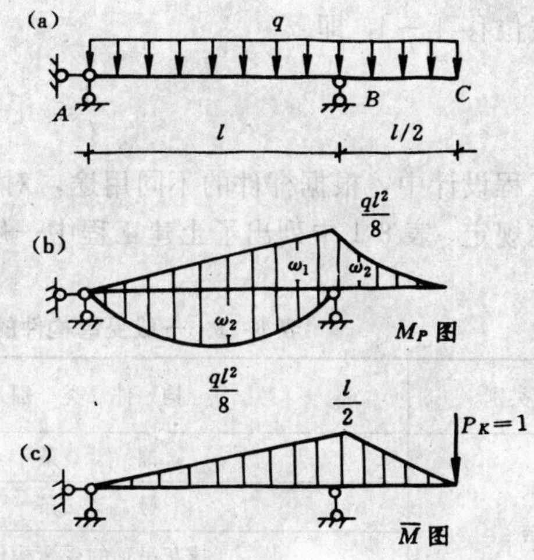

图 8-11

在图乘计算时，分为 AB 和 BC 两段。其中，在 AB 段上，M_P 图还应分为两块，一块为三角形，在梁轴线的上侧；另一块为标准的抛物线图形，在梁轴线的下侧。可将图形面积 w 取自 M_P 图。计算过程如下：

$$w_1=\frac{1}{2}\cdot\frac{ql^2}{8}\cdot l=\frac{ql^3}{16}\qquad y_{c_1}=\frac{2}{3}\cdot\frac{l}{2}=\frac{l}{3}$$

$$w_2=\frac{2}{3}\cdot\frac{ql^2}{8}\cdot l=\frac{ql^3}{12}\qquad y_{c_2}=\frac{1}{2}\cdot\frac{l}{2}=\frac{l}{4}$$

$$w_3=\frac{1}{3}\cdot\frac{ql^2}{8}\cdot\frac{l}{2}=\frac{ql^3}{48}\qquad y_{c_3}=\frac{3}{4}\cdot\frac{l}{2}=\frac{3}{8}l$$

所以 $\Delta_C=\Sigma\frac{wy_C}{EI}=\frac{1}{EI}\Sigma wy_C=\frac{1}{EI}\ (w_1y_{c_1}+w_2y_{c_2}+w_3y_{c_3})$

$$=\frac{1}{EI}\ (\frac{ql^3}{16}\cdot\frac{l}{3}-\frac{ql^3}{12}\cdot\frac{l}{4}+\frac{ql^3}{48}\cdot\frac{3}{8}l)$$

$$=\frac{ql^4}{128EI}\ (\downarrow)$$

第三节　梁的刚度校核

为了保证梁的正常工作，要求梁必须有一定的刚度。校核梁的刚度，就是检查梁在荷载作用下所产生的变形，是否超过允许的数值。梁的变形如果超过了允许的数值，梁就不能正常地工作了。

通常校核梁的刚度是计算梁在荷载作用下的最大相对线位移$\frac{\Delta}{l}$，使其不得大于许用的相对线位移$\left[\frac{\Delta}{l}\right]$，即：

$$\frac{\Delta}{l} \leqslant \left[\frac{\Delta}{l}\right] \tag{8-2}$$

在工程设计中，根据杆件的不同用途，对于弯曲变形的允许值，在有关规范中都做出了具体规定。表 8-1 中列出了土建工程中一般受弯构件的许用相对挠度值，可供参考。

表 8-11　一般受弯构件的许用相对线位移值

结构类别	构 件 类 别		许用相对挠度值
木结构	檩　　条		1/200
	椽　　条		1/150
	抹灰吊顶的受弯构件		1/250
	楼板梁和阁栅		1/250
钢结构	吊 车 梁	手动吊车	1/500
		电动吊车	1/600～1/750
	屋 盖 檩 条		1/150～1/200
	楼盖梁和工作平台	主　　梁	1/400
		其它梁	1/250
钢筋混凝土结构	吊车梁	手动吊车	1/500
		电动吊车	1/600
	屋盖、楼盖及楼梯构件	当 $L<7\text{m}$ 时	1/200
		当 $7 \leqslant L \leqslant 9\text{m}$ 时	1/250
		当 $L>9\text{m}$ 时	1/300

在机械制造方面当设计传动轴时，除了对相对挠度值需要作必要的限制外，还要求转角的绝对值应限制在容许范围之内，即：

$$\theta \leqslant [\theta]$$

应当指出：对于一般土建工程中的构件，强度要求如果能够满足，刚度条件一般也能满足。因此，在设计工作中，刚度要求比起强度要求来，常常处于从属地位。一般都是先按强度要求设计出杆件的截面尺寸，然后将这个尺寸按刚度条件进行校核，通常都会得到满足。只是当正常工作条件对构件的变形限制得很严的情况下，或按强度条件所选用的构件截面过于单薄时，刚度条件才有可能不满足，这时，就要设法提高受弯构件的刚度。

［例 8-4］　试校核图 8-12 所示木檩条的刚度，木材的弹性模量 $E=10\text{GPa}$，$q=1040\text{N/m}$，檩条选用梢径 $d_0=12\text{cm}$ 的圆木。

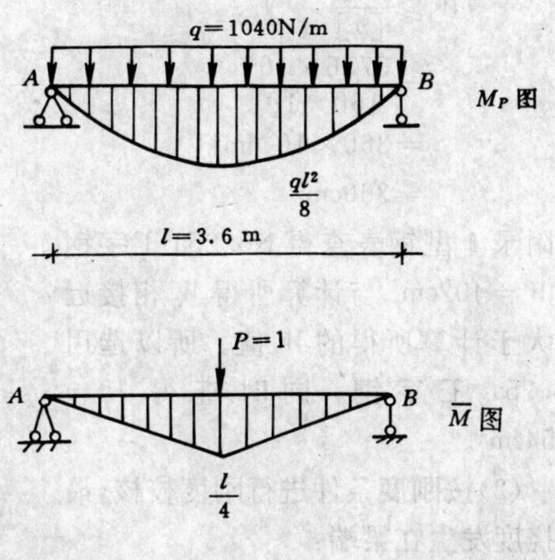

图 8-12

解：(1) 圆木檩条是变截面杆，其变形计算较为复杂。现近似地将其当成以平均直径为直径的等截面圆杆计算，其平均直径即檩条跨中直径 d，$d=d_0+0.9\times1.8=13.62\text{cm}$

(2) 截面惯性矩 I_z 为

$$I_z=\frac{\pi}{64}d^4=\frac{\pi}{64}\times13.62^4=1690\text{cm}^4$$

(3) 最大线位移发生在跨中，即：

$$w_1=\frac{2}{3}\cdot\frac{ql^2}{8}\cdot\frac{l}{2}=\frac{ql^3}{24}$$

$$y_{c_1}=\frac{5}{8}\cdot\frac{l}{4}=\frac{5l}{32}$$

$$\begin{aligned}\Delta&=2\cdot\frac{w_1\cdot y_{c_1}}{EI}\\&=2\cdot\frac{1}{EI}\cdot\frac{ql^3}{24}\cdot\frac{5l}{32}=\frac{5ql^4}{384EI}\\&=\frac{5\times1040\times3.6^4}{384\times10\times10^9\times1690\times10^{-8}}\\&=0.0135\text{m}=1.35\text{cm}\end{aligned}$$

$$\therefore\qquad\frac{\Delta}{l}=\frac{1.35}{360}=\frac{1}{276}<\frac{1}{200}=\left[\frac{\Delta}{l}\right]$$

满足刚度要求。

［例 8-5］　图 8-13 所示，悬臂梁受均布荷载的作用。已知材料的弹性模量 $E=200\text{GPa}$，许用应力 $[\sigma]=160\text{MPa}$，$q=20\text{kN/m}$，梁的许用相对挠度 $\left[\frac{\Delta}{l}\right]=\frac{1}{400}$。试选择工字钢的截面型号。

解：(1)　先按强度条件选择工字钢型号，最大弯矩发生在梁端，如图 8-13 (b) 所示，其值为：

$$\begin{aligned}M_{\max}&=\frac{1}{2}ql^2=\frac{1}{2}\times20\times2.4^2\\&=57.6\text{kN}\cdot\text{m}\end{aligned}$$

根据强度条件

$$\sigma_{\max}=\frac{M_{\max}}{W}\leqslant[\sigma]$$

得 $W \geqslant \frac{M_{max}}{[\sigma]}$

$= \frac{57.6 \times 10^3}{160 \times 10^6}$

$= 360 \times 10^{-6} m^3$

$= 360 cm^3$

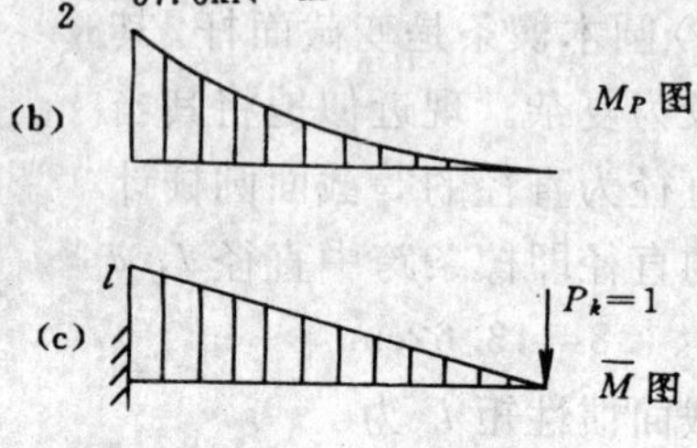

图 8-13

由附录Ⅱ型钢表查得 No. 25a 工字钢的 $W=402 cm^3$ 与计算所得 W 相接近且大于计算所得的 W 值。所以选用 No. 25a 工字钢。同时查得 $I_z = 2054 cm^4$。

(2)按刚度条件进行刚度校核，最大挠度发生在梁端：

$$W = \frac{1}{3} \cdot \frac{ql^2}{2} \cdot l = \frac{ql^3}{6}$$

$$y_C = \frac{3}{4} l$$

$$\Delta = \frac{wy_C}{EI} = \frac{1}{EI} \cdot \frac{ql^3}{6} \cdot \frac{3}{4} l = \frac{ql^4}{8EI}$$

$$= \frac{20 \times 10^3 \times 2.4^4}{8 \times 200 \times 10^9 \times 2054 \times 10^{-8}} = 0.00825 m$$

$$\frac{\Delta}{l} = \frac{0.00825}{2.4} = \frac{1}{291} > \frac{1}{400} = \left[\frac{\Delta}{l}\right]$$

不满足刚度要求。因此，需按刚度要求重新选择截面。

(3) 按刚度要求重新选择截面：

$$\frac{\Delta}{l} = \frac{ql\Delta}{8EI \cdot L}$$

$$= \frac{ql^3}{8EI} \leqslant \left[\frac{\Delta}{l}\right] = \frac{1}{400}$$

所以 $I_z \geqslant \frac{ql^3 \times 400}{8E}$

$= \frac{20 \times 10^3 \times 2.4^3 \times 400}{8 \times 200 \times 10^9}$

$= 6912 \times 10^{-8} m^4$

$= 6912 cm^4$

由型钢表查得 No. 28a 工字钢的 $I_z = 7114 cm^4$，满足此要求，同时查得 $W=508 cm^3$，此时

$$\frac{\Delta}{l} = \frac{ql^3}{8EI}$$

$$= \frac{20 \times 10^3 \times 2.4^3}{8 \times 200 \times 10^9 \times 7114 \times 10^{-8}}$$

$$= \frac{277}{113824} = \frac{1}{411} < \frac{1}{400} = \left[\frac{\Delta}{l}\right]$$

刚度条件满足。

校核强度：

$$\sigma_{max}=\frac{M_{max}}{W}=\frac{57.6\times 10^3}{508\times 10^{-6}}=113\text{MPa}<160\text{MPa}=[\sigma]$$

所以采用 No. 28a 工字钢。

第四节 提高弯曲刚度的措施

由梁的变形公式可以看出，梁的弯曲变形与弯矩的大小、支承情况、梁截面的惯性矩 I_z、材料的弹性模量 E 及梁的跨度 L 有关。所以要提高弯曲刚度，就应从考虑上述各因素入手。

一、增大梁的抗弯刚度 EI

梁的变形与抗弯刚度 EI 成反比。因此，提高了抗弯刚度 EI 的值、就能使梁的变形减小，从而使梁的刚度得以提高。对于钢材，由于强度性能不同的各种钢材其弹性模量 E 大致相同。因此，为使 EI 值增大，主要应设法增大 I_z 值。在截面面积不变的情况下，应采用适当形状的截面使截面面积尽可能分布在距中性轴较远的地方，增大截面的惯性矩 I_z，这是提高弯曲刚度的有效措施。所以，工程上常采用工字形、箱形等形状的截面。

二、缩小梁的跨度或增加支承

梁的位移与跨长 l 的 n 次幂成正比，在各种不同荷载形式下，n 可能分别等于 1、2、3、4。因此，如果能设法缩短梁的跨长对减小梁的变形，提高梁的刚度将会起很大的作用。如在集中力作用下，线位移与跨度 l 的三次方成正比。如果跨度缩小 1 倍，则线位移减小 8 倍，刚度的提高是非常显著的。工程中的桥式起重机的箱形钢梁或桁架钢梁，通常采用两端外伸的结构，如图 8-14（a）所示，其原因之一就是为了缩短跨长从而减小梁的最大线位移。此外，这种梁的外伸部分的自重作用，将使梁的 AB 跨产生向上的位移如图 8-14（b）所示，从而使 AB 跨的向下位移能够被抵消掉一部分而有所减小。

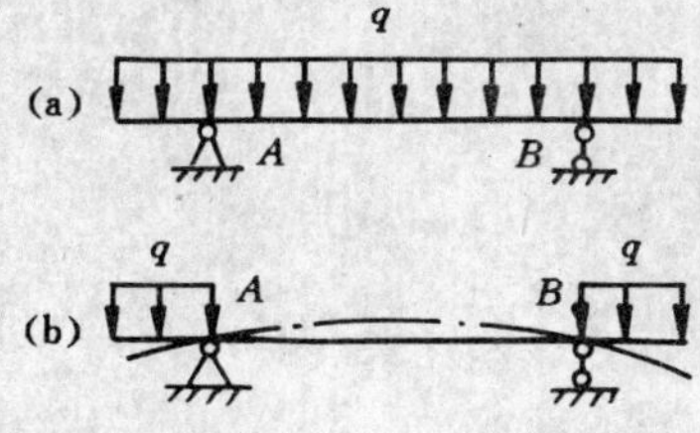

图 8-14

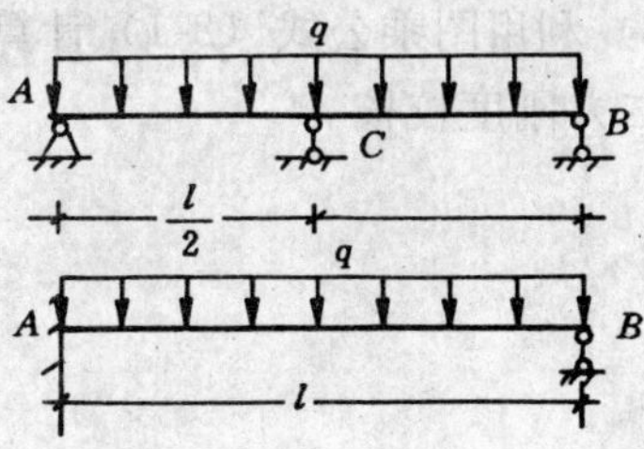

图 8-15

当梁的跨长受到构造上的限制不能再缩短时，为提高梁的刚度也可在跨内增加支座，例如：在简支梁跨中处或者悬臂梁的自由端增加一个支座等，如图 8-15 所示，这些措施都可使梁的位移显著地减小。

三、调整加载方式以减小弯矩的数值

弯矩是引起弯曲变形的主要因素。因此，在可能的情况下，适当调整梁的加载方式，可以起到降低弯矩的作用，从而可以减小梁的变形，也就是提高了弯曲刚度。例如：简支梁在跨度中点作用集中力 P 时，最大线位移为：

$$\Delta=\frac{Pl^3}{48EI}$$

如果将集中力 P 用均布荷载代替，而且使

$$ql=P$$

也就是使

$$q=\frac{P}{l}$$

这时的最大线位移变为

$$\Delta=\frac{5ql^4}{384EI}=\frac{5\cdot\left(\frac{P}{l}\right)\cdot l^4}{384EI}=\frac{5Pl^3}{384EI}$$

仅为集中力作用时的 62.5%，可见线位移就有很大减小。

小　结

（一）图乘法计算梁的位移

1. 图乘法的适用条件

（1）等截面同质梁。

（2）M_P 图和 $\overline{M}$ 图至少有一个为直线图形。

2. 图乘法的计算步骤

（1）画出结构在荷载作用下的弯矩图 M_P。

（2）在所求位移处沿着求位移的方向上加一个（或一对）单位荷载，并画出其弯矩图 $\overline{M}$。

（3）利用图乘公式（8-1）计算位移。

（二）刚度校核

$$\frac{\Delta_{\max}}{l}\leqslant\left[\frac{\Delta}{l}\right]$$

$$\theta_{\max}\leqslant[\theta]$$

思 考 题

1. 什么是挠曲线？什么是梁的线位移和角位移？如何确定线位移，角位移的正负号？
2. 图乘法的适用条件是什么？
3. 图 8-16 所示各图乘是否正确，如不对，请改正。

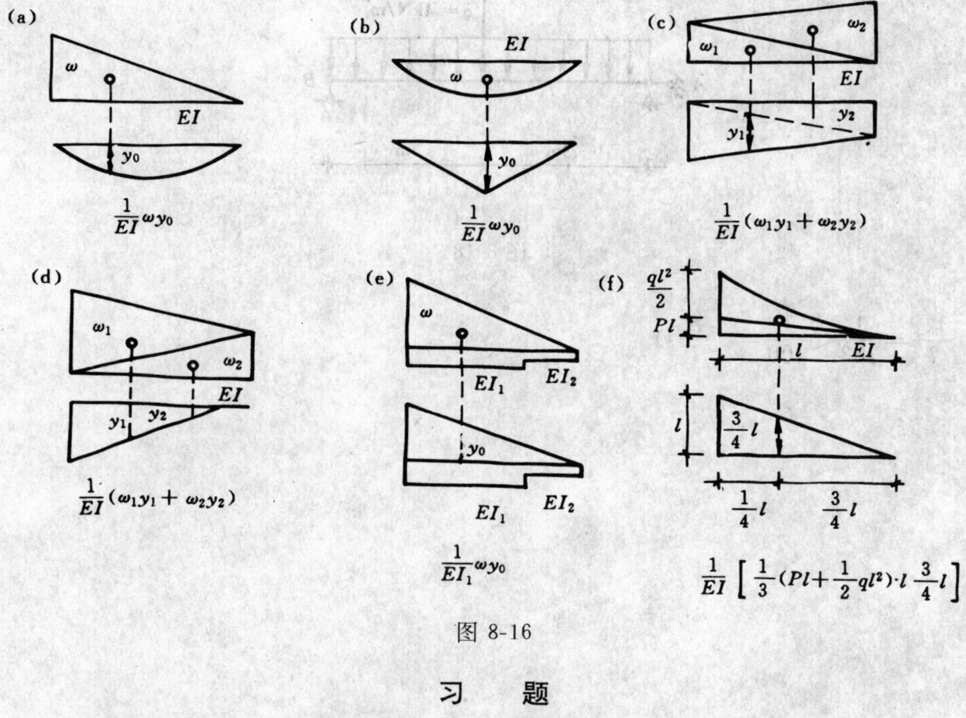

图 8-16

习　题

1. 用图乘法求图 8-17 所示各梁各指定截面的位移（EI＝常数）。

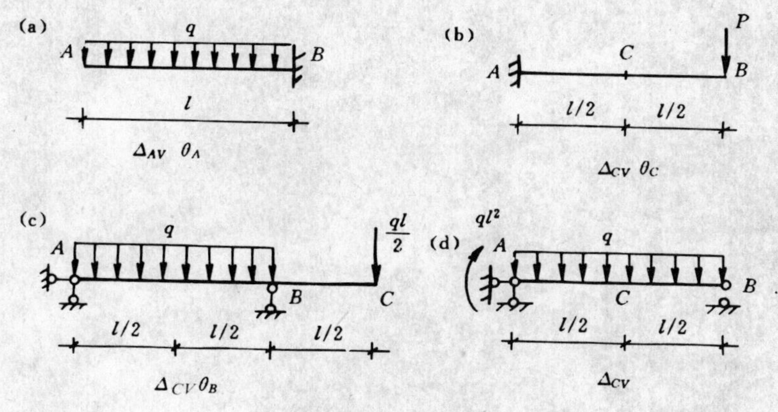

图 8-17

（答：(a)　$\Delta_{A_V}=\dfrac{ql^4}{8EI}$，$\theta_A=\dfrac{ql^3}{6EI}$；　(b)　$\Delta_{C_V}=\dfrac{5ql^3}{48EI}$，$\theta_C=\dfrac{3ql^2}{8EI}$；

(c)　$\Delta_{C_V}=\dfrac{ql^4}{24EI}$，$\theta_B=\dfrac{ql^3}{24EI}$；　(d)　$\Delta_{C_V}=\dfrac{29ql^4}{384EI}$）

2. No. 22 工字钢梁受荷载作用情况如图 8-18 所示，材料的弹性模量 $E=200$GPa，若 $[\Delta/L]=1/400$，试校核梁的刚度。

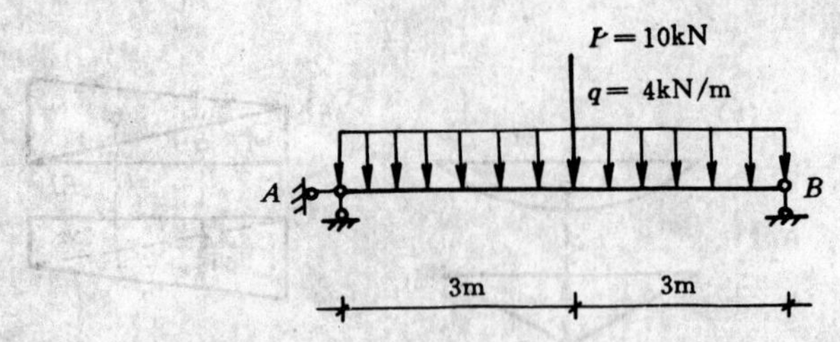

图 8-18

（答：$\frac{\Delta_{\max}}{l}=\frac{1}{363}<\frac{1}{400}=\left[\frac{\Delta}{l}\right]$）

第九章　超静定梁及排架的内力计算

在第六章中，已经讨论了梁的内力计算问题，所遇到的梁都是静定梁，所谓静定梁就是指全部未知支反力均可由平衡方程求解的梁。而本章所遇到的梁是超静定梁，如图 9-1 所示。

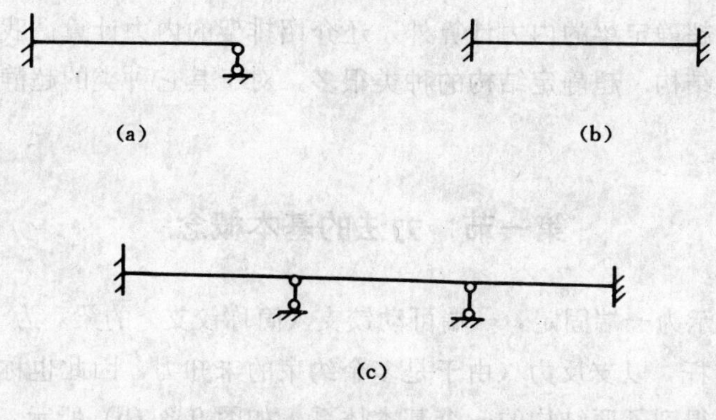

图 9-1

由图 9-1 不难看出，超静定梁与静定梁区别在于：前者没有多余约束，后者具有多余的约束，而且，超静定梁的多余约束的个数各不相同，我们把多余约束的个数称为超静定次数。如果只有一个多余约束，就称为一次超静定梁，如果有两个多余约束就称为两次超静定梁，以此类推。

超静定次数的确定可采用下述方法：首先把超静定梁变为静定梁，然后确定所去掉的约束的个数。一般地去掉一个支杆，相当于去掉一个约束；去掉一个铰链，相当于去掉两个约束；去掉一个固定端支座相当于去掉三个约束；如果在支杆处和固定端支座处加一个铰链也相当于去掉一个约束，如图 9-2 所示。

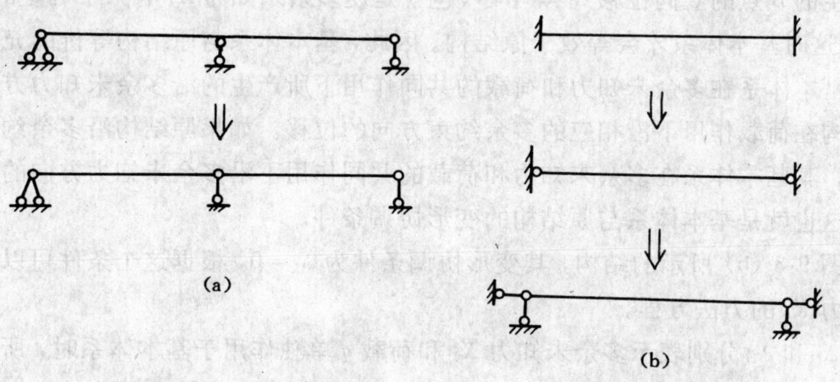

图 9-2

为了简化计算，在本章的讨论中，一律不计轴向变形和剪切变形的影响，只考虑弯曲变形的影响。

按上述方法，不难看出图 9-1（a）所示的梁是一次超静定梁；图 9-1（b）所示的梁是二次超静定梁；而图 9-1（c）所示的梁是四次超静定梁，该图所示的超静定梁也称为超静定连续梁。

超静定梁的内力计算与静定梁的内力计算有着本质的区别，在计算超静定梁的内力时，除了需要考虑静力平衡条件外，还需要考虑位移协调条件。求解超静定梁内力的计算方法很多，本章仅介绍最基本的方法——力法。

本章除了介绍超静定梁的内力计算外，还介绍排架的内力计算。我们将超静定梁及排架统称为超静定结构。超静定结构的种类很多，对于其它种类的超静定结构本章不再介绍。

第一节　力法的基本概念

图 9-3（a）所示为一端固定，一端可动铰支（简称铰支）的梁，为一次超静定结构。去掉支座 B 处的支杆，以支反力（由于是多余约束的未知力，因此也称多余未知力）X_1 代替其作用，这样得到了原结构的一个基本体系，如图 9-3（b）所示，于是在荷载 q 作用下原超静定结构的内力计算问题就转化成在荷载 q 和多余未知力 X_1 共同作用下的基本体系（静定结构）的内力计算问题。显然只要能设法求出多余未知力 X_1，原来的超静定梁内力的计算，即可在其基本体系上进行。

现在关键是如何确定多余未知力 X_1。对于原结构来说，它是在荷载 q 的作用下产生的支座 B 的反力，因此，具有一确定的值。然而，对其基本体系来说，X_1 已成为主动力，其大小是未知的。如果仅考虑基本体系的平衡条件，则不考虑多余未知力 X_1 为何值均可满足，因此，X_1 的具体值无法确定。为此，需要进一步考虑基本体系的变形条件。

由于原结构在支座 B 处沿多余未知力 X_1 方向的位移 Δ_1 等于零。因此，为了使基本体系的受力和变形与原结构完全一致，就应使基本体系在多余未知力 X_1 和荷载 q 的共同作用下所产生的 B 点的竖向位移 Δ_1 等于零，也就是使多余未知力 X_1 有一个确定的值，以保证 $\Delta_1=0$，这时基本体系才会等效于原结构。因此，基本体系与原结构等价的充分与必要条件是：基本体系在多余未知力和荷载的共同作用下所产生的沿多余未知力方向的位移等于原结构在荷载作用下沿相应的多余约束方向的位移。如果原结构沿多余约束方向的位移为零，其基本体系在多余未知力和荷载的共同作用下沿多余未知力方向的位移也应等于零。这也就是基本体系与原结构的变形协调条件。

对于图 9-3（b）所示的结构，其变形协调条件为 $\Delta_1=0$，根据这个条件可以建立求解多余未知力 X_1 的力法方程。

设以 Δ_{11} 和 Δ_{1P} 分别表示多余未知力 X_1 和荷载 q 单独作用于基本体系时，所产生的沿 X_1 方向的位移，如图 9-3（c）、（d）所示，并规定位移与 X_1 方向相同者为正。根据叠加原理，有：

$$\Delta_1=\Delta_{11}+\Delta_{1P}=0 \tag{a}$$

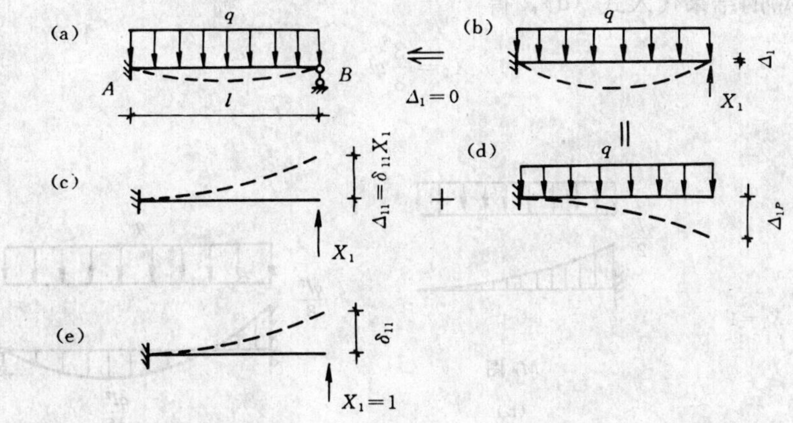

图 9-3

再令 δ_{11}表示 $X_1=1$ 时，引起的 B 点沿 X_1 方向的位移，如图 9-3（e）所示。则由 X_1 引起的 B 点沿 X_1 方向的位移 Δ_{11}可表示为：

$$\Delta_{11}=\delta_{11}X_1 \tag{b}$$

于是式（a）又可写作：

$$\delta_{11}X_1+\Delta_{1P}=0 \tag{c}$$

式中 δ_{11}称为柔度系数，表示由 $X_1=1$ 引起的基本体系沿 X_1 方向的位移；Δ_{1P}称为荷载自由项，表示由荷载引起的基本体系沿 X_1 方向的位移。

由于 δ_{11}和 Δ_{1P}都是静定结构在外力作用下的位移，因此，可按上一章所述的求位移的图乘法求得，于是多余未知力 X_1 便可由式（c）解出，即：

$$X_1=-\frac{\Delta_{1P}}{\delta_{11}} \tag{d}$$

现在用力法求解图 9-3（a）所示超静定结构的内力，其基本体系仍取为图 9-3（b）的形式。分别画出单位力 $X_1=1$ 和荷载 q 单独作用下的基本体系的弯矩图，如图 9-4 所示。由单位力 $X_1=1$ 单独作用引起的基本体系的弯矩图称为单位弯矩图，以 $\overline{M}_1$ 图表示；由荷载引起的弯矩图称为荷载弯矩图，以 M_P 图表示。

下面求柔度系数 δ_{11}和自由项 Δ_{1P}。根据 δ_{11}和 Δ_{1P}的物理意义可知，位移 δ_{11}的实际状态和虚拟状态的弯矩图相同，均为 $\overline{M}_1$ 图，所以，应该通过 $\overline{M}_1$ 图自乘得到，而 Δ_{1P}的实际状态的弯矩图为 M_P 图，虚拟状态的弯矩图为 $\overline{M}_1$ 图，所以应通过 $\overline{M}_1$ 图和 M_P 图互乘得到，即：

$$\delta_{11}=\frac{1}{EI}\cdot\frac{1}{2}l^2\ \frac{2}{3}l=\frac{l^3}{3EI}$$

$$\Delta_{1P}=-\frac{1}{EI}\cdot\frac{1}{3}\cdot\frac{1}{2}ql^2\cdot l\cdot\frac{3}{4}l=-\frac{ql^4}{8EI}$$

将 δ_{11} 和 Δ_{1P} 的结果代入式（d），得

$$X_1=\frac{3}{8}ql$$

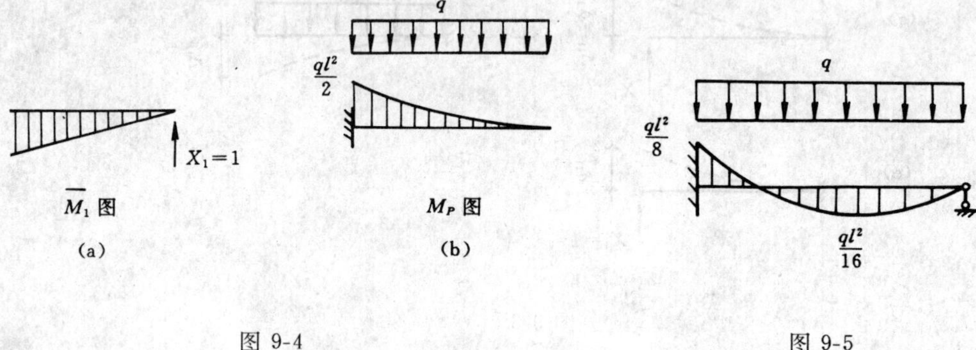

图 9-4　　　　图 9-5

结果为正，说明假定方向与实际方向相同。

多余未知力 X_1 求出后，即可按静力平衡条件绘制原结构的内力图。

由于由单位力 $X_1=1$ 引起的基本体系的弯矩图为 $\overline{M}_1$ 则由 X_1 引起的基本体系的弯矩图 M_1 为：

$$M_1=\overline{M}_1X_1 \tag{e}$$

再由叠加原理，求得原结构的最终弯矩图为：

$$M=\overline{M}_1X_1+M_P \tag{f}$$

图 9-3（a）所示结构的最终弯矩图 M 如图 9-5 所示。基固端弯矩值为：

$$M_{AB}=X_1\cdot l-\frac{1}{2}ql^2=\frac{3}{8}ql\cdot l-\frac{1}{2}ql^2=-\frac{1}{8}ql^2$$

跨中弯矩值，可由区段叠加法求得：

$$M_C=\frac{1}{8}ql^2-\frac{1}{2}\cdot\frac{1}{8}ql^2=\frac{1}{16}ql^2$$

最终弯矩图 M 求出后，即可作剪力图 Q。其剪力图 Q 的具体作法与第六章所述的静定结构剪力图的作法完全相同。

上面讨论的是一次超静定结构的情况，下面讨论多次超静定结构的情况。

以图 9-6（a）所示的梁为例，不难看出图 9-6（a）所示的梁是一个两次超静定结构，如果去掉 BC 点的两个支杆，以其反力 X_1 和 X_2 为基本未知力，则其基本体系如图 9-6（b）所示。

为了求出多余未知力 X_1 和 X_2，可利用多余约束处的变形协调条件，即基本体系在荷

载和多余未知力 X_1、X_2 的共同作用下沿 X_1 和 X_2 方向的位移应与原结构相同，且应等于零，即：

$$\begin{cases}\Delta_1=0\\ \Delta_2=0\end{cases} \tag{g}$$

式中 Δ_1 表示由基本体系在荷载和多余未知力 X_1、X_2 共同作用下沿 X_1 方向的位移，也就是 B 点的铅垂位移。同理，Δ_2 是沿 X_2 方向的位移，是 C 点的铅垂位移。

下面应用叠加法将式（a）写成展开形式。为此，需计算基本体系分别在多余未知力 X_1 和 X_2 以及荷载单独作用下沿 X_1 和 X_2 方向的位移。

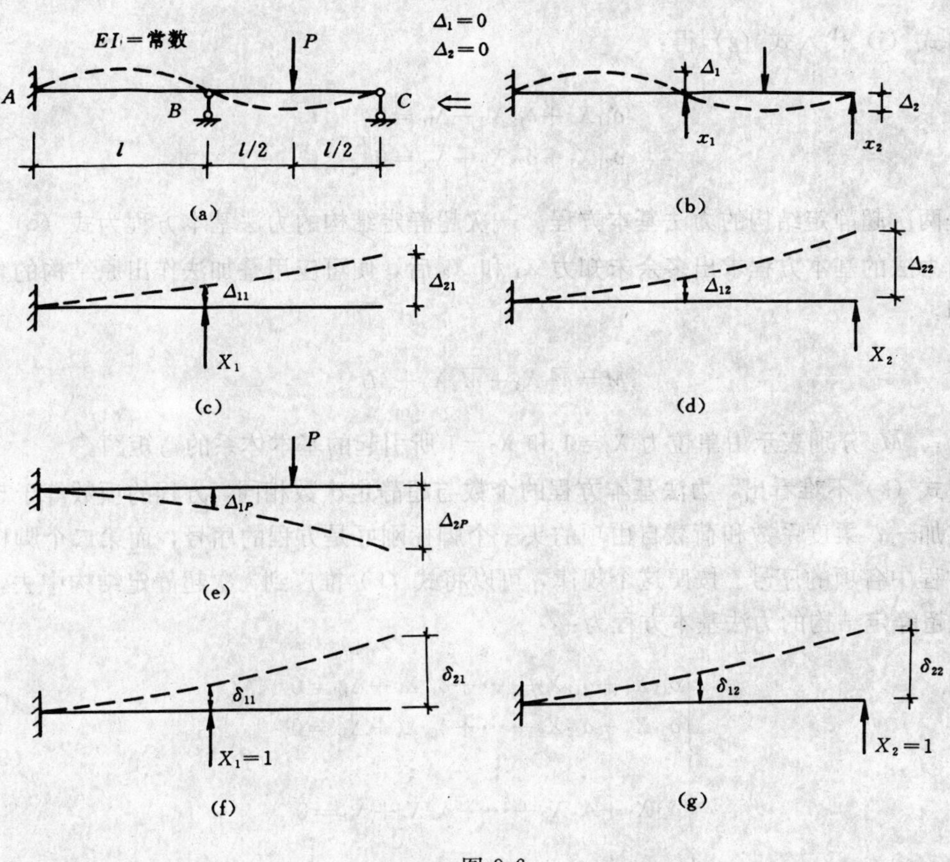

图 9-6

（1）单独在多余未知力 X_1 的作用下，引起基本体系沿 X_1 和 X_2 方向的位移分别为 Δ_{11}和 Δ_{21}，如图 9-6（c）所示。位移 Δ_{11}和 Δ_{21}还可以表示为：

$$\Delta_{11}=\delta_{11}X_1 \qquad \Delta_{21}=\delta_{21}X_1 \tag{h}$$

其中柔度系数 δ_{11}和 δ_{21}分别表示由单位力 $X_1=1$ 引起的基本体系沿 X_1 和 X_2 方向的位移，如图 9-6（f）所示。

（2）单独在多余未知力 X_2 的作用下，引起基本体系沿 X_1 和 X_2 方向的位移分别为 Δ_{12}

和 Δ_{22}，如图 9-6（d）所示。同理位移 Δ_{12}和 Δ_{22}也可表示为：

$$\Delta_{12}=\delta_{12}X_2 \qquad \Delta_{22}=\delta_{22}X_2 \tag{i}$$

柔度系数 δ_{12}和 δ_{22}的物理意义如图 9-6（g）所示。

（3）单独在荷载作用下，引起基本体系沿 X_1 和 X_2 方向的位移为 Δ_{1P}和 Δ_{2P}，如图 9-6（e）所示。

由叠加法得：

$$\left.\begin{aligned}\Delta_1=\delta_{11}X_1+\delta_{12}X_2+\Delta_{1P}\\ \Delta_2=\delta_{21}X_1+\delta_{22}X_2+\Delta_{2P}\end{aligned}\right\} \tag{j}$$

将式（j）代入式（g）得：

$$\left.\begin{aligned}\delta_{11}X_1+\delta_{12}X_2+\Delta_{1P}=0\\ \delta_{21}X_1+\delta_{22}X_2+\Delta_{2P}=0\end{aligned}\right\} \tag{k}$$

这就是两次超静定结构的力法基本方程。一次超静定结构的力法基本方程为式（c）。

由力法的基本方程求出多余未知力 X_1 和 X_2 后，便可应用叠加法作出原结构的弯矩图，即：

$$M=\overline{M}_1X_1+\overline{M}_2X_2+M_P \tag{l}$$

式中 $\overline{M}_1$、$\overline{M}_2$ 分别表示由单位力 $X_1=1$ 和 $X_2=1$ 所引起的基本体系的弯矩图。

由式（k）不难看出，力法基本方程的个数与超静定次数相同，方程的项数等于超静定次数加一；柔度系数和荷载自由项的头一个脚标刚好是方程的序号，而第二个脚标刚好是方程中各项的序号。按照这个规律，可以将式（k）推广到 n 次超静定结构中去，得到 n 次超静定结构的力法基本方程为：

$$\left\{\begin{aligned}&\delta_{11}X_1+\delta_{12}X_2+\cdots+\delta_{1n}X_n+\Delta_{1P}=0\\ &\delta_{21}X_1+\delta_{22}X_2+\cdots+\delta_{2n}X_n+\Delta_{2P}=0\\ &\vdots \qquad\quad \vdots \qquad\quad \vdots \qquad\quad \vdots \qquad\quad \vdots\\ &\delta_{n1}X_1+\delta_{n2}X_2+\cdots+\delta_{nn}X_n+\Delta_{nP}=0\end{aligned}\right. \tag{9-1}$$

式中的柔度系数 δ_{ii}、δ_{ij}和荷载自由项 Δ_{iP}均表示基本体系相应的位移。所有位移符号都具有两个脚标，第一个脚标表示位移的方向，第二个脚标表示产生该位移的物理原因。例如：δ_{ii}表示基本体系由 $X_i=1$ 所引起的沿着 X_i 方向的位移；δ_{ij}表示基本体系由 $X_j=1$ 所引起的沿着 X_i 方向的位移；Δ_{iP}表示基本体系在荷载作用下所引起的沿 X_i 方向的位移。

而且有：

$$\delta_{ij}=\delta_{ji}$$

即脚标的元素相同，前后次序不同的两个位移是互等的。

如果将力法基本方程（9-1）中的柔度系数上下对齐，则可写成如下矩阵形式：

$$[\delta]=\begin{bmatrix}\delta_{11}\delta_{21}\cdots\delta_{n1}\\ \delta_{12}\delta_{22}\cdots\delta_{n2}\\ \vdots\ \ \vdots\ \ \vdots\\ \delta_{1n}\delta_{2n}\cdots\delta_{nn}\end{bmatrix} \tag{m}$$

这个矩阵称为柔度矩阵。从矩阵的左上角到右下角的对角线称为主对角线，主对角线上的系数 δ_{11}、$\delta_{22}\cdots\delta_{nn}$ 称为主系数，主系数只能大于零。不在主对角线上的元素 δ_{ij} $(i\neq j)$ 称为副系数，副系数可正、可负，也可为零。柔度系数越大，表明结构的柔度越大，抵抗变形的能力就越差。由上面的讨论可知，柔度矩阵是一个对称方阵。

由式 (l) 可以看出，单位弯矩图的个数刚好等于超静定次数。因此，n 次超静定结构的弯矩图应用 n 个单位弯矩图各乘以相应的多余未知力（已求出）与荷载弯矩图叠加，即：

$$M=\overline{M}_1X_1+\overline{M}_2X_2+\cdots+\overline{M}_nX_n+M_P \tag{9-2}$$

第二节　用力法计算超静定梁

在用力法求解超静定梁的内力时，由于剪力和轴力的位移影响很小，因此，在计算柔度系数和荷载自由项时，忽略了剪力和轴力的影响，从而使计算得到简化。另外，在计算过程中，能够注意到下面将提到的问题。可以使计算过程更加简单，从而收到极好的效果。现分别加以讨论。

一、基本体系的选择问题

基本体系是通过在原结构上去掉多余约束后得到的静定结构。因此，一个超静定结构可能具有几个不同形式的基本体系，其中任何一个基本体系都可以通过计算求出原结构的内力。但选取不同的基本体系，其计算的难易程度则大不相同，有的相对简单，而

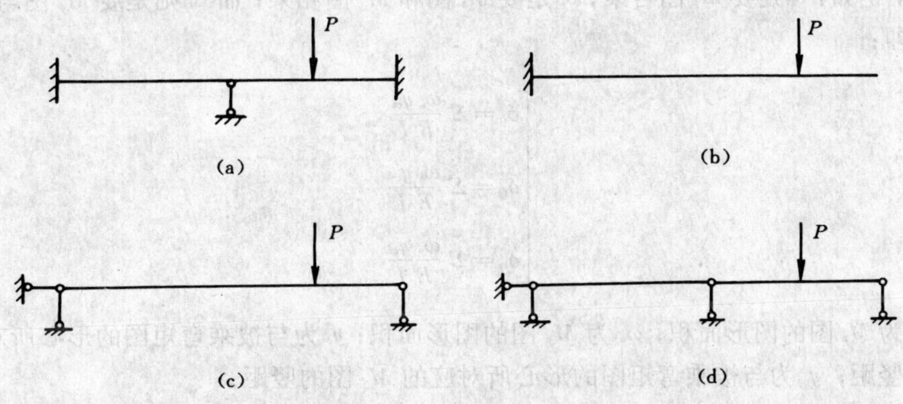

图 9-7

有的相对复杂。图 9-7（a）所示的梁就可以有几种不同形式的基本体系，如图 9-7（b）、（c）、（d）所示。因此，就有一个最佳基本体系的选取问题。

那么，什么样的基本体系才能算得上最佳呢？通过大量解题经验可知，最佳基本体系应具有如下特点：

（1）单位弯矩图和荷载弯矩图容易直接画出，且无叠加图形。

（2）单位弯矩图和荷载弯矩图便于图乘，且能直接求得结果。

（3）荷载弯矩图在基本体系上出现的范围应尽可能地小，使各弯矩图在同一范围内应尽量避免同时存在。

根据上述特点，可将基本体系选为铰接体系，即将超静定梁中的全部支座变成铰结点，固定端支座变成铰支座，如图 9-8 所示。但必须保证，所得到的铰接体系是一个没有多余约束的几何不变体系。

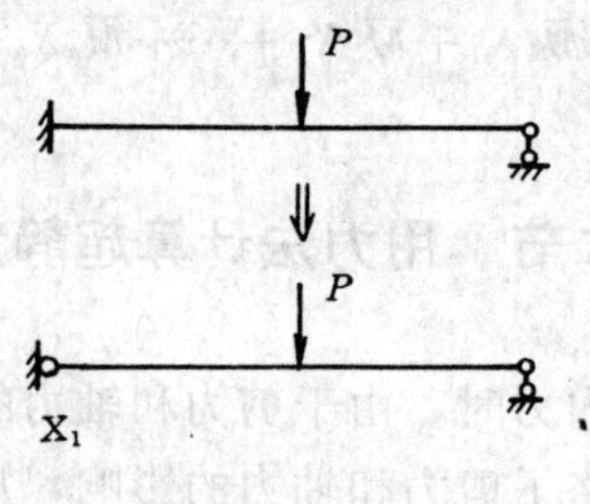

图 9-8

二、计算柔度系数和荷载自由项

在工程实际中，结构中的杆件一般都是等截面直杆，符合图乘法的条件。因此，计算柔度系数和荷载自由项可利用图乘法。

在进行弯矩图的图乘运算时，根据柔度系数和荷载自由项的两个脚标就可确定相乘的两个弯矩图。柔度系数是两个单位弯矩图相乘，荷载自由项是荷载弯矩图与单位弯矩图相乘，例如：δ_{ii}是要 $\overline{M}_i$ 图自乘；δ_{ij}是要 $\overline{M}_i$ 图和 $\overline{M}_j$ 图相乘；而 Δ_{ip}则是要 M_p 图与 $\overline{M}_i$ 图相乘，即：

$$\left[\begin{aligned} \delta_{ii} &= \Sigma \frac{\omega_i \, y_{ci}}{E\ I} \\ \delta_{ij} &= \Sigma \frac{\omega_i \, y_{ci}}{E\ I} \\ \delta_{ip} &= \Sigma \frac{\omega_p \, y_{ci}}{E\ I} \end{aligned}\right. \tag{9-3}$$

式中 ω_i 为 M_i 图的图形面积；ω_p 为 M_p 图的图形面积；y_{ci}为与被乘弯矩图的形心所对应的 $\overline{M}_i$ 图的竖距；y_{cj}为与被乘弯矩图的形心所对应的 $\overline{M}_j$ 图的竖距。

现将取其图形面积进行图乘计算的弯矩图称为被乘弯矩图。

如果基本体系选取得好，则结构中所有杆的弯矩图形都可化为简支梁和悬臂梁，分别在单位荷载和荷载单独作用下所产生的弯矩图，如图 9-9 所示，其图乘结果可分为两部

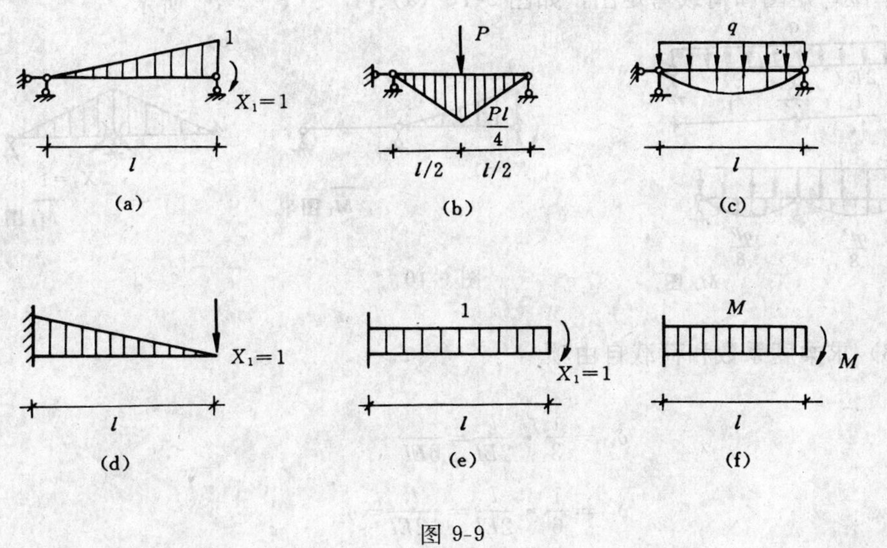

图 9-9

分。现将图乘结果的系数部分和基本部分分别列成表 9-1 和表 9-2。

表 9-1 基本图形图乘结果的系数部分

	1	1	1	$\frac{1}{4}$	$\frac{1}{2}$	$\frac{1}{8}$
1	1	$\frac{1}{2}$	$\frac{1}{2}$	$\frac{1}{8}$	$\frac{1}{6}$	$\frac{1}{12}$
1	$\frac{1}{2}$	$\frac{1}{3}$	$\frac{1}{6}$	$\frac{1}{16}$	$\frac{1}{3}$	$\frac{1}{24}$

注：底边长度系数均为 1。

表 9-2 基本图形图乘结果的基本部分

	$P=1$	$m=1$	q	P	m
$P=1$	$\frac{l^3}{EI}$	$\frac{l^2}{EI}$	$\frac{ql^4}{EI}$	$\frac{Pl^3}{EI}$	$\frac{ml^2}{EI}$
$m=1$	$\frac{l^2}{EI}$	$\frac{l}{EI}$	$\frac{ql^3}{EI}$	$\frac{Pl^2}{EI}$	$\frac{ml}{EI}$

当单位弯矩图和荷载弯矩图作出后，就可参照表 9-1 和表 9-2 求出柔度系数和荷载自由项，从而避免图乘运算过程，使计算得到进一步的简化。

[例 9-1]　求图 9-10（a）所示连续梁的内力图。

解：（1）选取基本体系

连续梁具有两个多余约束，其基本体系可取为铰接体系，如图 9-9（b）所示。

（2）作单位弯矩图和荷载弯矩图，如图 9-10（a）、（b）、（c）、（d）所示。

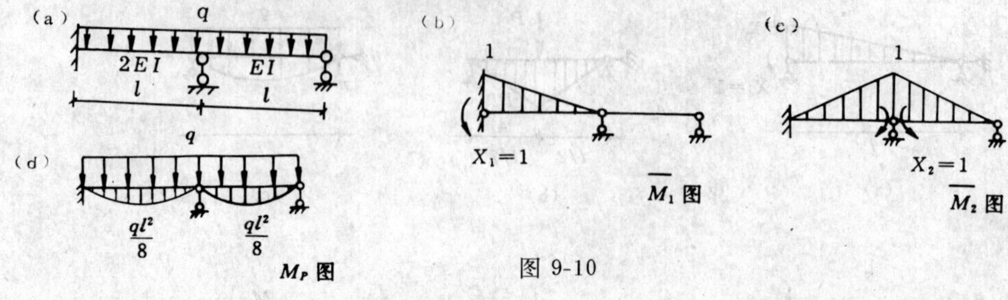

图 9-10

（3）求柔度系数和荷载自由项

$$\delta_{11}=\frac{1}{3}\cdot\frac{l}{2EI}=\frac{l}{6EI}$$

$$\delta_{12}=\frac{1}{6}\cdot\frac{l}{2EI}=\frac{l}{12EI}=\delta_{21}$$

$$\delta_{22}=\frac{1}{3}\left(\frac{1}{2}+1\right)\frac{l}{EI}=\frac{l}{2EI}$$

$$\Delta_{1P}=-\frac{1}{24}\cdot\frac{ql^3}{2EI}=-\frac{ql^3}{48EI}$$

$$\Delta_{2P}=-\frac{1}{24}\left(\frac{1}{2}+1\right)\frac{ql^3}{EI}=-\frac{ql^3}{16EI}$$

（4）建立力法方程

$$\begin{cases}\frac{1}{6}X_1+\frac{1}{12}X_2-\frac{ql^2}{48}=0\\ \frac{1}{12}X_1+\frac{1}{2}X_2-\frac{ql^2}{16}=0\end{cases}$$

解得：

$$\left.\begin{aligned}X_1=\frac{3}{44}ql^2=7.361\text{kN}\cdot\text{m}\\ X_2=\frac{5}{44}ql^2=12.27\text{kN}\cdot\text{m}\end{aligned}\right\}$$

（5）作连续梁的弯矩图

$M_A=-X_1=-7.36\text{kN}\cdot\text{m}$（上侧受拉）

$M_B=-X_2=-12.27\text{kN}\cdot\text{m}$（上侧受拉）

$M_C=0$

$M_D=\frac{ql^2}{8}+\frac{M_A+M_B}{2}=\frac{ql}{8}-\frac{1}{2}\left(\frac{3}{44}+\frac{5}{44}\right)ql^2=\frac{3}{88}ql^2=3.68\text{kN}\cdot\text{m}$（下侧受拉）

$M_E=\frac{ql^2}{8}+\frac{M_B+M_C}{2}=\frac{ql^2}{8}-\frac{1}{2}\frac{5}{44}ql^2=\frac{3}{44}ql^2=7.36\text{kN}\cdot\text{m}$（下侧受拉）

弯矩图如图 9-11（a）所示。

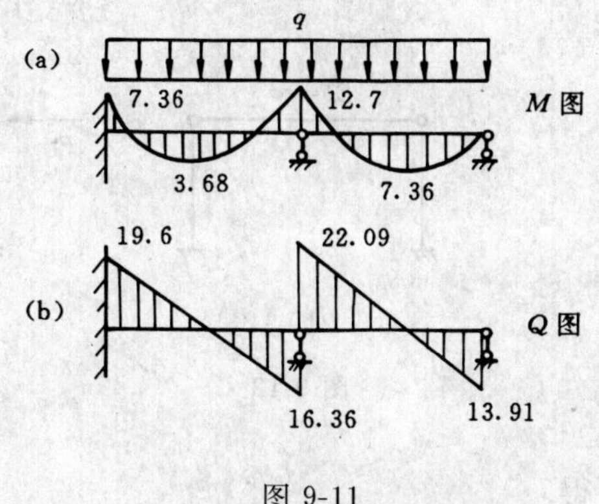

图 9-11

作连续梁的剪力图，由弯矩图可得：

$$Q_{AB}=\frac{M_B-M_A}{l}+\frac{ql}{2}=\frac{-\frac{5ql^2}{44}-\left(-\frac{3ql^2}{44}\right)}{l}+\frac{ql}{2}=\frac{6ql}{11}=19.6\text{kN}$$

$$Q_{BA}=\frac{M_B-M_A}{l}-\frac{ql}{2}=-\frac{\frac{5ql^2}{44}-\left(\frac{3ql^2}{44}\right)}{l}-\frac{ql}{2}=-\frac{5ql}{11}=-16.36\text{kN}$$

$$Q_{BC}=\frac{M_C-M_B}{l}+\frac{ql}{2}=\frac{0-\left(-\frac{5ql^2}{44}\right)}{l}+\frac{ql}{2}=\frac{27}{44}ql=22.09\text{kN}$$

$$Q_{CB}=\frac{M_C-M_B}{l}-\frac{ql}{2}=\frac{0-\left(-\frac{5ql^2}{44}\right)}{l}-\frac{ql}{2}=-\frac{17}{22}ql=-13.91\text{kN}$$

剪力图如图 9-11（b）所示。

第三节 用力法计算铰接排架

装配式单层工业厂房的横向承重结构是由屋架或屋面梁、柱子和基础所组成的排架结构，如图 9-12（a）所示。计算排架实际上就是计算柱子在水平荷载作用下的内力。因此，可将屋架或屋面梁简化成为一根链杆，于是，便得到铰接排架的计算简图，如图 9-12（b）所示。

由于屋架或屋面梁的纵向刚度比较大，使两柱顶之间的距离改变很小。因此，可以认为链杆是绝对刚性的。

用力法求解排架的原理和步骤与用力法求解超静定梁完全相同。在实际计算中，将链杆选作多余约束，将链杆截断后，排架成为静定结构，它就作为排架的基本体系，并以截口处的一对大小相等，方向相反的未知轴力 X_1 作为基本未知力，如图 9-12（c）所示，在荷载 P 和多余未知力 X_1 的共同作用下，链杆截口处的两相邻截面沿 X_1 方向的相对位移等于零，即 $\Delta_1 = 0$。

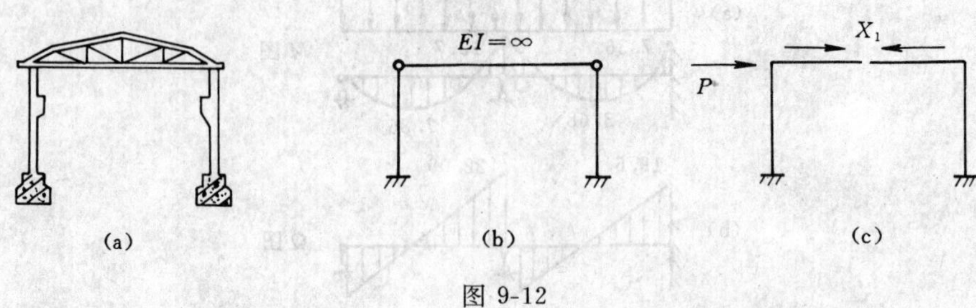

图 9-12

由力法的基本方程可得

$$\delta_{11} X_1 + \Delta_{1P} = 0$$

［例 16-5］ 求图 9-13（a）所示排架的弯矩图。

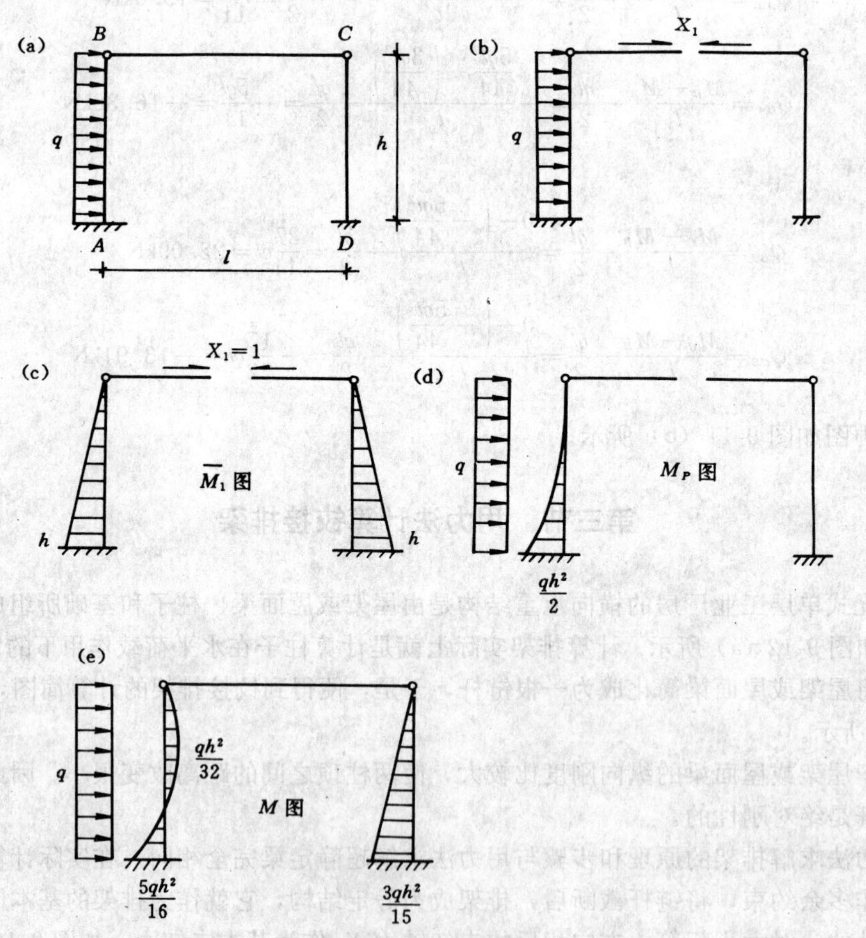

图 9-13

解：由于该排架只有一跨，因此是一次超静定结构，其基本体系如图 9-13 (b) 所示。分别画出单位弯矩图 $\overline{M}_1$ 和荷载弯矩图 M_P，如图 9-13 (c)、(d) 所示。

由表 9-1 和表 9-2 可得：

$$\delta_{11}=2\times\frac{1}{3}\ \frac{h^3}{EI}=\frac{2h^3}{3EI}$$

$$\Delta_{1P}=\frac{qh^4}{8EI}$$

$$\frac{2}{3}X_1+\frac{qh}{8}=0$$

$$X_1=-\frac{3}{16}qh$$

求出多余未知力 X_1 后，即可按叠加法作出排架的弯矩图 M，如图 9-13 (e) 所示。

$$M_{AB}=-\frac{1}{2}qh^2-X_1h=-\frac{1}{2}qh^2+\frac{3}{16}qh\cdot h=-\frac{5}{16}qh^2\ \text{(左侧受拉)}$$

$$M_{DC}=X_1h=-\frac{3}{16}qh^2\ \text{(左侧受拉)}$$

$$M_E=\frac{1}{2}M_{AB}+\frac{1}{8}qh^2=\frac{1}{2}\times\left(-\frac{5}{16}qh^2\right)+\frac{1}{8}qh^2=\frac{-qh^2}{32}\ \text{(左侧受拉)}$$

第四节　等截面单跨超静定梁的内力

本节讨论单跨超静定梁分别在荷载作用下和杆端产生位移时的杆端内力，此内力在今后的结构计算中会随时用到的，它们均可用力法求得。

所谓杆端内力就是指作用在单跨梁端部的内力，一般包括杆端弯矩和杆端剪力。通常规定杆端弯矩以相对杆端顺时针转向为正，相对接点或支座逆时针转向为正；而杆端剪力无论相对杆端，还是相对接点或支座都以顺时针转向为正，如图 9-14 所示。

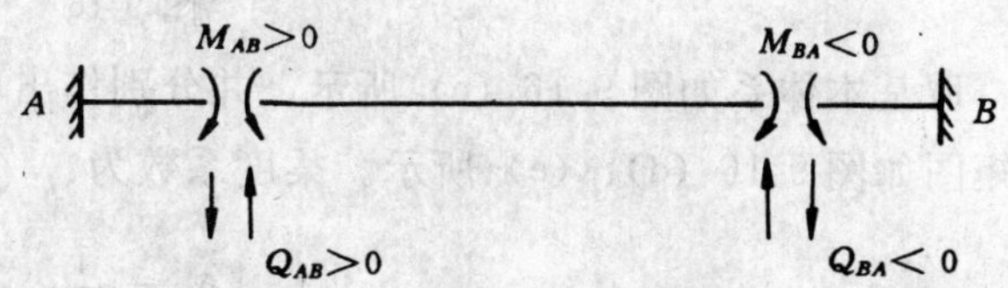

图 9-14

对于单跨超静定梁仅由荷载作用所产生的杆端内力，通常也称为固端内力。

在以后结构计算中，经常遇到的单跨超静定梁有三种，即两端固定梁如图 9-15 (a) 所示，一端固定，一端铰支的梁如图 9-15 (b) 所示和一端固定，一端滑动的梁如图 9-15 (c) 所示。

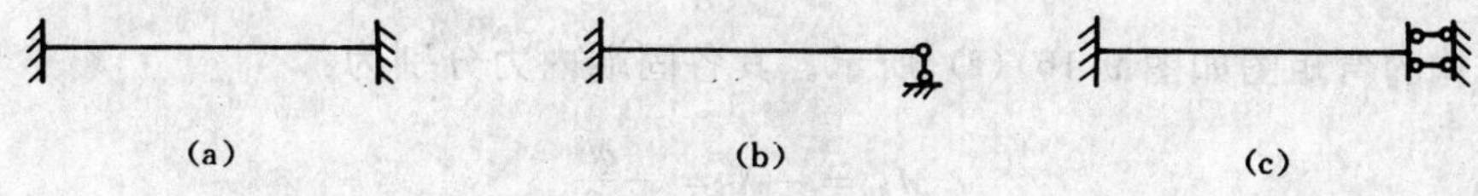

图 9-15

下面就讨论这三种类型的梁分别在荷载作用下和杆端位移的情况下的杆端内力。

一、单跨超静定梁的固端内力

1. 一端固定，一端铰支梁分别在均布荷载和跨中集中荷载作用下如图 9-16（a）、（b）所示的固端内力

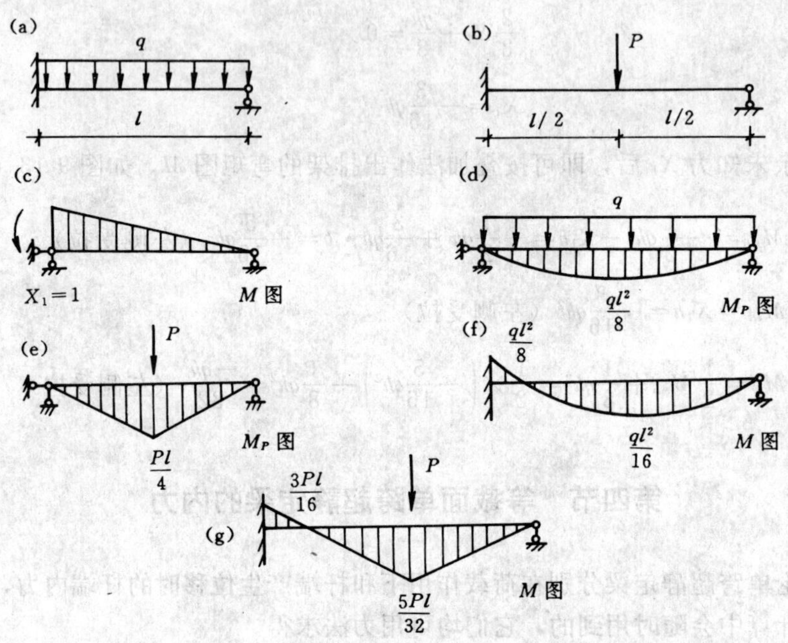

图 9-16

取基本体系如图 9-16（c）所示，并分别作出单位弯矩图如图 9-16（c）所示和荷载弯矩图如图 9-16（d）、（e）所示。柔度系数为：

$$\delta_{11}=\frac{1}{3EI}$$

（1）在均布荷载作用下

$$\Delta_{1P}=-\frac{ql^3}{24EI}$$

$$\frac{1}{3}X_1-\frac{ql^2}{24}=0$$

解得：

$$X_1=\frac{ql^2}{8}$$

原结构的弯矩图如图 9-16（f）所示。其各固端内力分别为：

$$M_{AB}=-X_1=-\frac{ql^2}{8}$$

$$M_{BA}=0$$

$$Q_{AB}=\frac{0-\left(-\frac{ql^2}{8}\right)}{l}+\frac{ql}{2}=\frac{5ql}{8}$$

$$Q_{BA}=\frac{0-\left(-\frac{ql^2}{8}\right)}{l}-\frac{ql}{2}=-\frac{3ql}{8}$$

跨中弯矩值为：

$$M_C=\frac{ql^2}{8}-\frac{1}{2}X_1=\frac{ql^2}{8}-\frac{1}{2}\cdot\frac{ql^2}{8}=\frac{ql^2}{16}\text{（下侧受拉）}$$

（2）在跨中集中荷载作用下

$$\Delta_{1P}=-\frac{Pl^2}{16EI}$$

$$\frac{1}{3}X_1-\frac{Pl}{16}=0$$

解得：

$$X_1=\frac{3Pl}{16}$$

原结构的弯矩图如图 9-16（g）所示，其各固端内力分别为：

$$M_{AB}=-X_1=-\frac{3Pl}{16}$$

$$M_{BA}=0$$

$$Q_{AB}=\frac{0-\left(-\frac{3Pl}{16}\right)}{l}+\frac{P}{2}=\frac{11}{16}P$$

$$Q_{BA}=\frac{0-\left(-\frac{3Pl}{16}\right)}{l}-\frac{P}{2}=-\frac{5}{16}P$$

荷载作用点处的弯矩为：

$$M_C=\frac{Pl}{4}-\frac{1}{2}X_1=\frac{Pl}{4}-\frac{1}{2}\cdot\frac{3Pl}{16}=\frac{5Pl}{32}\text{（下侧受拉）}$$

2. 一端固定，一端滑动梁分别在均布荷载和集中荷载作用下如图 9-17（a）、（b）所示的固端内力

这种超静定梁本来是两次超静定，由于不计轴向变形，实际上是一次超静定问题。因此，可取基本体系如图 9-17（c）所示的形式，并分别作出单位弯矩图［图 9-17（c）］，以及分别在均布荷载和集中荷载作用下的荷载弯矩图，如图 9-17（d）、（e）所示。柔度系数为：

$$\delta_{11}=\frac{l}{EI}$$

（1）在均布荷载作用下

$$\Delta_{1P}=-\frac{ql^3}{6EI}$$

$$X_1-\frac{1}{6}ql^3=0$$

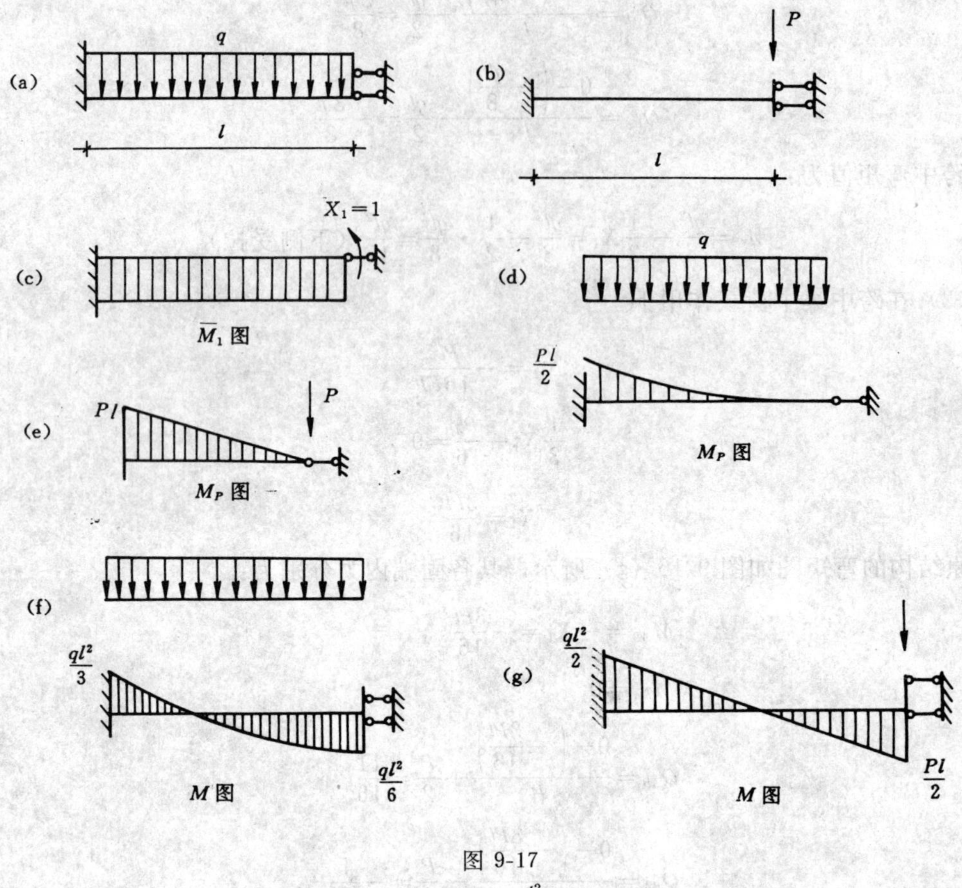

图 9-17

解得：

$$X_1=\frac{ql^2}{6}$$

原结构的弯矩图如图 9-17（f）所示。其各固端内力分别为：

$$M_{AB}=X_1-\frac{1}{2}ql^2=-\frac{1}{3}ql^2$$

$$M_{BA}=-X_1=-\frac{1}{6}ql^2$$

$$Q_{AB}=ql$$

$$Q_{BA}=0$$

（2）在集中荷载作用下

$$\Delta_{1P}=-\frac{Pl^2}{2EI}$$

$$X_1-\frac{Pl}{2}=0$$

$$X_1=\frac{Pl}{2}$$

原结构在荷载 P 作用下的弯矩图如图 9-17（g）所示，其各固端内力分别为：

$$M_{AB}=X_1-Pl=-\frac{Pl}{2}$$

$$M_{BA}=-X_1=-\frac{Pl}{2}$$

$$Q_{AB}=P$$

$$Q_{BA}=0$$

3. 两端固定梁分别在均布荷载和跨中集中荷载作用下如图 9-18 (a)、(b) 所示的固端内力

两端固定梁是对称结构，可取其等代结构，如图 9-18 (c)、(d) 所示。其固端内力可借助于一端固定，一端铰支梁的固端内力求得，梁长取$\frac{l}{2}$，集中荷载取$\frac{P}{2}$，弯矩图如图 9-18 (e)、(f) 所示。

在均布荷载作用下，其固端内力为：

$$M_{AB}=-\frac{q\left(\frac{l}{2}\right)^2}{3}=-\frac{ql^2}{12}$$

$$M_{BA}=-M_{AB}=\frac{ql^2}{12}$$

$$Q_{AB}=q\cdot\frac{1}{2}=\frac{ql}{2}$$

$$Q_{BA}=-Q_{BA}=-\frac{ql}{2}$$

在跨中集中荷载作用下，其固端内力为：

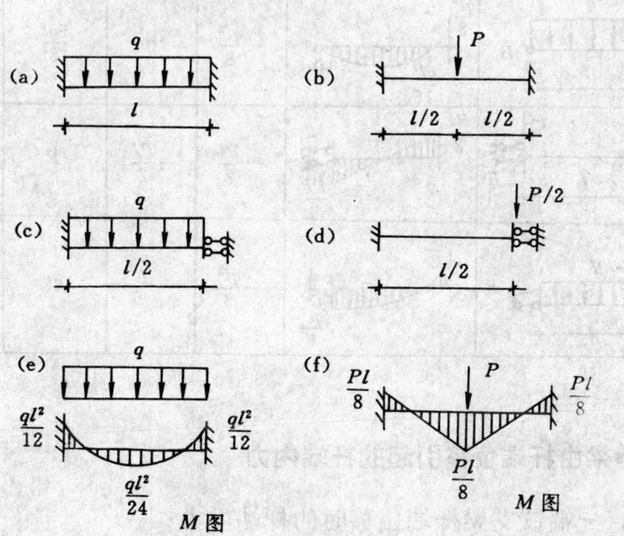

图 9-18

$$M_{AB}=-\frac{\frac{P}{2}}{2}=-\frac{Pl}{8}$$

$$M_{BA}=-M_{AB}=\frac{Pl}{8}$$

$$Q_{AB}=\frac{P}{2}$$

$$Q_{BA}=-Q_{AB}=-\frac{P}{2}$$

现将各单跨超静梁分别在均布荷载和集中荷载作用下的固端内力列于表 9-3，以备查用。

表 9-3 等截面单跨超静定梁的固端内力

荷载简图	弯矩图	M_{AB}	M_{BA}	Q_{AB}	Q_{BA}
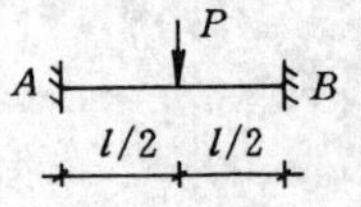 A、B 两端固定，跨中集中力 P，$l/2$，$l/2$	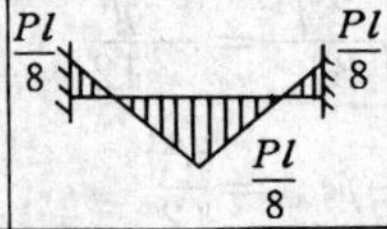 $\frac{Pl}{8}$，$\frac{Pl}{8}$，$\frac{Pl}{8}$	$-\frac{Pl}{8}$	$\frac{Pl}{8}$	$\frac{P}{2}$	$-\frac{P}{2}$
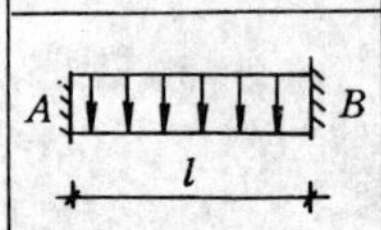 A、B 两端固定，均布荷载，l	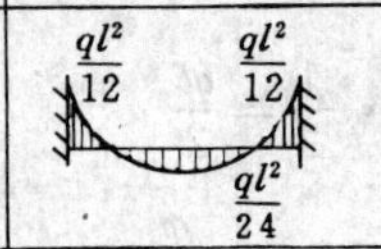 $\frac{ql^2}{12}$，$\frac{ql^2}{12}$，$\frac{ql^2}{24}$	$-\frac{ql^2}{12}$	$\frac{ql^2}{12}$	$\frac{ql}{2}$	$-\frac{ql}{2}$
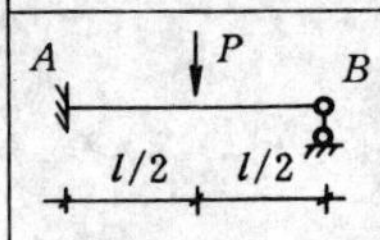 A 固定、B 铰支，跨中集中力 P，$l/2$，$l/2$	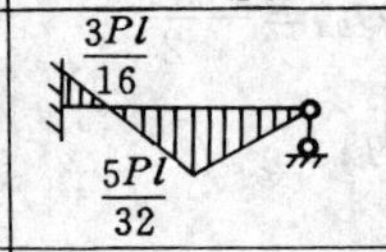 $\frac{3Pl}{16}$，$\frac{5Pl}{32}$	$-\frac{3Pl}{16}$	0	$\frac{11}{16}P$	$-\frac{5}{16}P$
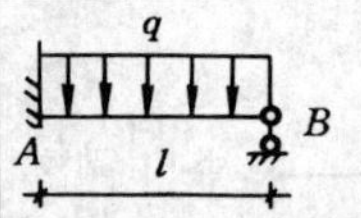 A 固定、B 铰支，均布荷载 q，l	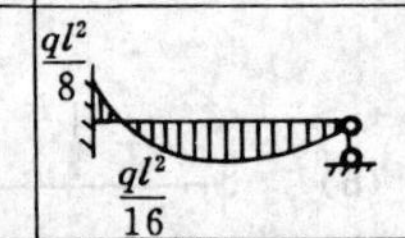 $\frac{ql^2}{8}$，$\frac{ql^2}{16}$	$-\frac{ql^2}{8}$	0	$\frac{5ql}{8}$	$-\frac{3ql}{8}$
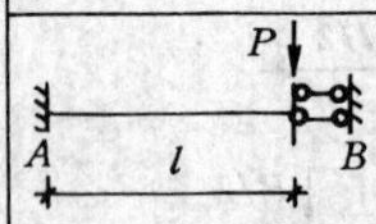 A 固定、B 滑动支座，B 端集中力 P，l	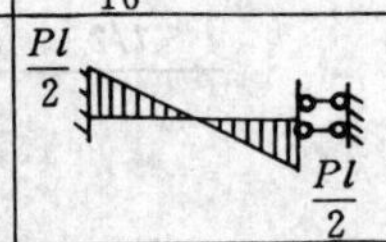 $\frac{Pl}{2}$，$\frac{Pl}{2}$	$-\frac{Pl}{2}$	$-\frac{Pl}{2}$	P	0
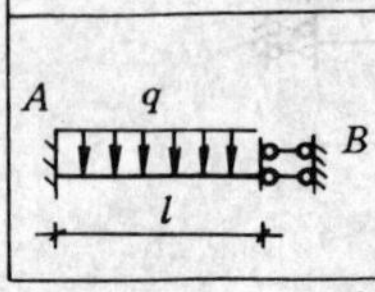 A 固定、B 滑动支座，均布荷载 q，l	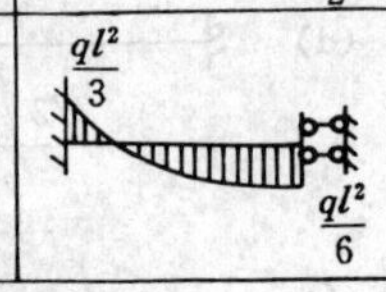 $\frac{ql^2}{3}$，$\frac{ql^2}{6}$	$-\frac{ql^2}{3}$	$-\frac{ql^2}{6}$	ql	0

二、单跨超静梁由杆端位移引起的杆端内力

1. 一端固定，一端铰支梁杆端位移时的杆端内力

(1) 固端产生角位移 θ，如图 9-19 (a) 所示。

基本体系及单位弯矩如图 9-19 (b) 所示，柔度系数为：

$$\delta_{11}=\frac{l}{3EI}$$

$$\frac{l}{3EI}X_1=\theta$$

$$X_1=\frac{3EI\theta}{l}$$

弯矩图如图 9-19（c）所示。各杆端内力分别为：

$$M_{AB}=X_1=\frac{3EI\theta}{l}$$

$$M_{BA}=0$$

$$Q_{AB}=Q_{BA}=-\frac{X_1}{l}=-\frac{3EI}{l^2}\theta$$

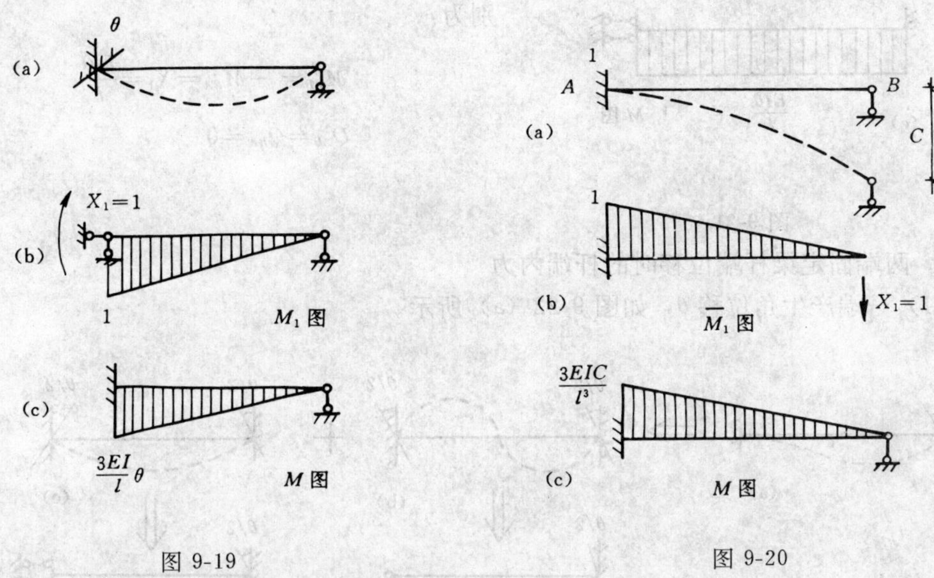

图 9-19　　　　图 9-20

（2）两杆端产生相对线位移 C，如图 9-20（a）所示。

基本体系及单位弯矩图如图 9-20（b）所示。柔度系数为：

$$\delta_{11}=\frac{l^3}{3EI}$$

$$\frac{l^3}{3EI}X_1=C$$

$$X_1=\frac{3EIC}{l^3}$$

弯矩图如 9-20（c）所示，各杆端内力分别为：

$$M_{AB}=-X_1l=-\frac{3EIC}{l^2}$$

$$M_{BA}=0$$

$$Q_{AB}=Q_{BA}=X_1=\frac{3EIC}{l^3}$$

2. 一端固定，一端滑动梁杆端产生角位移 θ 如图 9-21（a）所示的杆端内力。

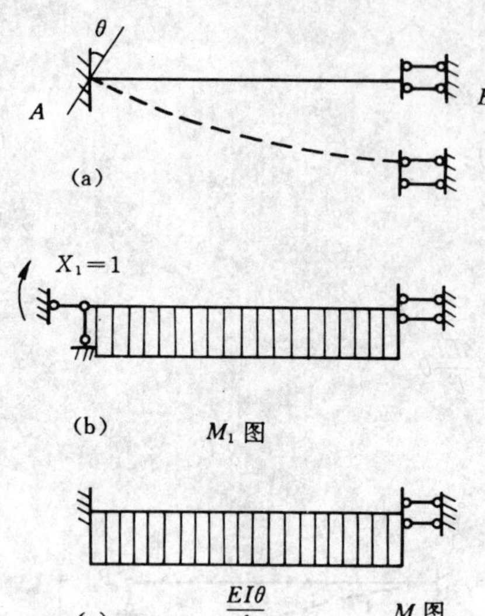

图 9-21

基本体系及单位弯矩图如图 9-21（b）所示。柔度系数为：

$$\delta_{11}=\frac{l}{EI}$$

$$\frac{l}{EI}X_1=\theta$$

$$X_1=\frac{EI\theta}{l}$$

弯矩图如图 9-21（c）所示，各杆端内力分别为：

$$M_{AB}=-M_{BA}=X_1=\frac{EI\theta}{l}$$

$$Q_{AB}=Q_{BA}=0$$

3. 两端固定梁杆端位移时的杆端内力

（1）一端产生角位移 θ，如图 9-22（a）所示。

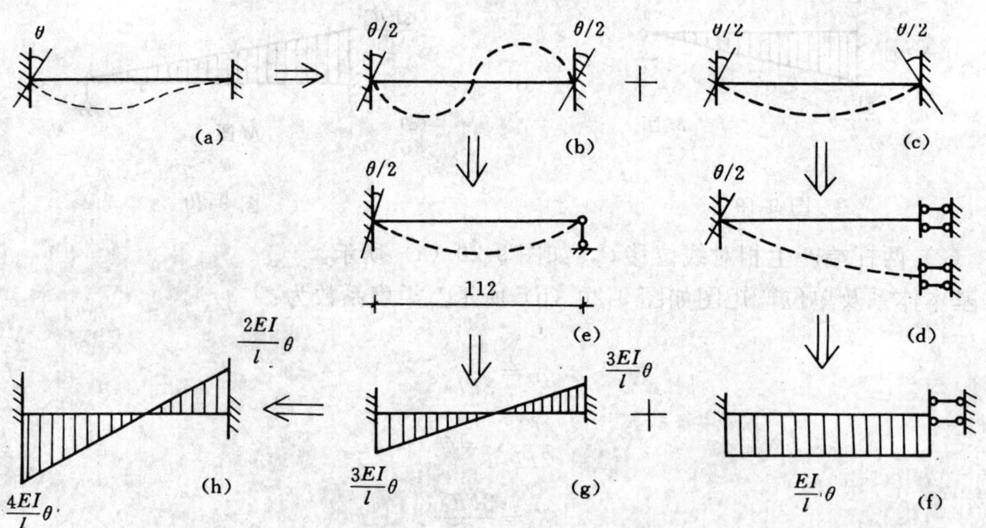

图 9-22

这是一个结构对称，位移不对称的情况，为此，可将位移分解成为对称情况和反对称情况，如图 9-22（b）、（c）所示。然后根据对称性取等代结构。

在位移对称的情况下，取等代结构如图 9-22（d）所示。这刚好相当于一端固定、一端滑动梁的角位移情况，可根据其结果作出弯矩图，如图 9-22（f）所示。

在位移反对称的情况下，取等代结构如图 9-22（e）所示，这刚好相当于一端固定，一端铰支梁固端发生角位移的情况，可根据其结果作出弯矩图，如图 9-22（g）所示。

将两种情况的弯矩图叠加，即得到原结构的弯矩图，如图 9-22（h）所示，其杆端内力分别为：

$$M_{AB}=\frac{EI\dfrac{\theta}{2}}{\dfrac{l}{2}}+\frac{3EI\dfrac{\theta}{2}}{\dfrac{l}{2}}=\frac{4EI\theta}{l}$$

$$M_{BA}=-\frac{EI\dfrac{\theta}{2}}{\dfrac{l}{2}}+\frac{3EI\dfrac{\theta}{2}}{\dfrac{l}{2}}=\frac{2EI\theta}{l}$$

$$Q_{AB}=Q_{BA}=-\frac{6EI\theta}{l^2}$$

（2）两杆端产生相对线位移 C，如图 9-23（a）所示。

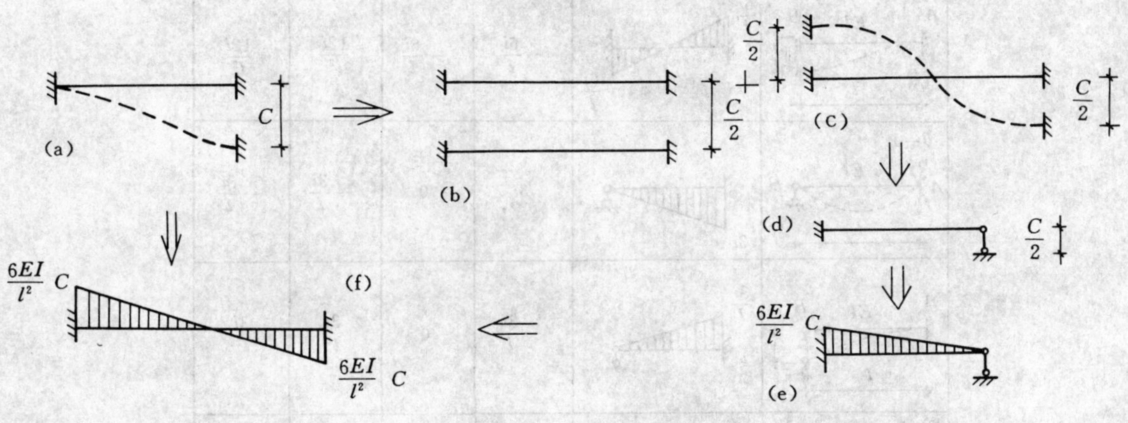

图 9-23

这仍然是一个结构对称，位移不对称的情况，为此可将其分解成为对称情况和反对称情况，如图 9-23（b）、（c）所示。由图 9-23（b）可见，在位移对称的情况下，梁不变形，因此无内力。于是两杆端产生相对线位移的内力就是位移反对称情况下的内力。取等代结构，如图 9-23（d）所示，这刚好相当于一端固定，一端铰支梁两端产生相对线位移的情况，因此，可根据其结果作出弯矩图［图 9-23（e）、（f）］。其杆端内力分别为：

$$M_{AB}=M_{BA}=-\frac{3EI\ \dfrac{C}{2}}{\left(\dfrac{l}{2}\right)^2}=-\frac{6EIC}{l^2}$$

$$Q_{AB}=Q_{BA}=\frac{12EIC}{l^3}$$

下面将单跨超静定梁在杆端产生单位角位移和相对线位移时的杆端内力列于表 9-4，令：

$$i=\frac{EI}{l}$$

i 被称为杆件的线刚度。

表 9-4　等截面单跨超静定梁的杆端内力

变形图	弯矩图	M_{AB}	M_{BA}	Q_{AB}	Q_{BA}
$\theta=1$, EI, A, B, l	2i, 4i	$4i$	$2i$	$-\frac{6i}{l}$	$-\frac{6i}{l}$
A, EI, B, l	$\frac{6i}{l}$, $\frac{6i}{l}$	$-\frac{6i}{l}$	$-\frac{6i}{l}$	$\frac{12i}{l^2}$	$\frac{12i}{l^2}$
$\theta=1$, EI, A, B, l	3i	$3i$	0	$-\frac{3i}{l}$	$-\frac{3i}{l}$
A, EI, B, l	$\frac{3i}{l}$	$-\frac{3i}{l}$	0	$\frac{3i}{l^2}$	$\frac{3i}{l^2}$
$\theta=1$, EI, l	i	i	$-i$	0	0

三、在杆端位移和荷载共同作用下的杆端内力

结构的大部分杆件都可以简化成为在杆端位移和荷载共同作用下的单跨超静定梁，其杆端内力可由表 9-3 和表 9-4 确定，即：

$$
\left\{
\begin{aligned}
M_{AB} &= 4i\theta_A + 2\theta_B - \frac{6i}{l}C + M^g_{AB} \\
M_{BA} &= 2i\theta_A + 4\theta_B - \frac{6i}{l}C + M^g_{BA} \\
Q_{AB} &= -\frac{M_{AB} + M_{BA}}{l} + Q^g_{AB} \\
Q_{BA} &= -\frac{M_{AB} + M_{BA}}{l} + Q^g_{BA}
\end{aligned}
\right.
\tag{9-4}
$$

式中 M^g_{AB}、M^g_{BA}、Q^g_{AB}、Q^g_{BA}为固端弯矩和固端剪力符号（与杆端内力的符号相同）；θ_A、θ_B 为杆端角位移，以顺时针转向为正（与杆端弯矩的符号规定相同）；C 为杆端相对线位移，以相对杆端顺时针转向为正（与杆端剪力的符号规定相同）。

小　结

（一）力法求解超静定结构的基本思路

去掉超静定结构的多余约束。并代以多余未知力，使其变为静定结构，即基本体系，然后，根据基本体系在荷载和多余未知力共同作用下，使多余约束处的位移条件符合原结构在该处的约束条件，建立力法的基本方程，从而解出多余未知力。最后按静定结构的方法作出原结构的内力图。

（二）力法的基本原理

选择多余未知力作为基本未知量，根据所取的基本体系与原结构进行比较，通过位移条件建立力法的基本方程，以求出多余未知力。

应用力法求解超静定结构，必须同时考虑三方面的条件；一是静力平衡条件；二是位移协调条件；三是力与位移关系的物理条件。

思 考 题

1. 静定结构与超静定结构的基本异同点是什么？
2. 力法求解超静定结构的基本思路是什么？
3. 什么是力法的基本体系和基本未知量？基本体系与原结构有何异同？在什么条件下基本体系能与原结构等价？
4. 力法方程的物理意义是什么？柔度系数和荷载自由项的物理意义是什么？
5. 为什么采用不同的基本体系计算时，不影响计算结果？
6. 采用广义未知力计算时，力法方程表示什么变形条件？
7. 没有荷载就没有内力，这个结论在什么情况下适用？在什么情况下不适用？
8. 工程实际中的许多梁两端都是固定铰支座，实际上都是一次超静定梁，为什么在竖向荷载作用下可以按简支梁计算？
9. 总结各种超静定结构的计算方法和解题的基本步骤。

习　题

1. 图 9-24 所示，确定各图结构的超静定次数。

（答：(a) 3 次；(b) 2 次）

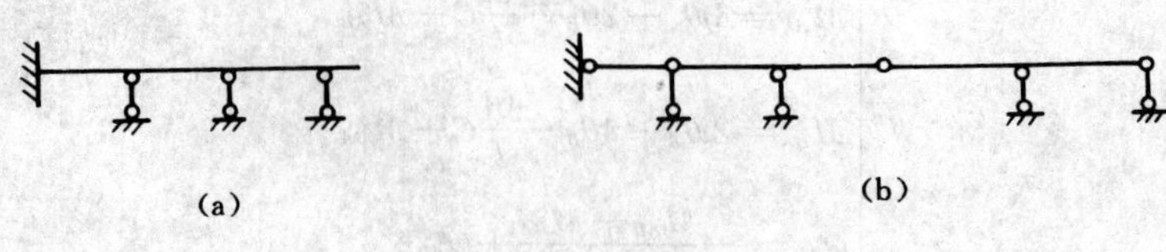

图 9-24

2. 求图 9-25 所示超静定梁的 M、Q 图。

（答：(a) $M_{BA}=\frac{ql^2}{16}$（上侧受拉），$Q_{BC}=\frac{ql}{16}$；(b) $M_{BA}=\frac{ql^2}{16}$（下侧受拉），$Q_{BC}=-\frac{ql}{2}$）

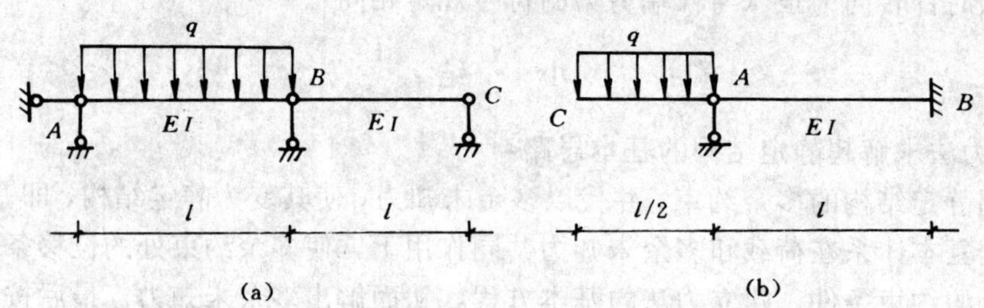

图 9-25

3. 图 9-26 所示支座位移下，作梁的 M 图。

（答：(a) $M_{AB}=\frac{6EI}{l}\theta$（下侧受拉）；(b) $M_{AB}=\frac{2EI}{l}\theta$（下侧受拉））

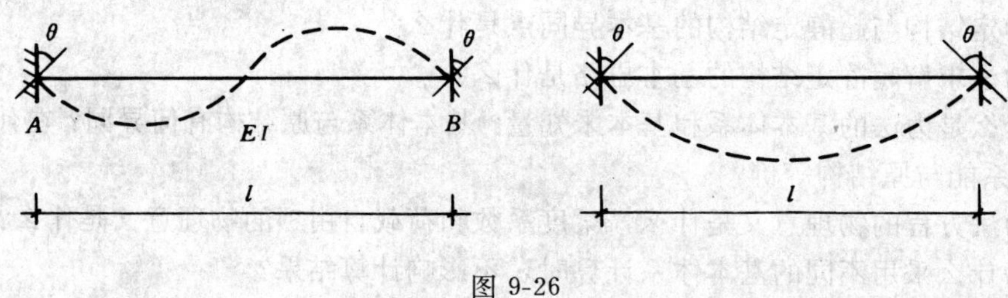

图 9-26

第十章 平面杆系的组成规律

平面杆系也称为平面杆件体系（简称体系）。

结构受到荷载作用后，会因材料受力产生应变，而使结构变形。在一般情况下，结构的这种变形都是很微小的。在不计这种微小变形的条件下，如果一个体系的位置和形状都不会发生改变，则这种体系就称为几何不变体系，简称不变体系，如图 10-1（b）所示。一个不变体系在荷载作用下，立即会受到材料的弹性抵抗，而不能产生刚体位移。反之，在不计材料应变的条件下，如果体系的位置和形状还可以改变时，这样的体系就称为几何可变体系，简称可变体系，如图 10-1（a）所示。可变体系在某些荷载作用下，将会产生刚体位移。因为在这些荷载作用下，体系是不能维持平衡的，如图 10-1（a）所示的可变体系受一水平推动作用后，就会变成图中虚线所示的样子。

显然，几何可变体系是不能用作建筑结构的，建筑结构只能采用几何不变体系。因此，以后也可将几何不变体系称为结构，而将几何可变体系称为机构。具有单自由度的机构经常在机械中得到应用。

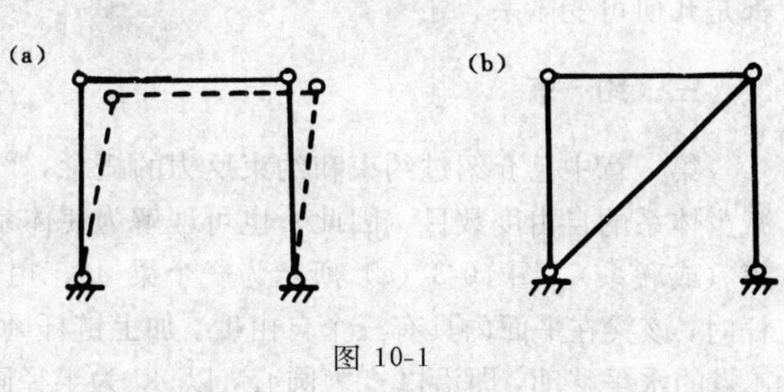

图 10-1

本章研究的目的一是判断一个体系是否可变；二是研究不变体系的组成规律。

第一节 几何组成分析的有关概念

一、刚 片

在几何组成分析中，由于不考虑材料的应变，所以任何杆件都可以看作是不变形的刚体。所以，我们可以把一根链杆、一根梁或体系中已经确定为几何不变的部分都看作是一个平面刚体，这样的平面刚体简称为刚片。地球本身就是几何不变的。因此，可以将地球看成为刚片。

二、自由度

体系的自由度是指体系运动时，可以独立变化的几何参数的个数，也就是确定该体系位置所需的独立坐标的个数。

确定一个点在平面内的位置，需要两个坐标 x 和 y，如图 10-2（a）所示。所以，一个点的自由度数等于 2。

一个刚片在平面内的位置可由其上任一点 A 的坐标 x 和 y，以及通过 A 点的任一条

直线 AB 与 x 轴的倾角 φ 来确定，如图 10-2（b）所示。因此，一个刚片的自由度数等于 3。

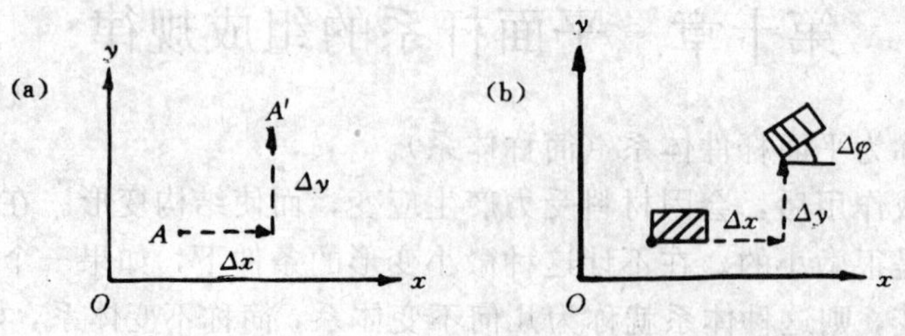

图 10-2

普通机械中使用的机构一般都具有一个自由度，即只有一种运动方式，而一般的工程结构都是几何不变体系。因此，其自由度数为零。显然，凡是自由度数大于零的体系都是几何可变体系。

三、约 束

第一章中已介绍过约束和约束反力的概念，约束也可称为联系。约束的作用是可以减少体系的自由度数目。因此，也可理解为使体系减少一个自由度的装置就称为一个约束（或联系）。图 10-3（a）所示为一个梁 AB，用一根链杆 AC 使其与基础相联。没有链杆时，该梁在平面内具有三个自由度。加上链杆 AC 以后，梁 AB 就只有两种运动方式了，A 点的水平移动，即沿以 C 为圆心，以 AC 为半径画的圆弧沿 A 点的切线方向的移动，以及绕 A 点的转动。由此可见，链杆 AC 使梁 AB 的自由度数由 3 减为 2，即链杆减少了梁的一个自由度。因此，可以说一个链杆相当于一个约束。

图 10-3（b）所示为两段梁 AB 和 BC 用一铰链 B 联接在一起。两段独立的梁在平面内共有六个自由度。用铰链联接后，自由度数便减为 4，因为用三个坐标便可以确定梁 AB 的位置，然后梁 BC 只能绕 B 点转动，只需用一个转角就可以确定梁 BC 的位置。由此可见，一个铰链可以减少两个自由度，所以一个铰链相当于两个约束。

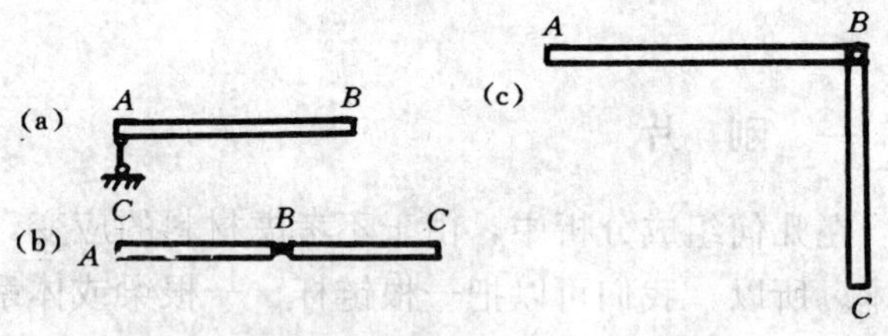

图 10-3

图 10-3（c）所示为两根杆件 AB 和 BC 在 B 点的联接成为一个整体，其中的结点 B 称为刚性结点，简称刚结点。原来的两根杆件 AB 和 BC 在平面内共有六个自由度，将两杆刚性联接成为整体时，就只有三个自由度了，可见一个刚结点可以减少三个自由度，所以一个刚结点相当于三个约束。

不难理解，一个可动铰支座相当于一个约束，可用一根支杆代替，如图 10-4（a）所示；一个固定铰支座相当于两个约束，可用两根支杆代替，如图 10-4（b）所示；一个固定端支座相当于三个约束。

四、多余约束

图 10-4

如果在一个体系中增加一个约束，而体系的自由度并不因此而减少，则此约束就称为多余约束。

例如：平面内的一个自由点 A 原有两个自由度。如果用两根不共线的链杆①和②把 A 点与基础相联，如图 10-5（a）所示，则 A 点即被固定，共减少两个自由度，可见链杆①和②都不是多余约束。

如果用三根不共线的链杆把 A 点与基础相联，如图 10-5（b）所示，实际上仍只减少了两个自由度。可见，这三根链杆中，只有两根不是多余约束，余下的一根是多余约束，可以将三根杆中的任何一根视为多余约束。

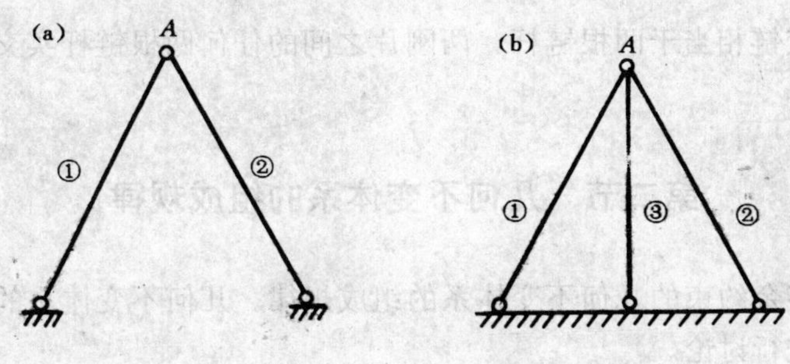

图 10-5

因此，一体系中如果有多余约束存在，首先，应分清哪些约束是多余的，哪些不是多余的。只有非多余约束才对体系的自由度数目产生影响。

五、实铰与虚铰

如图 10-6（a）所示，将刚片Ⅰ和地球用交于 C 的两根链杆 AC 和 BC 相联，这样Ⅰ、Ⅱ两刚片之间就不能再相对移动，刚片Ⅰ只能绕 C 点相对于刚片Ⅱ转动。这是因为两根链杆相当于两个约束，减少了两个自由度，所以，两根链杆的作用相当于一个铰链。现把两链杆的实际交点称为实铰。

对于图 10-6（b）所示的将刚片Ⅰ和地球用两根链杆 AD、BE 相联的情况，因为当刚片Ⅰ运动时，由于链杆的约束作用，其上 D 点的微小位移，应与链杆 AD 垂直，而 E 点的微小位移应于链杆 BE 垂直，以 C 表示两链杆延长线的交点，则刚片Ⅰ可以产生以 C 点为转动中心的微小转动。因此，C 点称为瞬时转动中心，简称瞬心。此时，刚片Ⅰ的瞬时运动情况与刚片Ⅰ在 C 点用铰与地球相联接时的运动情况完全相同。因此，从瞬时微小运动的角度来看，两根链杆的作用，相当于在链杆延长线交点处一个铰所起的约束作用，这个铰称为瞬铰。由于铰链的位置不是两根链杆的实际交点，而是两根链杆延长线的交点，所以也称为虚铰。显然，在体系运动的过程中，与两根链杆相应的虚铰位置也随着改变。图 10-6（c）所示的刚片Ⅰ和地球用两根平行的链杆 *AE* 和 *BD* 相联，其虚铰 *C* 的位置必在平行于 *AE* 或 *BD* 直线上的无穷远处。

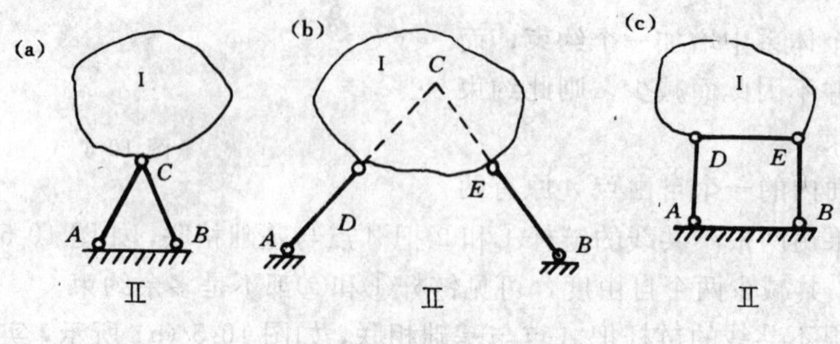

图 10-6

总之，一个铰链相当于两根链杆，两刚片之间的任何两根链杆实交点和虚交点都可看作是一个铰链。

第二节　几何不变体系的组成规律

本节讨论无多余约束的几何不变体系的组成规律。几何不变体系的组成规律可分别从以下三个方面进行讨论。

一、一个点和一个刚片的联接方式

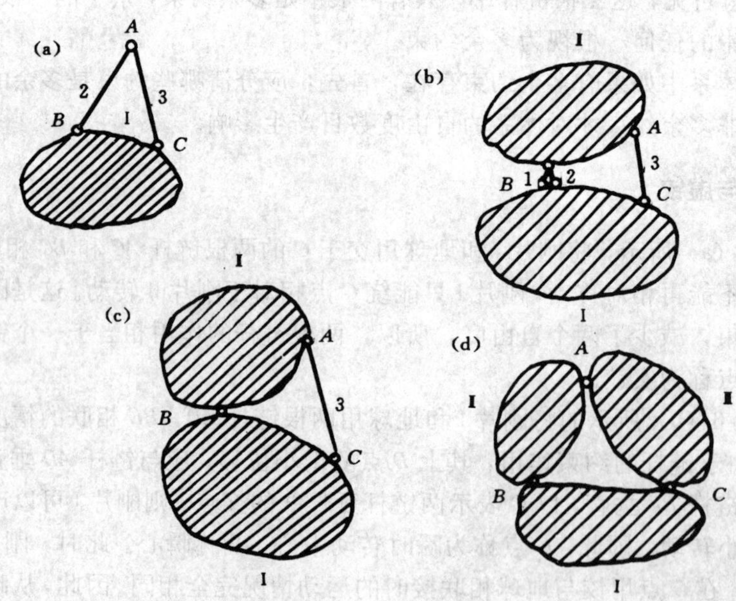

图 10-7

一个点具有两个自由度，要想将一个点固定在一个刚片上，就需要两个约束。因此，可有如下规律。

规律 1 一个刚片和一个点用两根链杆相联，如果三个铰不在一直线上，则它们组成几何不变体系，并且没有多余约束，如图 10-7（a）所示。

〔例 10-1〕 分析图 10-8 所示体系的几何组成。

解：首先将地球视为一个大刚片。在这个刚片上，通过链杆 1 和 2 联接 *A* 点，联接 *A* 点后所形成的三个铰不共线，由上述规律 1 可知，*A* 点被固定在地球上，与地球共同形成一个新的刚片。同样，*B* 点也被固定在地球上，也成为地球这个刚片的一部分。所以 *A*、*B* 两点都是地球上的点，再通过链杆 *AC* 和 *BC*，联接 *C* 点，因铰链 *A*、*B*、*C* 三点不共线，所以 *C* 点也被固定在地球这个刚片。同理，*D* 点和 *E* 点也以同样的方式被固定在地球这个刚片。因此，该体系是几何不变体系，而且没有多余约束。

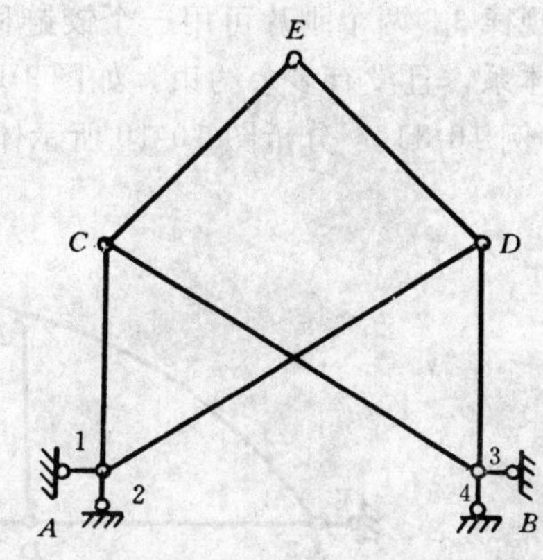

图 10-8

二、两个刚片的联接方式

两个各自独立的刚片共有六个自由度，一旦它们形成一个整体就只有三个自由度了。减少三个自由度就需要三个约束，这三个约束可以是三根链杆，也可以是一个铰链和一根链杆。因此有如下规律。

规律 2 两个刚片用三根链杆相联，如果三根链杆即不汇交于一点，也不互相平行，则它们组成几何不变体系，且没有多余约束，如图 10-7（b）所示。

〔例 10-2〕 分析图 10-9 所示体系的几何组成。

解：首先反复应用规律 1 可以判断出体系 *ABC* 是一个刚片，然后再将地球也视为刚片，这两个刚片之间是由三根链杆 1、2、3 联接起来的，并且这三根链杆即不平行，也不相交于一点，所以，该体系是几何不变体系，也没有多余约束。

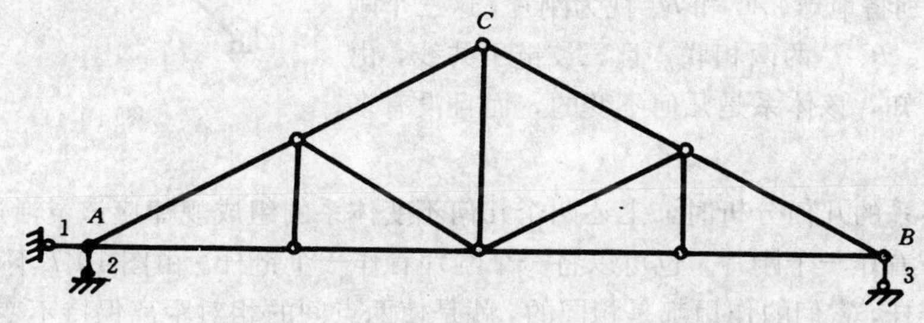

图 10-9

由于两根链杆相当于一个铰链，所以规律 2 也可表示成为如下形式：

规律 3　两个刚片可用一个铰链和一根链杆联接，如果三铰不共线，则它们组成几何不变体系，且没有多余约束，如图 10-7（c）所示。

〔例 10-3〕　分析图 10-10 所示体系的几何组成。

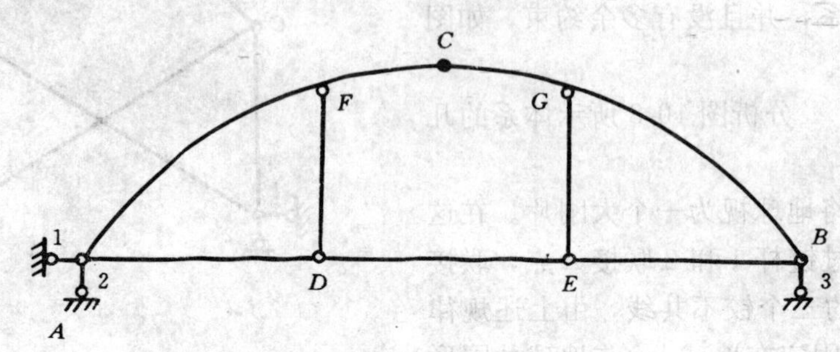

图 10-10

解：首先由规律 1 可知，可以将 *ADFC* 和 *BEGC* 分别视为刚片。这两个刚片是通过一个铰链 *C* 和一个链杆 *DE* 联接起来的，而且三个铰链 *C*、*D*、*E* 不共线，由上述规律 3 可知，体系 *ABC* 是几何不变的。然后再将不变体系 *ABC* 和地球分别视为两个刚片，这两个刚片即可以认为是由三根链杆 1、2、3 联接起来的，也可以认为是由一个铰链 *A* 和一个链杆 3 联接起来的。因此，可用规律 2 也可用规律 3。如果继续应用规律 3，那么三个铰链不共线，因此整个体系是几何不变的。当然，应用规律 2 也会得出相同的结论。

三、三个刚片的联接方式

三个刚片具有九个自由度，要想使三个刚片形成一个整体，其自由度数目就应该由九个减少到三个，即需要减少六个自由度。为此，需要加六个约束，这六个约束可以是三个铰链，或者六根链杆，也可以是两个铰链、两根链杆或一个铰链、四根链杆。因此，有如下规律：

规律 4　三个刚片可用三个铰链两两相联，且三铰不共线，则它们组成几何不变体系，而且没有多余约束，如图 10-7（d）所示。

〔例 10-4〕　分析图 10-11 所示体系的几何组成。

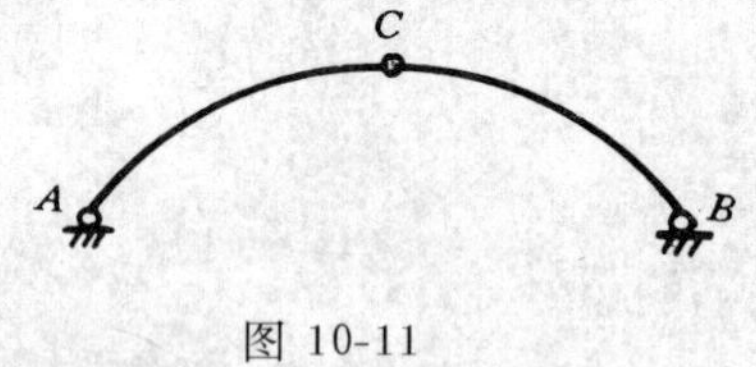

图 10-11

解：可分别将地球、*AC* 和 *BC* 视为刚片，这三个刚片通过铰链 *A*、*B*、*C* 两两相联，且三铰链不共线，由上述规律 4 可知，该体系是几何不变的，而且没有多余约束。

在进行体系的几何分析时，上述四个几何不变体系的组成规律应该灵活运用，既可以将一个链杆看作一个刚片，也可以将一个刚片看作一个链杆。由图 10-7 不难看出，无论刚片还是链杆，它们的作用都是相同的，就是使两点间的相对距离保持不变，所以，只要它们构成的体系能够形成三角形稳定结构，那就一定是几何不变体系。

〔例 10-5〕　分析图 10-12 所示体系的几何组成。

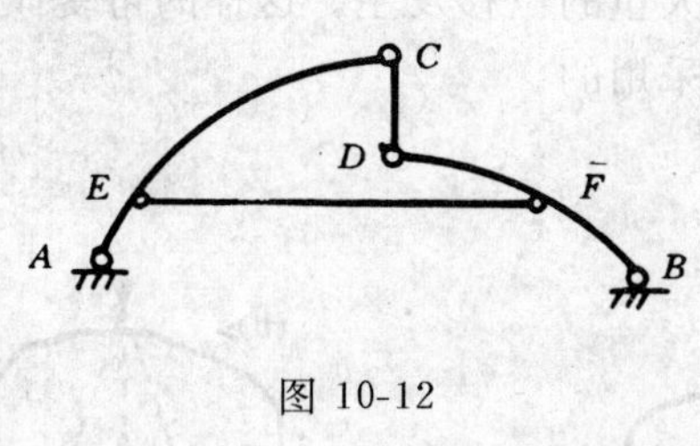

图 10-12

解：可以将 AC 和 BD 分别视为刚片。将地球视为一链杆。于是，两个刚片 AC 和 BD 由三根链杆 CD、EF 和地球联接，这三根链杆不汇交于一点。因此，由规律 2 可知，该体系是几何不变的，而且没有多余约束。

在具体分析过程中，经常需要将两根链杆视为一个铰链，但并不是任何两根链杆都可以视为铰链的，显然，能够被视为铰链的两根链杆必须是联接两个刚片之间的链杆。当然也可以将一个铰链视为两根链杆。

〔例 10-6〕　分析图 10-13 所示体系的几何组成。

解：分别将 ADC 和 BEC 以及地球视为刚片。在三个刚片之间有一个铰链 C 和四根链杆 1、2、3、4，约束共有六个。如果能够将四根链杆看作两个铰链，那么就可以应用规律 4 进行分析。不难看出，链杆 1 和 2 是用来联接刚片 ADC 和地球的，因此可以将它们视为一个瞬铰，其位置在链杆 1 和 2 延长线的交点 O_1；同理，链杆 3 和 4 是联接刚片 BEC 和地球的，其瞬铰的位置在链杆 3 和 4 延长的交点 O_2。而刚片 ADC 和 BEC 是由铰链 C 联接的，这样就形成了三个铰链 O_1、O_2 和 C，且两两相联，这三铰不共线，由规律 4 可知，该体系是几何不变的。

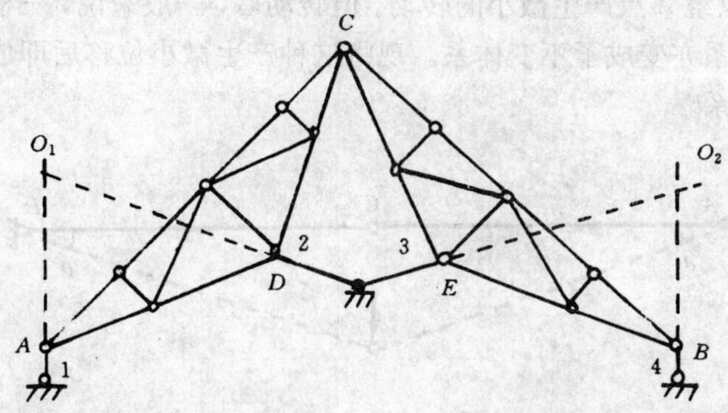

图 10-13

请注意：在分析该体系时，切不可将链杆 1 和 4 视为一个瞬铰或将链杆 2 和 3 视为一个瞬铰。请思考这到底是为什么？

第三节　常变体系和瞬变体系

当体系的几何组成不满足上节的组成规律时，就成为几何可变体系。

如图 10-14（a）所示的刚片，用两根链杆与地球相联，显然，刚片和地球之间的联接不满足几何组成规律 2。因此，体系是可变的，不难看出刚片是可以绕 A 点任意转动的。图 10-14（b）所示的刚片用三根互相平行而且等长的链杆与地球联接。当刚片有微小的水平位移后，三根链杆继续保持平行，显然，刚片的位移可以继续发生。在这两个例子中，体系的形状和位置可以大量改变，体系也可以有大量的位移发生。这样的可变体系称为常变体系。显然，常变体系在建筑结构中是不能采用的。

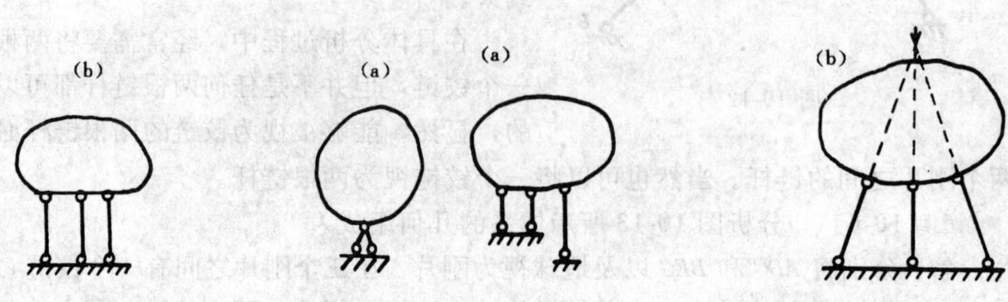

图 10-14　　图 10-15

图 10-15（a）所示的刚片，用三个互相平行但不等长的三根链杆与地球联接。当刚片产生微小位移后，三根链杆将不再保持平行，也不汇交于一点，则体系变成了不变体系。又如图 10-15（b）所示的刚片，用三根链杆与地球联接。这三根链杆的延长线交于一点 A，则刚片可以绕 A 点产生微小的转动。但转动后，一般来说，三根链杆将不再汇交于一点，因此，体系亦变成了不变体系。现将这种产生微小位移后即成为不变本体系的可变体系为瞬变体系。

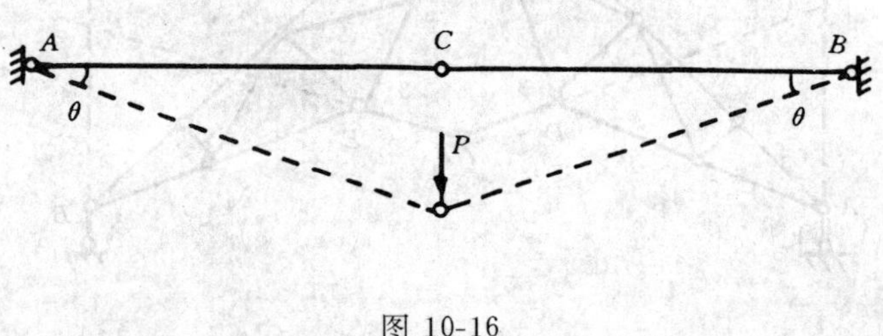

图 10-16

以图 10-16 所示的瞬变体系为例，当铰链 C 受到集中力 P 的作用后，杆 AC 和 BC 所受的内力可由平衡方程求出，即：

$$N=\frac{P}{2\sin\theta}$$

由于结点 C 的铅垂位移极微小，所以转角 θ 微小，$\sin\theta$ 值也很微小，则内力 N 的数值就变得极大，正因如此，瞬变体系在建筑结构中也不能采用。

小　结

（一）平面杆系的分类及其力学特征

平面杆系
- 不变体系(结构)
  - 无多余约束——静定结构:内力可用静力平衡方程求解。
  - 有多余约束——超静定结构:内力必须用静力平衡方程和考虑变形协调条件的补充方程联立求解。
- 可变体系
  - 常变体系——体系不能维持原来的形状和位置。
  - 瞬变体系——某一瞬时会产生微小运动的体系,作为结构使用,会产生无穷大的内力。

(二)几何不变体系的组成规律

基本原理:平面杆系中的铰接三角形为几何不变体系。

组成规律:

(1)用不共线的两根链杆联接一个点和一个刚片。

(2)用三根既不汇交于一点,又不平行的链杆联接两个刚片。

(3)用一个铰和一个不通过此铰的链杆联接两个刚片。

(4)用不共线的三个铰链联接三个刚片。

凡符合以上规律所组成的体系,均为几何不变体系。

(三)分析平面杆系几何组成的目的

(1)确定体系是否超静定,从而选择相应的计算方法。

(2)由其组成规律可以确定相应的内力分析途径。

(3)探讨结构的合理形式。

思考题

1. 什么是刚片?它与刚体有何异同?
2. 什么是体系的自由度?什么是约束?两者有何关系?何谓多余约束?
3. 何谓常变体系和瞬变体系?瞬变体系为何不能用于工程结构?
4. 何谓瞬铰?任何两根链杆都可以视为瞬铰吗?为什么?

习题

试对图 10-17 所示的各图的平面体系,作几何组成分析。

(答:(a)几何不变;(b)几何不变,有多余约束;(c)瞬变;(d)几何不变;(e)常变;(f)常变;(g)几何不变;(h)几何不变,有多余约束;(i)几何不变,有多余约束;(j)几何不变;(k)瞬变)

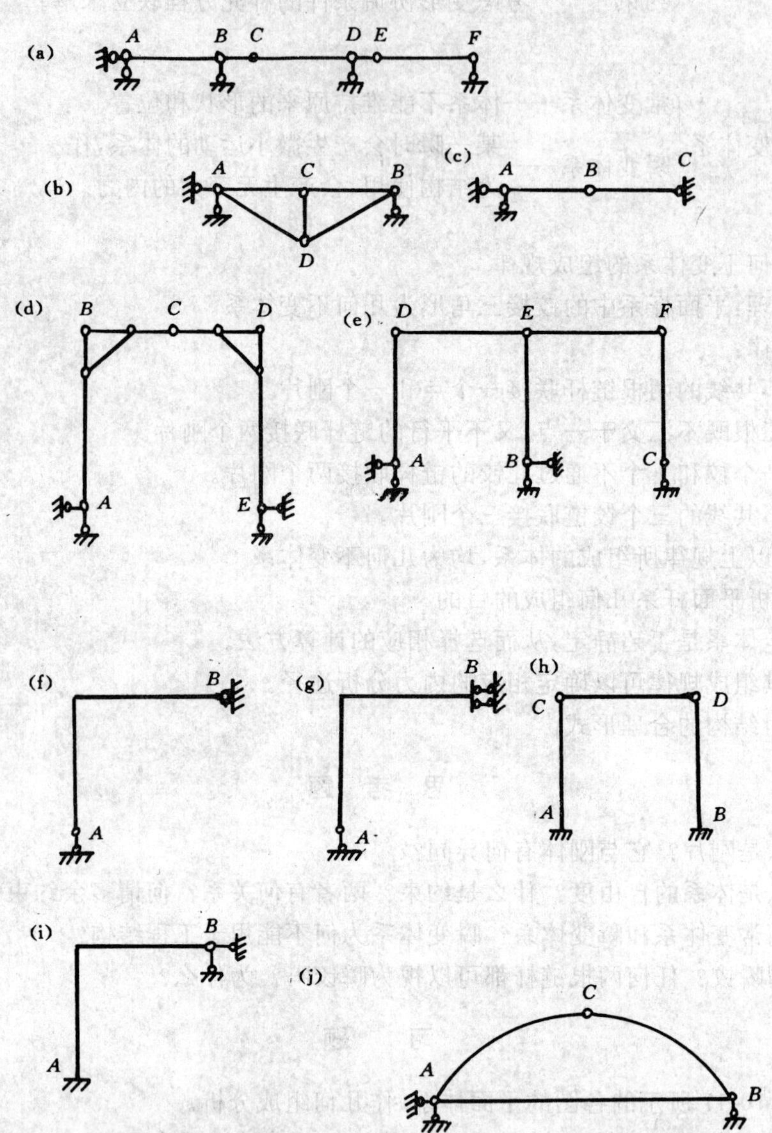

图 10-17

附录Ⅰ 一些常用几何量和物理量的单位换算表

量 \ 单位	国际单位		常用工程单位		备注
长度	米(m)	毫米(mm)	米(m)	厘米(cm)	
	1	10^{3}	1	10^{2}	
	10^{-3}	1	10^{-3}	10^{-1}	
	10^{-2}	10	10^{-2}	1	
面积	平方米(m^2)	平方毫米(mm^2)	平方米(m^2)	平方厘米(cm^2)	
	1	10^{6}	1	10^{-4}	
	10^{-6}	1	10^{-6}	10^{-2}	
	10^{-4}	10^{2}	10^{-4}	1	
体积 面积矩 抗弯(扭)截面模量	立方米(m^3)	立方毫米(mm^3)	立方米(m^3)	立方厘米(cm^3)	
	1	10^{9}	1	10^{6}	
	10^{-9}	1	10^{-9}	10^{-3}	
	10^{-6}	10^{3}	10^{-6}	1	
惯性矩 极惯性矩 惯性积	米^4(m^4)	毫米^4(mm^4)	米^4(m^4)	厘米^4(cm^4)	
	1	10^{12}	1	10^{8}	
	10^{-12}	1	10^{-12}	10^{-4}	
	10^{-3}	10^{4}	10^{-8}	1	
力	牛顿(N)	千牛顿(kN)	公斤(kg)	吨(t)	1kN=10^{3}N
	1	10^{-3}	1.02×10^{-1}	1.02×10^{-4}	
	10^{3}	1	1.02×10^{2}	1.02×10^{-1}	
	9.8	9.8×10^{-3}	1	10^{-3}	
	9.8×10^{3}	9.8	10^{3}	1	
线荷载集度	牛顿每米(N/m)	千牛顿每米(kN/m)	公斤每厘米(kg/cm)	吨每米(t/m)	
	1	10^{-3}	1.02×10^{-3}	1.02×10^{-4}	
	10^{3}	1	1.02	1.02×10^{-1}	
	9.8×10^{2}	9.8×10^{-1}	1	10^{-1}	
	9.8×10	9.8×10^{-2}	10	1	

续表

量＼单位	国际单位		常用工程单位		备注
应力 压强	帕斯卡 (Pa)	兆帕斯卡 (MPa)	公斤每平方厘米 (kg/cm^2)	吨每平方米 (t/m^2)	$1Pa=1N/m^2$ $1MPa=10^6Pa$
	1 10^6 9.8×10^4 9.8×10^3	10^{-6} 1 9.8×10^{-2} 9.8×10^{-3}	1.02×10^{-5} 1.02×10 1 10^{-1}	1.02×10^{-4} 1.02×10^2 10 1	
弹性模量	吉帕斯卡 (GPa)		兆公斤每平方厘米 ($10^6kg/cm^2$)		$1GPa=10^9Pa$
	1 9.8×10		1.02×10^{-2} 1		
容重	牛顿每立方米 (N/m^3)	千牛顿每立方米 (kN/m^3)	公斤每立方米 (kg/m^3)	吨每立方米 (t/m^3)	
	1 10^3 9.8 9.8×10^3	10^{-3} 1 9.8×10^{-3} 9.8	1.02×10^{-1} 1.02×10^2 1 10^3	1.02×10^{-4} 1.02×10^{-1} 10^{-3} 1	
力矩	牛顿·米 (N·m)	千牛顿·米 (kN·m)	公斤·米 (kg·m)	吨·米 (t·m)	
	1 10^3 9.8 9.8×10^3	10^{-3} 1 9.8×10^{-3} 9.8	1.02×10^{-1} 1.02×10^2 1 10^3	1.02×10^{-4} 1.02×10^{-1} 10^{-3} 1	
功能	焦耳 (J)	牛顿·米 (N·m)	公斤·厘米 (kg·cm)	吨·米 (t·m)	1J=1N·m
	1 9.8×10^{-2} 9.8×10^3	1 9.8×10^{-2} 9.8×10^3	1.02×10 1 10^5	1.02×10^{-4} 10^{-5} 1	

附录Ⅱ 常用截面的几何性质

表中符号代表的意义如下：

A——截面图形的面积；

C——截面图形的形心；

y_1、y_2、z_1——截面图形形心相对于图形边缘的位置；

I_{y_0}、I_{z_0}——截面图形分别对形心轴 y_0 轴、z_0 轴的惯性矩；

W_{y_0}、W_{z_0}——截面图形分别对 y_0 轴、z_0 轴的抗弯截面模量。

编 号	截 面 图 形	截 面 几 何 性 质
1		$A=bh$ $y_1=\frac{h}{2}$ $z_1=\frac{b}{2}$ $I_{y_0}=\frac{hb^3}{12}$ $I_{z_0}=\frac{bh^3}{12}$ $I_z=\frac{bh^3}{3}$ $W_{y_0}=\frac{hb^2}{6}$ $W_{z_0}=\frac{bh^2}{6}$
2		$A=bh-b_1h_1$ $y_1=\frac{h}{2}$ $z_1=\frac{b}{2}$ $I_{y_0}=\frac{hb^3-h_1b_1^3}{12}$ $I_{z_0}=\frac{bh^3-b_1h_1^3}{12}$ $W_{y_0}=\frac{hb^3-h_1b_1^3}{6b}$ $W_{z_0}=\frac{bh^3-b_1h_1^3}{6h}$
3		$A=\frac{\pi D^2}{2}=0.785D^2$ 或 $A=\pi r^2=3.142r^2$ $y_1=\frac{D}{2}=r$ $z_1=\frac{D}{2}=r$ $I_{y_0}=I_{z_0}=\frac{\pi D^4}{64}$ $W_{y_0}=W_{z_0}=\frac{\pi D^3}{32}$

续表

编号	截面图形	截面几何性质
4		$A=\frac{\pi(D^2-D_1^2)}{4}$ $y_1=\frac{D}{2}\quad z_1=\frac{D}{2}$ $I_{y_0}=I_{z_0}=\frac{\pi(D^4-D_1^4)}{64}$ $W_{y_0}=W_{z_0}=\frac{\pi(D^4-D_1^4)}{32D}$
5		$A=Bd+ht$ $y_1=\frac{1}{2}\frac{tH^2+d^2(B-t)}{Bd+ht}\quad y_2=H-y_1$ $z_1=\frac{B}{2}$ $I_{z_0}=\frac{1}{3}[ty_2^3+By_1^3-(B-t)(y_1-d)^3]$ $W_{z_0\max}=\frac{I_{z_0}}{y_1}\quad W_{z_0\min}=\frac{I_{z_0}}{y_2}$
6		$A=ht+2Bd$ $y_1=\frac{H}{2}\quad z_1=\frac{B}{2}$ $I_{z_0}=\frac{1}{12}[BH^3-(B-t)h^3]$ $W_{z_0}=\frac{BH^3-(B-t)h^3}{6H}$
7		$A=\frac{bh}{2}$ $y_1=\frac{h}{3}\quad z_1=\frac{2b}{3}$ $I_{y_0}=\frac{hb^3}{36}\quad I_{z_0}=\frac{bh^3}{36}$

续表

编号	截面图形	截面几何性质
8	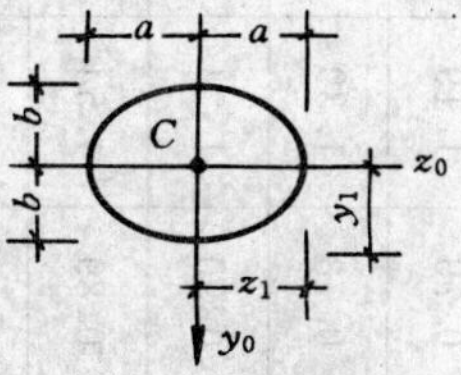	$A=\pi ab$ $y_1=b$　　$z_1=a$ $I_{y_0}=\frac{\pi ba^3}{4}$　　$I_{z_0}=\frac{\pi ab^3}{4}$
9	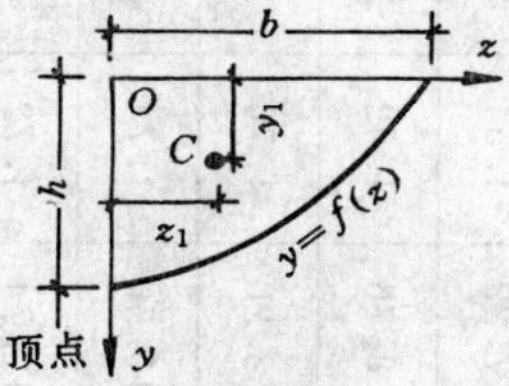	抛物线方程:$y=f(z)=h\left(1-\frac{z^2}{b^2}\right)$ $A=\frac{2bh}{3}$ $y_1=\frac{2h}{5}$　　$z_1=\frac{3b}{8}$
10	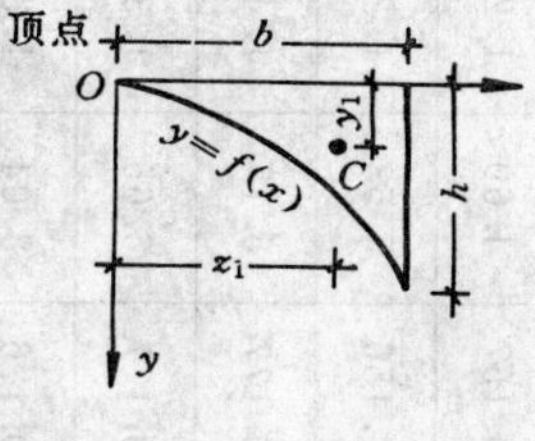	抛物线方程:$y=f(z)=\frac{hz^2}{b^2}$ $A=\frac{bh}{3}$ $y_1=\frac{3h}{10}$　　$z_1=\frac{3b}{4}$

附录Ⅲ 型 钢 表

表Ⅲ-1 等边角钢(GB700-79)

符号意义：

b——边宽； d——边厚；

r——内圆弧半径； r_1——边端内弧半径，$r_1=\frac{d}{2}$；

I——惯性矩； r_x、r_{x0}、r_{y0}——惯性半径；

W——截面系数； z_0——重心距离。

角钢号数	尺寸(mm)			截面面积	理论重量	外表面积	参考数值										z_0
							x-x			x_0-x_0			y_0-y_0			x_1-x_1	
	b	d	r	(cm²)	(kgf/m / N/m)	(m²/m)	I_x (cm⁴)	r_x (cm)	W_x (cm³)	I_{x_0} (cm⁴)	r_{x_0} (cm)	W_{x_0} (cm³)	I_{y_0} (cm⁴)	r_{y_0} (cm)	W_{y_0} (cm³)	I_{x_1} (cm⁴)	(cm)
4	40	3	5	2.359	1.852 / 18.15	0.157	3.59	1.23	1.23	5.69	1.55	2.01	1.49	0.79	0.96	6.41	1.09
		4		3.086	2.422 / 23.72	0.157	4.60	1.22	1.60	7.29	1.54	2.58	1.91	0.79	1.19	8.56	1.13
		5		3.791	2.976 / 29.16	0.156	5.53	1.21	1.96	8.76	1.52	3.10	2.30	0.78	1.39	10.74	1.17
4.5	45	3	5	2.659	2.088 / 20.46	0.177	5.17	1.40	1.58	8.20	1.76	2.58	2.14	0.90	1.24	9.12	1.22
		4		3.486	2.736 / 26.81	0.177	6.65	1.38	2.05	10.56	1.74	3.32	2.75	0.89	1.54	12.18	1.26
		5		4.292	3.369 / 33.02	0.176	8.04	1.37	2.51	12.74	1.72	4.00	3.33	0.88	1.81	15.25	1.30
		6		5.076	3.985 / 39.05	0.176	9.33	1.36	2.95	14.76	1.70	4.64	3.89	0.88	2.06	18.36	1.33

续表

角钢号数	尺寸(mm)			截面面积 (cm²)	理论重量 (kgf/m / N/m)	外表面积 (m²/m)	参考数值										z_0
							x-x			x_0-x_0			y_0-y_0			x_1-x_1	
	b	d	r				I_x (cm⁴)	r_x (cm)	W_x (cm³)	I_{x_0} (cm⁴)	r_{x_0} (cm)	W_{x_0} (cm³)	I_{y_0} (cm⁴)	r_{y_0} (cm)	W_{y_0} (cm³)	I_{x_1} (cm⁴)	(cm)
5	50	3	5.5	2.971	2.332 / 22.85	0.197	7.18	1.55	1.96	11.37	1.96	3.22	2.98	1.00	1.57	12.50	1.34
		4		3.897	3.059 / 29.98	0.197	9.26	1.54	2.56	14.70	1.94	4.16	3.82	0.99	1.96	16.69	1.38
		5		4.803	3.770 / 36.95	0.196	11.21	1.53	3.13	17.79	1.92	5.03	4.64	0.98	2.31	20.9	1.42
		6		5.688	4.465 / 43.76	0.196	13.05	1.52	3.68	20.68	1.91	5.85	5.42	0.98	2.63	25.14	1.46
5.6	56	3	6	3.343	2.624 / 25.72	0.221	10.19	1.75	2.48	16.14	2.20	4.08	4.24	1.13	2.02	17.56	1.48
		4		4.390	3.446 / 33.77	0.220	13.18	1.73	3.24	20.92	2.18	5.28	5.46	1.11	2.52	23.43	1.53
		5		5.415	4.251 / 41.66	0.220	16.02	1.72	3.97	25.42	2.17	6.42	6.61	1.10	2.98	29.33	1.57
		6		8.367	6.568 / 64.37	0.219	23.63	1.68	6.03	37.37	2.11	9.44	9.89	1.09	4.16	47.24	1.68
6.3	63	4	7	4.978	3.907 / 38.29	0.248	19.03	1.96	4.13	30.17	2.46	6.78	7.89	1.26	3.29	33.35	1.70
		5		6.143	4.822 / 47.26	0.248	23.17	1.94	5.08	36.77	2.45	8.25	9.57	1.25	3.90	41.73	1.74
		6		7.288	5.721 / 56.07	0.247	27.12	1.93	6.00	43.03	2.43	9.66	11.20	1.24	4.46	50.14	1.78

续表

角钢号数	尺寸(mm)			截面面积	理论重量	外表面积	参考数值										z_0
							x-x			x_0-x_0			y_0-y_0			x_1-x_1	
	b	d	r	(cm^2)	(kgf/m / N/m)	(m^2/m)	I_x (cm^4)	r_x (cm)	W_x (cm^3)	I_{x_0} (cm^4)	r_{x_0} (cm)	W_{x_0} (cm^3)	I_{y_0} (cm^4)	r_{y_0} (cm)	W_{y_0} (cm^3)	I_{x_1} (cm^4)	(cm)
6.3	63	8	7	9.515	7.469 / 73.20	0.247	34.46	1.90	7.75	54.56	2.40	12.25	14.33	1.23	5.47	67.11	1.85
		10		11.657	9.151 / 89.68	0.246	41.09	1.88	9.39	64.85	2.36	14.56	17.33	1.22	6.36	84.31	1.93
7	70	4	8	5.570	4.372 / 42.85	0.275	26.39	2.18	5.14	41.80	2.74	8.44	10.99	1.40	4.17	45.74	1.86
		5		6.875	5.397 / 52.89	0.275	32.21	2.16	6.32	51.08	2.73	10.32	13.34	1.39	4.95	57.21	1.91
		6		8.160	6.406 / 62.78	0.275	37.77	2.15	7.48	59.93	2.71	12.11	15.61	1.38	5.67	68.73	1.95
		7		9.424	7.398 / 72.50	0.275	48.09	2.14	8.59	68.35	2.69	13.81	17.82	1.38	6.34	80.29	1.99
		8		10.667	8.373 / 82.06	0.274	48.17	2.12	9.68	76.37	2.68	15.43	19.98	1.37	6.98	91.92	2.03
7.5	75	5	9	7.367	5.818 / 57.02	0.295	37.97	2.33	7.32	63.30	2.92	11.94	16.63	1.50	5.77	70.56	2.04
		6		8.797	6.905 / 67.67	0.294	46.95	2.31	8.64	74.38	2.90	14.02	19.51	1.49	6.67	84.55	2.07
		7		10.160	7.976 / 78.16	0.294	53.57	2.30	9.93	84.96	2.89	16.02	22.18	1.48	7.44	98.71	2.11
		8		11.503	9.030 / 88.49	0.294	59.96	2.28	11.20	95.07	2.88	17.93	24.86	1.47	8.19	112.97	2.15

续表

角钢号数	尺寸(mm)			截面面积 (cm^2)	理论重量 (kgf/m / N/m)	外表面积 (m^2/m)	参考数值										z_0
							x-x			x_0-x_0			y_0-y_0			x_1-x_1	
	b	d	r				I_x (cm^4)	r_x (cm)	W_x (cm^3)	I_{x_0} (cm^4)	r_{x_0} (cm)	W_{x_0} (cm^3)	I_{y_0} (cm^4)	r_{y_0} (cm)	W_{y_0} (cm^3)	I_{x_1} (cm^4)	(cm)
7.5	75	10	9	14.126	11.089 / 108.67	0.293	71.98	2.26	13.64	113.92	2.84	21.48	30.05	1.46	9.56	141.71	2.22
8	80	5	9	7.912	6.211 / 60.87	0.315	48.79	2.48	8.34	77.33	3.13	13.67	20.25	1.60	6.66	85.36	2.15
		6		9.397	7.376 / 72.28	0.314	57.35	2.47	9.87	90.98	3.11	16.08	23.72	1.59	7.65	102.50	2.19
		7		10.860	8.525 / 83.55	0.314	65.58	2.46	11.37	104.07	3.10	18.40	27.09	1.58	8.58	119.70	2.23
		8		12.303	9.658 / 94.65	0.314	73.49	2.44	12.83	116.60	3.08	20.61	30.39	1.57	9.46	136.97	2.27
		10		15.126	11.874 / 116.37	0.313	88.43	2.42	15.64	140.09	3.04	24.76	36.77	1.56	11.08	171.74	2.35
9	90	6	10	10.637	8.350 / 81.83	0.354	82.77	2.79	12.61	131.26	3.51	20.63	34.28	1.80	9.95	145.87	2.44
		7		12.301	9.656 / 94.63	0.354	94.83	2.78	14.54	150.47	3.50	23.64	39.18	1.78	11.19	170.30	2.48
		8		13.944	10.946 / 107.27	0.353	106.47	2.76	16.42	168.97	3.48	26.55	43.97	1.78	12.35	194.80	2.52
		10		17.167	13.476 / 132.06	0.353	128.58	2.74	20.07	203.90	3.45	32.04	53.26	1.76	14.52	244.07	2.59
		12		20.306	15.940 / 156.21	0.352	149.22	2.71	23.57	236.21	3.41	37.12	62.22	1.75	16.49	293.76	2.67

续表

角钢号数	尺寸(mm)			截面面积 (cm^2)	理论重量 (kgf/m / N/m)	外表面积 (m^2/m)	参考数值										z_0
							x-x			x_0-x_0			y_0-y_0			x_1-x_1	
	b	d	r				I_x (cm^4)	r_x (cm)	W_x (cm^3)	I_{x_0} (cm^4)	r_{x_0} (cm)	W_{x_0} (cm^3)	I_{y_0} (cm^4)	r_{y_0} (cm)	W_{y_0} (cm^3)	I_{x_1} (cm^4)	(cm)
10	100	6	12	11.932	9.366 / 91.79	0.393	114.95	3.10	15.68	181.98	3.90	25.74	47.92	2.00	12.69	200.07	2.67
		7		13.796	10.830 / 106.13	0.393	131.86	3.09	18.10	208.97	3.89	29.55	54.74	1.99	14.26	233.54	2.71
		8		15.638	12.276 / 120.30	0.393	148.24	3.08	20.47	235.07	3.88	33.24	61.41	1.98	15.75	267.09	2.76
		10		19.261	15.120 / 148.18	0.392	179.51	3.05	25.06	284.68	3.84	40.26	74.35	1.96	18.54	334.48	2.84
		12		22.800	17.898 / 175.40	0.391	208.90	3.03	29.48	330.95	3.81	46.80	86.84	1.95	21.08	402.34	2.91
		14		26.256	20.611 / 201.99	0.391	236.53	3.00	33.73	374.06	3.77	52.90	99.00	1.94	23.44	470.75	2.99
		16		29.627	23.257 / 227.92	0.390	262.53	2.98	37.82	414.16	3.74	58.57	110.89	1.94	25.63	539.80	3.06
11	110	7	12	15.196	11.928 / 116.89	0.433	177.16	3.41	22.05	280.94	4.30	36.12	73.38	2.20	17.51	310.64	2.96
		8		17.238	13.532 / 132.61	0.433	199.46	3.40	24.95	316.49	4.28	40.69	82.42	2.19	19.39	355.20	3.01
		10		21.261	16.690 / 163.56	0.432	242.19	3.38	30.60	384.39	4.25	49.42	99.98	2.17	22.91	444.65	3.09
		12		25.200	19.782 / 193.86	0.431	282.55	3.35	36.05	448.17	4.22	57.62	116.93	2.15	26.15	534.60	3.16

续表

角钢号数	尺寸(mm)			截面面积	理论重量	外表面积	参考数值										z_0
							x-x			x_0-x_0			y_0-y_0			x_1-x_1	
	b	d	r	(cm²)	(kgf/m / N/m)	(m²/m)	I_x (cm⁴)	r_x (cm)	W_x (cm³)	I_{x_0} (cm⁴)	r_{x_0} (cm)	W_{x_0} (cm³)	I_{y_0} (cm⁴)	r_{y_0} (cm)	W_{y_0} (cm³)	I_{x_1} (cm⁴)	(cm)
11	100	14	12	29. 056	22. 809 / 223. 53	0. 431	320. 71	3. 32	41. 31	508. 01	4. 18	65. 31	133. 40	2. 14	29. 14	625. 16	3. 24
12. 5	125	8	14	19. 750	15. 504 / 151. 94	0. 492	297. 03	3. 88	32. 52	470. 89	4. 88	53. 28	123. 16	2. 50	25. 86	521. 01	3. 37
		10		24. 373	19. 133 / 187. 50	0. 491	361. 67	3. 85	39. 97	573. 89	4. 85	64. 93	149. 46	2. 48	30. 62	651. 93	3. 45
		12		28. 912	22. 696 / 222. 42	0. 491	423. 16	3. 83	41. 17	671. 44	4. 82	75. 96	174. 88	2. 46	35. 03	783. 42	3. 53
		14		33. 367	26. 193 / 256. 69	0. 490	481. 65	3. 80	54. 16	763. 73	4. 78	86. 41	199. 57	2. 45	39. 13	915. 61	3. 61
14	140	10	14	27. 373	21. 488 / 210. 58	0. 551	514. 65	4. 34	50. 58	817. 27	5. 46	82. 56	212. 04	2. 78	39. 20	915. 11	3. 82
		12		32. 512	25. 522 / 250. 11	0. 551	603. 68	4. 31	59. 80	958. 79	5. 43	96. 85	248. 57	2. 76	45. 02	1099. 28	3. 90
		14		37. 567	29. 490 / 289. 00	0. 550	688. 81	4. 28	68. 75	1093. 56	5. 40	110. 47	284. 06	2. 75	50. 45	1284. 22	3. 98
		16		42. 539	33. 393 / 327. 25	0. 549	770. 24	4. 26	77. 46	1221. 81	5. 36	123. 42	318. 67	2. 74	55. 55	1470. 07	4. 06
16	160	10	16	31. 502	24. 729 / 242. 34	0. 630	779. 53	4. 98	66. 70	1237. 30	6. 27	109. 36	321. 76	3. 20	52. 76	1365. 33	4. 31
		12		37. 441	29. 391 / 288. 03	0. 630	916. 58	4. 95	78. 98	1455. 68	6. 24	128. 67	377. 49	3. 18	60. 74	1639. 57	4. 39

续表

角钢号数	尺寸(mm)			截面面积 (cm²)	理论重量 (kgf/m / N/m)	外表面积 (m²/m)	参考数值										z_0
							x-x			x_0-x_0			y_0-y_0			x_1-x_1	
	b	d	r				I_x (cm⁴)	r_x (cm)	W_x (cm³)	I_{x_0} (cm⁴)	r_{x_0} (cm)	W_{x_0} (cm³)	I_{y_0} (cm⁴)	r_{y_0} (cm)	W_{y_0} (cm³)	I_{x_1} (cm⁴)	(cm)
16	160	14	16	43.296	33.987 / 333.07	0.629	1048.36	4.92	90.95	1665.02	6.20	147.17	431.70	3.16	68.24	1914.68	4.47
		16		49.067	38.518 / 377.47	0.629	1175.08	4.89	102.63	1865.57	6.17	164.89	484.59	3.14	75.31	2190.82	4.55
18	180	12	16	42.241	33.159 / 824.96	0.710	1321.35	5.59	100.82	2100.10	7.05	165.00	542.61	3.58	78.41	2332.80	4.89
		14		48.896	38.383 / 376.15	0.709	1514.48	5.56	116.25	2407.42	7.02	189.14	621.53	3.56	88.38	2723.48	4.97
		16		55.467	43.542 / 426.71	0.709	1700.99	5.54	131.13	2703.37	6.98	212.40	698.60	3.55	97.83	3115.29	5.05
		18		61.955	48.634 / 476.61	0.708	1875.12	5.50	145.64	2988.24	6.94	234.78	762.01	3.51	105.14	3502.43	5.13
20	200	14	16	54.642	42.894 / 420.36	0.788	2103.55	6.20	144.70	3343.26	7.82	236.40	863.83	3.98	111.82	3734.10	5.46
		16		62.013	48.680 / 477.06	0.788	2366.15	6.18	163.65	3760.89	7.79	265.93	971.41	3.96	123.96	4270.39	5.54
		18		69.301	54.401 / 533.13	0.787	2620.64	6.15	182.22	4164.54	7.75	294.48	1076.74	3.94	135.52	4808.13	5.62
		20		76.505	60.056 / 588.55	0.787	2867.30	6.12	200.42	4554.55	7.72	322.06	1180.04	3.93	146.55	5347.51	5.69
		24		90.661	71.168 / 697.45	0.785	3338.25	6.07	236.17	5294.97	7.64	374.41	1381.53	3.90	166.55	6457.16	5.87

表 III-2　不等边角钢(GB701-79)

符号意义：

B——长边宽度；　　b——短边宽度；

d——边厚；　　r——内圆弧半径；

r_1——边端内弧半径；　　$r_1=\frac{d}{3}$；I——惯性矩；

r_x、r_y、r_u——惯性半径；　　W——截面系数；

x_0——重心距离；　　y_0——重心距离。

角钢号数	尺寸(mm)				截面面积 (cm²)	理论重量 (kgf/m / N/m)	外表面积 (m²/m)	参考数值														
								x-x			y-y			x_1-x_1		y_1-y_1		u-u				
	B	b	d	r				I_x (cm⁴)	r_x (cm)	W_x (cm³)	I_y (cm⁴)	r_y (cm)	W_y (cm³)	I_{x_1} (cm⁴)	y_0 (cm)	I_{y_1} (cm⁴)	x_0 (cm)	I_u (cm⁴)	r_u (cm)	W_u (cm³)	tgα
3/4	63	40	4	7	4.058	3.185 / 31.21	0.202	16.49	2.02	3.87	5.23	1.14	1.70	33.30	2.04	8.63	0.92	3.12	0.88	1.40	0.398
			5		4.993	3.920 / 38.42	0.202	20.02	2.00	4.74	6.31	1.12	2.71	41.63	2.08	10.86	0.95	3.76	0.87	1.71	0.396
			6		5.908	4.638 / 45.45	0.201	23.36	1.96	5.59	7.29	1.11	2.43	49.98	2.12	13.12	0.99	4.34	0.86	1.99	0.393
			7		6.802	5.339 / 52.32	0.201	26.53	1.98	6.40	8.24	1.10	2.78	58.07	2.15	15.47	1.03	4.97	0.86	2.29	0.389
7/4.5	70	45	4	7.5	4.547	3.570 / 34.99	0.226	23.17	2.26	4.86	7.55	1.29	2.17	45.92	2.24	12.26	1.02	4.40	0.98	1.77	0.410
			5		5.609	4.403 / 43.15	0.225	27.95	2.23	5.92	9.13	1.28	2.65	57.10	2.28	15.39	1.06	5.40	0.98	2.19	0.407
			6		6.647	5.218 / 51.14	0.225	32.54	2.21	6.95	10.62	1.26	3.12	68.35	2.32	18.58	1.09	6.35	0.98	2.59	0.404
			7		7.657	6.011 / 58.91	0.225	37.22	2.20	8.03	12.01	1.25	3.57	79.99	2.36	21.84	1.13	7.16	0.97	2.94	0.402

续表

角钢号数	尺寸(mm)				截面面积 (cm²)	理论重量 (kgf/m / N/m)	外表面积 (m²/m)	参考数值													
								x-x			y-y			x_1-x_1		y_1-y_1		u-u			
	B	b	d	r				I_x (cm⁴)	r_x (cm)	W_x (cm³)	I_y (cm⁴)	r_y (cm)	W_y (cm³)	I_{x_1} (cm⁴)	y_0 (cm)	I_{y_1} (cm⁴)	x_0 (cm)	I_u (cm⁴)	r_u (cm)	W_u (cm³)	tgα
7.5/5	75	50	5	8	6.125	4.808/47.12	0.245	34.86	2.39	6.83	12.61	1.44	3.30	70.00	2.40	21.04	1.17	7.41	1.10	2.74	0.435
			6		7.260	5.699/55.85	0.245	41.12	2.38	8.12	14.70	1.42	3.88	84.30	2.44	25.37	1.21	8.54	1.08	3.19	0.435
			8		9.467	7.431/72.82	0.244	52.39	2.35	10.52	18.53	1.40	4.99	112.50	2.52	34.23	1.29	10.87	1.07	4.10	0.429
			10		11.590	9.098/89.16	0.244	62.71	2.33	12.79	21.96	1.38	6.04	140.80	2.60	43.43	1.36	13.10	1.06	4.99	0.423
8/5	80	50	5	8	6.375	5.005/49.05	0.255	41.96	2.56	7.78	12.82	1.42	3.32	85.21	2.60	21.06	1.14	7.66	1.10	2.74	0.388
			6		7.560	5.935/58.16	0.255	49.49	2.56	9.25	14.95	1.41	3.91	102.53	2.65	25.41	1.18	8.85	1.08	3.20	0.387
			7		8.724	6.848/67.11	0.255	56.16	2.54	10.58	16.96	1.39	4.48	119.33	2.69	29.82	1.21	10.18	1.08	3.70	0.384
			8		9.867	7.745/75.90	0.254	62.83	2.52	11.92	18.85	1.38	5.03	136.41	2.73	34.32	1.25	11.38	1.07	4.16	0.381
9/5.6	90	56	5	9	7.212	5.661/55.48	0.287	60.45	2.90	9.92	18.32	1.59	4.21	121.32	2.91	29.53	1.25	10.98	1.23	3.49	0.385
			6		8.557	6.717/65.83	0.286	71.03	2.88	11.74	21.42	1.58	4.96	145.59	2.95	35.58	1.29	12.90	1.23	4.13	0.384
			7		9.880	7.756/76.01	0.286	81.01	2.86	13.49	24.36	1.57	5.70	169.66	3.00	41.71	1.33	14.67	1.22	4.72	0.382

续表

角钢号数	尺寸(mm) B	b	d	r	截面面积 (cm²)	理论重量 (kgf/m / N/m)	外表面积 (m²/m)	参考数值 x-x I_x (cm⁴)	r_x (cm)	W_x (cm³)	y-y I_y (cm⁴)	r_y (cm)	W_y (cm³)	x_1-x_1 I_{x_1} (cm⁴)	y_0 (cm)	y_1-y_1 I_{y_1} (cm⁴)	x_0 (cm)	u-u I_u (cm⁴)	r_u (cm)	W_u (cm³)	tgα
9/5.6	90	56	8	9	11.183	8.779/86.03	0.286	91.03	2.85	15.27	27.15	1.56	6.41	194.17	3.04	47.93	1.36	16.34	1.21	5.29	0.380
10/6.3	100	63	6	10	9.617	7.550/73.99	0.320	99.06	3.21	14.64	30.94	1.79	6.35	199.71	3.24	50.50	1.43	18.42	1.38	5.25	0.394
			7		11.111	8.722/85.48	0.320	113.45	3.20	16.88	35.26	1.78	7.29	233.00	3.28	59.14	1.47	21.00	1.38	6.02	0.393
			8		12.584	9.878/96.80	0.319	127.37	3.18	19.08	39.39	1.77	8.21	266.32	3.32	67.88	1.50	23.50	1.37	6.78	0.391
			10		15.467	12.142/118.99	0.319	153.81	3.15	23.32	47.12	1.74	9.98	333.06	3.40	85.73	1.58	28.33	1.35	8.24	0.387
10/8	100	80	6	10	10.637	8.350/81.83	0.354	107.04	3.17	15.19	61.24	2.40	10.16	199.83	2.95	102.68	1.97	31.65	1.72	8.37	0.627
			7		12.301	9.656/94.63	0.354	122.73	3.16	17.52	70.08	2.39	11.71	233.20	3.00	119.98	2.01	36.17	1.72	9.60	0.626
			8		13.944	10.946/107.27	0.353	137.92	3.14	19.81	78.58	2.37	13.21	266.61	3.04	137.37	2.05	40.58	1.71	10.80	0.625
			10		17.167	13.476/132.06	0.353	166.87	3.12	24.24	94.65	2.35	16.12	333.63	3.12	172.48	2.13	49.10	1.69	13.12	0.622
11/7	110	70	6	10	10.637	8.350/81.83	0.354	133.37	3.54	17.85	42.92	2.01	7.90	265.78	3.53	69.08	1.57	25.36	1.54	6.53	0.403
			7		12.301	9.656/94.63	0.354	153.00	3.53	20.60	49.01	2.00	9.09	310.07	3.57	80.82	1.61	28.95	1.53	7.50	0.402

续表

角钢号数	尺寸(mm)				截面面积 (cm²)	理论重量 (kgf/m / N/m)	外表面积 (m²/m)	参考数值													
								x-x			y-y			x_1-x_1		y_1-y_1		u-u			
	B	b	d	r				I_x (cm⁴)	r_x (cm)	W_x (cm³)	I_y (cm⁴)	r_y (cm)	W_y (cm³)	I_{x_1} (cm⁴)	y_0 (cm)	I_{y_1} (cm⁴)	x_0 (cm)	I_u (cm⁴)	r_u (cm)	W_u (cm³)	tgα
11/7	110	70	8	10	13.944	10.946 / 107.27	0.353	172.04	3.51	23.30	54.87	1.98	10.25	354.39	3.62	92.70	1.65	32.45	1.53	8.45	0.401
			10		17.167	13.476 / 132.06	0.353	208.39	3.48	28.54	65.88	1.96	12.48	443.13	3.70	116.83	1.72	39.20	1.51	10.29	0.397
12.5/8	125	80	7	11	14.096	11.066 / 108.45	0.403	227.98	4.02	26.86	74.42	2.30	12.01	454.99	4.01	120.32	1.80	43.81	1.76	9.92	0.408
			8		15.989	12.551 / 123.00	0.403	256.77	4.01	30.41	83.49	2.28	13.56	519.99	4.06	137.85	1.84	49.15	1.75	11.18	0.407
			10		19.712	15.474 / 151.65	0.402	312.04	3.98	37.33	100.67	2.26	16.56	650.09	4.14	173.40	1.92	59.45	1.74	13.64	0.404
			12		23.351	18.330 / 179.63	0.402	364.41	3.95	44.01	116.67	2.24	19.43	780.39	4.22	209.67	2.00	69.35	1.72	16.01	0.400
14/9	140	90	8	12	18.038	14.160 / 138.77	0.453	365.64	4.50	38.48	120.69	2.59	17.34	730.53	4.50	195.79	2.04	70.83	1.98	14.31	0.411
			10		22.261	17.475 / 171.26	0.452	445.50	4.47	47.31	146.03	2.56	21.22	913.20	4.58	245.92	2.12	85.82	1.96	17.48	0.409
			12		20.400	20.724 / 203.10	0.451	521.59	4.44	55.87	169.79	2.54	24.95	1096.09	4.66	296.89	2.19	100.21	1.95	20.54	0.406
			14		30.456	23.908 / 234.30	0.451	594.10	4.42	64.18	192.10	2.51	28.54	1279.26	4.74	348.82	2.27	114.13	1.94	23.52	0.403
16/10	160	100	10	13	25.315	19.872 / 194.75	0.512	668.69	5.14	62.13	205.03	2.85	26.56	1362.89	5.24	336.59	2.28	121.74	2.19	21.92	0.390

续表

角钢号数	尺寸(mm) B	b	d	r	截面面积 (cm²)	理论重量 (kgf/m / N/m)	外表面积 (m²/m)	参考数值 x-x I_x (cm⁴)	r_x (cm)	W_x (cm³)	y-y I_y (cm⁴)	r_y (cm)	W_y (cm³)	x_1-x_1 I_{x_1} (cm⁴)	y_0 (cm)	y_1-y_1 I_{y_1} (cm⁴)	x_0 (cm)	u-u I_u (cm⁴)	r_u (cm)	W_u (cm³)	tgα
16/10	160	100	12	13	30.054	23.592 / 231.20	0.511	784.91	5.11	73.49	239.06	2.82	31.28	1635.56	5.32	405.94	2.36	142.33	2.17	25.79	0.388
			14		34.709	27.247 / 267.02	0.510	896.30	5.08	84.56	271.20	2.80	35.83	1908.50	5.40	476.42	2.43	162.23	2.16	29.56	0.385
			16		39.281	30.835 / 302.18	0.510	1003.04	5.05	95.33	301.60	2.77	40.24	2181.79	5.48	548.22	2.51	182.57	2.16	33.44	0.382
18/11	180	110	10	14	28.373	22.273 / 218.28	0.571	956.25	5.80	78.96	278.11	3.13	32.49	1940.40	5.89	447.22	2.44	166.50	2.42	26.88	0.376
			12		33.712	26.464 / 259.35	0.571	1124.72	5.78	93.53	325.03	3.10	38.32	2328.38	5.98	538.94	2.52	194.87	2.40	31.66	0.374
			14		38.967	30.589 / 299.77	0.570	1286.91	5.75	107.76	369.55	3.08	43.97	2716.60	6.06	631.95	2.59	222.30	2.39	36.32	0.372
			16		44.139	34.649 / 339.56	0.569	1443.06	5.72	121.64	411.85	3.06	49.44	3105.15	6.14	726.46	2.67	248.94	2.38	40.87	0.369
20/12.5	200	125	12	14	37.912	29.761 / 291.66	0.641	1570.90	6.44	116.73	483.16	3.57	49.99	3193.85	6.54	787.74	2.83	285.79	2.74	41.23	0.392
			14		43.867	34.436 / 337.47	0.640	1800.97	6.41	134.65	550.83	3.54	57.44	3726.17	6.62	922.47	2.91	326.58	2.73	47.34	0.390
			16		49.739	39.045 / 382.64	0.639	2023.35	6.38	152.18	615.44	3.52	64.69	4258.86	6.70	1058.86	2.99	366.21	2.71	53.32	0.388
			18		55.526	43.588 / 427.16	0.639	2238.30	6.35	169.33	677.19	3.49	71.74	4792.00	6.78	1197.13	3.06	404.83	2.70	59.18	0.385

表 III-3　普通槽钢(GB707-65)

符号意义：

h——高度；
b——腿宽；
d——腰厚；
t——平均腿厚；
r——内圆弧半径；
r_1——腿端圆弧半径；
I——惯性矩；
W——截面系数；
r_x、r_y——惯性半径；
z_0——y-y 与 y_1-y_1 轴线间距离。

型号	尺寸 (mm)						截面面积 (cm^2)	理论重量 (kgf/m / N/m)	参考数值							z_0 (cm)
									x-x			y-y			y_1-y_1	
	h	b	d	t	r	r_1			W_x (cm^3)	I_x (cm^4)	r_x (cm)	W_y (cm^3)	I_y (cm^4)	r_y (cm)	I_{y_1} (cm^4)	
5	50	37	4.5	7	7	3.5	6.93	5.44 / 53.31	10.4	26	1.94	3.55	8.3	1.1	20.9	1.35
6.3	63	40	4.8	7.5	7.5	3.75	8.444	6.63 / 64.97	16.123	50.786	2.453	4.50	11.872	1.185	28.38	1.36
8	80	43	5	8	8	4	10.24	8.04 / 78.97	25.3	101.3	3.15	5.79	16.6	1.27	37.4	1.43
10	100	48	5.3	8.5	8.5	4.25	12.74	10.00 / 98.00	30.7	198.3	3.95	7.8	25.6	1.41	54.9	1.52
12.6	126	53	5.5	9	9	4.5	15.69	12.37 / 121.23	62.137	391.466	4.953	10.242	37.99	1.567	77.09	1.59
14 a	140	58	6	9.5	9.5	4.75	18.51	14.53 / 142.39	80.5	563.7	5.52	13.01	53.2	1.7	107.1	1.71
14 b	140	60	8	9.5	9.5	4.75	21.31	16.73 / 163.95	87.1	609.4	5.35	14.12	61.1	1.69	120.6	1.67

续表

型号	尺寸 (mm)						截面面积 (cm^2)	理论重量 $\left(\frac{kgf/m}{N/m}\right)$	参考数值							
									x-x			y-y			y_1-y_1	z_0 (cm)
	h	b	d	t	r	r_1			W_x (cm^3)	I_x (cm^4)	r_x (cm)	W_y (cm^3)	I_y (cm^4)	r_y (cm)	I_{y_1} (cm^4)	
16a	160	63	6.5	10	10	5	21.95	17.23/168.85	108.3	866.2	6.28	16.3	73.3	1.83	144.1	1.8
16	160	65	8.5	10	10	5	25.15	19.74/193.45	116.8	934.5	6.1	17.55	83.4	1.82	160.8	1.75
18a	180	68	7	10.5	10.5	5.25	25.69	20.17/197.67	141.4	1272.7	7.04	20.03	98.6	1.96	189.7	1.88
18	180	70	9	10.5	10.5	5.25	29.29	22.99/225.30	152.2	1369.9	6.84	21.52	111	1.95	210.1	1.84
20a	200	73	7	11	11	5.5	28.83	22.63/221.77	178.0	1780.4	7.86	24.2	128	2.11	244	2.01
20	200	75	9	11	11	5.5	32.83	25.77/252.55	191.4	1913.7	7.64	25.88	143.6	2.09	268.4	1.95
22a	220	77	7	11.5	11.5	5.75	31.84	24.99/214.90	217.6	2393.9	8.67	28.17	157.8	2.23	298.2	2.1
22	220	79	9	11.5	11.5	5.75	36.24	28.45/278.81	233.8	2571.4	8.42	30.05	176.4	2.21	326.3	2.03
a	250	78	7	12	12	6	39.91	27.47/269.21	269.597	3369.619	9.823	30.607	175.529	2.243	322.256	2.065
25b	250	80	9	12	12	6	39.91	31.39/307.62	282.402	3530.035	9.405	32.657	196.421	2.218	353.187	1.982
c	250	82	11	12	12	6	44.91	16.32/346.14	295.236	3690.452	9.065	35.926	218.415	2.206	384.133	1.921
28a	280	82	7.5	12.5	12.5	6.25	40.02	31.42/307.92	340.323	4764.587	10.91	35.718	217.989	2.333	387.566	2.097

续表

型号	尺寸 (mm)						截面面积 (cm^2)	理论重量 $\left(\frac{kgf/m}{N/m}\right)$	参考数值								
									x-x			y-y			y_1-y_1	z_0 (cm)
	h	b	d	t	r	r_1			W_x (cm^3)	I_x (cm^4)	r_x (cm)	W_y (cm^3)	I_y (cm^4)	r_y (cm)	I_{y_1} (cm^4)	
28b	280	84	9.5	12.5	12.5	6.25	45.62	35.81/350.94	366.460	5130.453	10.6	37.929	242.144	2.304	427.589	2.016
c	280	86	11.5	12.5	12.5	6.25	51.22	40.21/394.06	392.594	5496.319	10.35	40.301	267.602	2.286	426.597	1.951
a	320	88	8	14	14	7	48.7	38.22/374.56	474.879	7598.064	12.49	46.473	304.787	2.502	552.31	2.242
32b	320	90	10	14	14	7	55.1	43.25/423.85	509.012	8144.197	12.15	49.157	336.332	2.471	592.933	2.158
c	320	92	12	14	14	7	61.5	48.28/473.14	543.145	8690.33	11.88	52.642	374.175	2.467	643.299	2.092
a	360	96	9	16	16	8	60.89	47.80/468.44	659.7	11874.2	13.97	63.54	455	2.73	818.4	2.44
36b	360	98	11	16	16	8	68.09	53.45/523.86	702.9	12651.8	13.63	66.85	496.7	2.7	880.4	2.37
c	360	100	13	16	16	8	75.29	59.10/579.18	746.1	13429.4	13.36	70.02	536.4	2.67	947.9	2.34
a	400	100	10.5	18	18	9	75.05	58.91/577.32	878.9	17577.9	15.30	78.83	592	2.81	1067.7	2.49
40b	400	102	12.5	18	18	9	83.05	65.19/638.86	932.2	18644.5	14.98	82.52	640	2.78	1135.6	2.44
c	400	104	14.5	18	18	9	91.05	71.47/700.41	985.6	19711.2	14.71	86.19	687.8	2.75	1220.7	2.42

表 Ⅲ-4 普通工字钢(GB706-65)

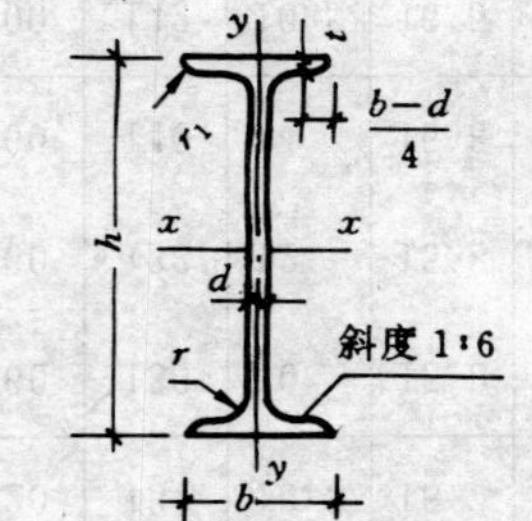

符号意义：

h——高度；　d——腰厚；
r——内圆弧半径；　I——惯性矩；
r_x、r_y——惯性半径；　b——腿宽；
t——平均腿厚；　r_1——腿端圆弧半径；
W——截面系数；　S——半截面的面积矩。

型号	尺寸 (mm)						截面面积 (cm^2)	理论重量 $\left(\frac{kgf/m}{N/m}\right)$	参考数值						
									x-x				y-y		
	h	b	d	t	r	r_1			I_x (cm^4)	W_x (cm^3)	r_x (cm)	$I_x:S_x$	I_y (cm^4)	W_y (cm^3)	r_y (cm)
10	100	68	4.5	7.6	6.5	3.3	14.3	$\frac{11.2}{109.76}$	245	49	4.14	8.59	33	9.72	1.52
12.6	126	74	5	8.4	7	3.5	18.1	$\frac{14.2}{139.16}$	488.434	77.529	5.195	10.848	46.906	12.677	1.609
14	140	80	5.5	9.1	7.5	3.8	21.5	$\frac{16.9}{165.62}$	712	102	5.76	12	64.4	16.1	1.73
16	160	88	6	9.9	8	4	26.1	$\frac{20.5}{200.90}$	1130	141	6.58	13.8	93.1	21.2	1.89
18	180	94	6.5	10.7	8.5	4.3	30.6	$\frac{24.1}{236.18}$	1660	185	7.36	15.4	122	26	2
20a	200	100	7	11.4	9	4.5	35.5	$\frac{27.9}{273.42}$	2370	237	8.15	17.2	158	31.5	2.12
20b	200	102	9	11.4	9	4.5	39.5	$\frac{31.1}{304.78}$	2500	250	7.96	16.9	169	33.1	2.06

续表

型号	尺寸 (mm)						截面面积 (cm^2)	理论重量 $\left(\frac{kgf/m}{N/m}\right)$	参考数值						
									x-x				y-y		
	h	b	d	t	r	r_1			I_x (cm^4)	W_x (cm^3)	r_x (cm)	$I_x:S_x$	I_y (cm^4)	W_y (cm^3)	r_y (cm)
22a	220	110	7.5	12.3	9.5	4.8	42	$\frac{33}{323.40}$	3400	309	8.99	18.9	225	40.9	2.31
22b	220	112	9.5	12.3	9.5	4.8	46.4	$\frac{36.4}{356.72}$	3570	325	8.78	18.7	239	42.7	2.27
25a	250	116	8	13	10	5	48.5	$\frac{38.1}{373.38}$	5023.54	401.883	10.18	21.577	280.046	48.283	2.403
25b	250	118	10	13	10	5	53.5	$\frac{42}{411.60}$	5283.965	422.717	9.938	21.27	309.297	52.423	2.404
28a	280	122	8.5	13.7	10.5	5.3	55.45	$\frac{43.4}{425.32}$	7114.14	508.153	11.32	24.62	345.051	56.565	2.495
28b	280	124	10.5	13.7	10.5	5.3	61.05	$\frac{47.9}{469.42}$	7480.006	534.286	11.08	24.241	379.496	61.209	2.493
a	320	130	9.5	15	11.5	5.8	67.05	$\frac{52.7}{516.46}$	11075.525	692.202	12.84	27.458	459.929	70.758	2.619
32b	320	132	11.5	15	11.5	5.8	73.45	$\frac{57.7}{565.46}$	11621.378	726.333	12.58	27.093	501.534	75.989	2.614
c	320	134	13.5	15	11.5	5.8	79.95	$\frac{62.8}{615.44}$	12167.511	760.469	12.34	26.766	543.811	81.166	2.608
a	360	136	10	15.8	12	6	76.3	$\frac{59.9}{587.02}$	15760	875	14.4	30.7	552	81.2	2.69
36b	360	138	12	15.8	12	6	83.5	$\frac{65.6}{642.88}$	16530	919	14.1	30.3	582	84.3	2.64
c	360	140	14	15.8	12	6	90.7	$\frac{71.2}{697.76}$	17310	962	13.8	29.9	612	87.4	2.6
a	400	142	10.5	16.5	12.5	6.3	86.1	$\frac{67.6}{662.48}$	21720	1090	15.9	34.1	660	93.2	2.77

续表

型号	尺寸 (mm)						截面面积 (cm^2)	理论重量 $\left(\frac{kgf/m}{N/m}\right)$	参考数值						
									x-x				y-y		
	h	b	d	t	r	r_1			I_x (cm^4)	W_x (cm^3)	r_x (cm)	$I_x : S_x$	I_y (cm^4)	W_y (cm^3)	r_y (cm)
40b	400	144	12.5	16.5	12.5	6.3	94.1	73.8/723.24	22780	1140	15.6	33.5	692	96.2	2.71
c	400	146	14.5	16.5	12.5	6.3	102	80.1/784.98	23850	1190	15.2	33.2	727	99.6	2.65
a	450	150	11.5	18	13.5	6.8	102	80.4/787.92	32240	1430	17.7	38.6	855	114	2.89
45b	450	152	13.5	18	13.5	6.8	111	87.4/856.52	33760	1500	17.4	38	894	118	2.84
c	450	154	15.5	18	13.5	6.8	120	94.5/926.10	35280	1570	17.1	37.5	938	122	2.79
a	500	158	12	20	14	7	119	93.6/917.28	46470	1860	19.7	42.8	1120	142	3.07
50b	500	160	14	20	14	7	129	101/989.80	48560	1940	19.4	42.4	1170	146	3.01
c	500	162	16	20	14	7	139	109/1068.20	50640	2080	19	41.8	1220	151	2.96
a	560	166	12.5	21	14.5	7.3	135.25	106.2/1040.76	65585.566	2342.31	22.02	47.727	1370.163	165.079	3.183
56b	560	168	14.5	21	14.5	7.3	146.45	115/1127.00	68512.499	2446.687	21.63	47.166	1486.75	174.247	3.162
c	560	170	16.5	21	14.5	7.3	157.85	123.9/1214.22	71439.43	2551.408	21.27	46.663	1558.389	183.339	3.158
a	630	176	13	22	15	7.5	154.9	121.6/1191.08	93916.18	2981.47	24.62	54.173	1700.549	193.244	3.314
63b	630	178	15	22	15	7.5	167.5	131.5/1288.7	98083.63	3163.98	24.2	53.514	1812.069	203.603	3.289
c	630	180	17	22	15	7.5	180.1	141/1384.80	102251.08	3298.42	23.82	52.923	1924.913	213.879	3.268